# 中国传统建筑
## 解析与传承

中华人民共和国住房和城乡建设部 编

THE INTERPRETATION AND INHERITANCE OF TRADITIONAL CHINESE ARCHITECTURE

Ministry of Housing and Urban-Rural Development of the People's Republic of China

上海卷
Shanghai Volume

中国建筑工业出版社

图书在版编目（CIP）数据

中国传统建筑解析与传承　上海卷／中华人民共和国住房和城乡建设部编. —北京：中国建筑工业出版社，2017.9

ISBN 978-7-112-21212-5

Ⅰ. ①中… Ⅱ. ①中… Ⅲ. ①古建筑-建筑艺术-上海　Ⅳ.①TU-092.2

中国版本图书馆CIP数据核字（2017）第223094号

责任编辑：吴　佳　李东禧　唐　旭　吴　绫　张　华
责任设计：陈　旭
责任校对：王雪竹

# 中国传统建筑解析与传承　上海卷
中华人民共和国住房和城乡建设部　编

\*

中国建筑工业出版社出版、发行（北京海淀三里河路9号）
各地新华书店、建筑书店经销
北京方舟正佳图文设计有限公司制版
北京富诚彩色印刷有限公司印刷

\*

开本：880×1230毫米　1/16　印张：20½　字数：592千字
2017年10月第一版　2019年3月第二次印刷
定价：198.00元
ISBN 978-7-112-21212-5
　　　（30804）

**版权所有　翻印必究**
如有印装质量问题，可寄本社退换
（邮政编码 100037）

# 总　序

# Foreword

几年前我去法国里昂地区，看到有大片很久以前甚至四百年前建造的夯土建筑，也就是干打垒房子，至今仍在使用。20世纪80年代，当地建设保障房小区时，要求一律建造夯土建筑，他们采用了现代夯土技术。西安科技大学的两位老师将这种技术引入国内，在甘肃、河北等多地建了示范房。现代夯土技术的改进点在于科学配比土与石子、使用模板和电动器具夯筑，传承了夯土建筑的优点，如造价低、节能保温，弥补了缺陷，抗震性增强，也美观，颇受农民的好评。我对这个事例很感兴趣并悟出一个道理，做好传承关键要具备两种精神：一是执着，坚信许多传统能够传承、值得传承。法国将传统干打垒房子当作好东西，努力传承，而我国虽然是生土建筑数量最多的国家，但今天各地却都视其为贫穷落后的标志，力图尽快消灭；二是创新，要下力气研究传统的优点及缺点，并用现代技术克服其缺点，赋予其现代功能，使传统文明成果在今天焕发新的生命力。这两方面的功夫我们都不够。

文明古国的中国，在实现现代化的进程中，只有十分自信、满腔热情地传承了优秀传统文化，才能受到全世界的尊重。建筑是一个民族生存智慧、工程技术、审美理念、社会伦理等文明成果最集中、最丰富的载体，其传承及体现是一个国家和民族富强与贫弱的标志。改变今天建筑缺失传统文化的局面，我们需要重新认识我国传统建筑文化，把握其精髓和发展脉络，挖掘和丰富其完整价值，探索传统与现代融合的理念和方法。2012年，住房和城乡建设部村镇建设司组织了首次传统民居全国普查，编纂了《中国传统民居类型全集》，其详细、准确、系统地展示了我国传统民居的地域性。在此基础上，2014年又启动了"传统建筑解析与传承"调查研究，这是第一次国家层面组织的该领域的大型调查研究，颇具价值：

价值一，它是至今对我国传统建筑文化最全面、最系统的阐释。第一，本次调查研究地域覆盖广，历史挖掘深，建筑类型多。31个省（市、区）开展了调查研究，每个省的研究也都覆盖了全域；一些省对传统建筑文化的追溯年代突破了记录；建筑类型不仅涵盖了官式建筑、庙宇、祠堂等，更涵盖了各类代表性民居。第二，更加注重从自然、人文、技术、经济几条主线解析传统建筑文化，而不是拘泥于建筑本身；不但阐释了传统建筑的物质形体，而且阐释了传统建筑文化的产生机制。第三，研究体例和解析维度保持了基本一致，各省都通过聚落格局、建筑群体与单体、细部与装饰、风格与装修对传统建筑进行解析。通过解析，大大丰富和提升了对我国传统建筑文化精髓的认识，如：中国传统建筑与自然相适应，和谐共生，敬天惜物；与生存实际相适应，容纳生产生活；与社会伦理相适应，井然有序；与发展相适应，灵活易变，是模块化的鼻祖。第四，内在形式统一，体现了中华文明的持久性和一致性；木结构等技术高度成熟，体现了中华民族的智慧；丰富的地区差异，体现了中华文化的多样性。一些研究基础较差的省，第一次对传统建筑有了全面认识；一些研究基础较好的省，又深化了认识。可以说，这次全面调查研究是对中国传统建筑文化的一次重新认识。

价值二，也是更重要的价值，它是就如何传承传统建筑文化、如何实现传统与现代融合这一难题，至今所进行的广泛深入的探索。第一，提出了更为本质、更具指导意义的传承理论和原则，如建筑文化的三大传承主线：自然、人文、技术；"形"的传承、"神"的传承、"神形兼备"的传承；适应性传承、创新性传承、可持续性传承等理论；坚持挖掘地域文化与建筑的关联性，坚持寻找并传承其最有价值和生命力的要素，坚持与时代发展相接轨等原则。第二，提出了更具操作性的传承方法和要点，如建筑肌理、应对自然环境、空间变异、建造方式、建筑材料、符号特征六方面的传承方法。第三，收集、展示、分析了近代以来大量的现代建筑探索传承的案例，既包括比较成功的，也包括比较失败的，具有很好的参考意义。同时也提出了应防止的误区。

价值三，唤起了对传统建筑文化的空前热情。通过这次研究，各地建设部门更加重视传统建筑文化的传承工作了，这将有利于扭转当前我国城乡建设缺乏传统文化的局面。在学术界，不仅老专家倾力投入，新参与的专家学者也越来越多，而且十分积极。过去研究传统建筑的专家学者与从事设计的建筑师交流不多，通过这次研究，两个群体融合到了一起，不仅有利于传承的研究，更有利于传承的实践。有的老专家说，等了几十年，终于等到国家组织这项工作了。

探索传统建筑文化与现代建筑的融合是难度极大的挑战，永远在路上。虽然本次调查研究存在着许多不足和局限，但第一次组织全国专业力量努力探索的成果，惠及当今，流芳百年，意义非凡，不仅具有中国意义，也具有世界意义。在此，谨向为成就这一大业，辛勤无私付出并作出卓越贡献的所有专家学者、建筑师和技术人员、各地建设部门领导和职工，表示衷心的感谢和崇高的敬意。此外，我还深深感受到，组织实施全国范围的、具有历史意义的调查研究，是其他组织和个人难以做到的，是中央部委必须承担的重要职责，今后还要多做。

住房和城乡建设部总经济师　赵晖<br>
2016年9月

# 编委会

## Editorial Committee

发起与策划：赵　晖

组 织 推 进：张学勤、卢英方、白正盛、王旭东、王　玮、王旭东（天津）、
　　　　　　于文学、翟顺河、冯家举、汪　兴、孙众志、张宝伟、孙继伟、
　　　　　　刘大威、沈　敏、侯淅珉、王胜熙、李道鹏、李兴军、陈华平、
　　　　　　尹维真、蒋益民、蔡　瀛、吴伟权、陈孝京、余晓斌、文技军、
　　　　　　宋丽丽、赵志勇、斯朗尼玛、韩一兵、杨咏中、白宗科、岳国荣、
　　　　　　海拉提·巴拉提

指 导 专 家：崔　愷、吴良镛、冯骥才、孙大章、陆元鼎、张锦秋、何镜堂、
　　　　　　朱光亚、朱小地、罗德启、马国馨、何玉如、单德启、陈同滨、
　　　　　　朱良文、郑时龄、伍　江、常　青、吴建中、王小东、曹嘉明、
　　　　　　张俊杰、张玉坤、杨焕成、黄汉民、王建国、梅洪元、黄　浩、
　　　　　　张先进、洪再生、郑国珍

秘　书　长：林岚岚

工　作　组：罗德胤、徐怡芳、杨绪波、吴　艳、李立敏、薛林平、李春青、
　　　　　　潘　曦、王　鑫、苑思楠、赵海翔、郭华瞻、贾一石、郭志伟、
　　　　　　褚苗苗、王　浩、李君洁、徐凌玉、师晓静、李　涛、庞　佳、
　　　　　　田铂菁、王　青、王新征、郭海鞍、张蒙蒙、丁　皓、侯希冉

**上海卷编写组：**
组织人员：王训国、孙 珊、侯斌超、魏珏欣、马秀英
编写人员：华霞虹、王海松、周鸣浩、寇志荣、宾慧中、宿新宝、林 磊、彭 怒、吕亚范、卓刚峰、宋 雷、吴爱民、刘 刊、白文峰、喻明璐、罗超君、朱 杭
调研人员：章 竞、蔡 青、杜超瑜、吴 皎、胡 楠、王子潇、刘嘉纬、吕欣欣、林 陈、李玮玉、侯 炬、姜鸿博、赵 曜、闵 欣、苏 萍、申 童、梁 可、严一凯、王鹏凯、谢 屾、江 璐、林叶红

**北京卷编写组：**
组织人员：李节严、侯晓明、李 慧、车 飞
编写人员：朱小地、韩慧卿、李艾桦、王 南、钱 毅、马 泷、杨 滔、吴 懿、侯 晟、王 恒、王佳怡、钟曼琳、田燕国、卢清新、李海霞
调研人员：刘江峰、陈 凯、闫 峥、刘 强、段晓婷、孟昳然、李沫含、黄 蓉

**天津卷编写组：**
组织人员：吴冬粤、杨瑞凡、纪志强、张晓萌
编写人员：朱 阳、王 蔚、刘婷婷、王 伟、刘铧文
调研人员：张 猛、冯科锐、王浩然、单长江、陈孝忠、郑 涛、朱 磊、刘 畅

**河北卷编写组：**
组织人员：封 刚、吴永强、席建林、马 锐
编写人员：舒 平、吴 鹏、魏广龙、刁建新、刘 歆、解 丹、杨彩虹、连海涛

**山西卷编写组：**
组织人员：张海星、郭 创、赵俊伟
编写人员：王金平、薛林平、韩卫成、冯高磊、杜艳哲、孔维刚、郭华瞻、潘 曦、王 鑫、石 玉、胡 盼、刘进红、王建华、张 钰、高 明、武晓宇、韩丽君

**内蒙古卷编写组：**
组织人员：杨宝峰、陈 彪、崔 茂
编写人员：张鹏举、彭致禧、贺 龙、韩 瑛、额尔德木图、齐卓彦、白丽燕、高 旭、杜 娟

**辽宁卷编写组：**
组织人员：任韶红、胡成泽、刘绍伟、孙辉东
编写人员：朴玉顺、郝建军、陈伯超、杨 晔、周静海、黄 欢、王蕾蕾、王 达、宋欣然、刘思铎、原砚龙、高赛玉、梁玉坤、张凤婕、吴 琦、邢 飞、刘 盈、楚家麟
调研人员：王严力、纪文喆、姚 琦、庞一鹤、赵兵兵、邵 明、吕海平、王颖蕊、孟 飘

**吉林卷编写组：**
组织人员：袁忠凯、安 宏、肖楚宇、陈清华
编写人员：王 亮、李天骄、李雷立、宋义坤、张 萌、李之吉、张俊峰、孙守东
调研人员：郑宝祥、王 薇、赵 艺、吴翠灵、李亮亮、孙宇轩、李洪毅、崔晶瑶、王铃溪、高小淇、李 宾、李泽锋、梅 郊、刘秋辰

**黑龙江卷编写组：**
组织人员：徐东锋、王海明、王 芳
编写人员：周立军、付本臣、徐洪澎、李同予、殷 青、董健菲、吴健梅、刘 洋、

刘远孝、王兆明、马本和、王健伟、
卜　冲、郭丽萍
调研人员：张　明、王　艳、张　博、王　钊、
晏　迪、徐贝尔

江苏卷编写组：
组织人员：赵庆红、韩秀金、张　蔚、俞　锋
编写人员：龚　恺、朱光亚、薛　力、胡　石、
张　彤、王兴平、陈晓扬、吴锦绣、
陈　宇、沈　旸、曾　琼、凌　洁、
寿　焘、雍振华、汪永平、张明皓、
晁　阳

浙江卷编写组：
组织人员：江胜利、何青峰
编写人员：王　竹、于文波、沈　黎、朱　炜、
浦欣成、裘　知、张玉瑜、陈　惟、
贺　勇、杜浩渊、王焯瑶、张泽浩、
李秋瑜、钟温歆

安徽卷编写组：
组织人员：宋直刚、邹桂武、郭佑芹、吴胜亮
编写人员：李　早、曹海婴、叶茂盛、喻　晓、
杨　燊、徐　震、曹　昊、高岩琰、
郑志元
调研人员：陈骏祎、孙　霞、王达仁、周虹宇、
毛心彤、朱　慧、汪　强、朱高栎、
陈薇薇、贾宇枝子、崔巍懿

福建卷编写组：
组织人员：蒋金明、苏友佺、金纯真、许为一
编写人员：戴志坚、王绍森、陈　琦、胡　璟、
戴　玢、赵亚敏、谢　骁、镡旭璐、
祖　武、刘　佳、贾婧文、王海荣、
吴　帆

江西卷编写组：
组织人员：熊春华、丁宜华
编写人员：姚　赯、廖　琴、蔡　晴、马　凯、
李久君、李岳川、肖　芬、肖　君、
许世文、吴　琼、吴　靖
调研人员：兰昌剑、戴晋卿、袁立婷、赵晗聿、
翁之韵、项琛春、廖思怡、何　昱

山东卷编写组：
组织人员：杨建武、尹枝俏、张　林、宫晓芳
编写人员：刘　甦、张润武、赵学义、仝　晖、
郝曙光、邓庆坦、许丛宝、姜　波、
高宜生、赵　斌、张　巍、傅志前、
左长安、刘建军、谷建辉、宁　荞、
慕启鹏、刘明超、王冬梅、王悦涛、
姚　丽、孔繁生、韦　丽、吕方正、
王建波、解焕新、李　伟、孔令华、
王艳玲、贾　蕊

河南卷编写组：
组织人员：马耀辉、李桂亭、韩文超
编写人员：郑东军、李　丽、唐　丽、韦　峰、
黄　华、黄黎明、陈兴义、毕　昕、
陈伟莹、赵　凯、渠　韬、许继清、
任　斌、李红建、王文正、郑丹枫、
王晓丰、郭兆儒、史学民、王　璐、
毕小芳、张　萍、庄昭奎、叶　蓬、
王　坤、刘利轩、娄　芳、王东东、
白一贺

湖北卷编写组：
组织人员：万应荣、付建国、王志勇
编写人员：肖　伟、王　祥、李新翠、韩　冰、
张　丽、梁　爽、韩梦涛、张阳菊、
张万春、李　扬

**湖南卷编写组：**

组织人员：宁艳芳、黄　立、吴立玖

编写人员：何韶瑶、唐成君、章　为、张梦淼、姜兴华、罗学农、黄力为、张艺婕、吴晶晶、刘艳莉、刘　姿、熊申午、陆　薇、党　航、陈　宇、江　嫚、吴　添、周万能

调研人员：李　夺、欧阳铎、刘湘云、付玉昆、赵磊兵、黄　慧、李　丹、唐娇致、石凯弟、鲁　娜、王　俊、章恒伟、张　衡、张晓晗、石伟佳、曹宇驰、肖文静、臧澄澄、赵　亮、符文婷、黄逸帆、易嘉昕、张天浩、谭　琳

**广东卷编写组：**

组织人员：梁志华、肖送文、苏智云、廖志坚、秦莹

编写人员：陆　琦、冼剑雄、潘　莹、徐怡芳、何　菁、王国光、陈思翰、冒亚龙、向　科、赵紫伶、卓晓岚、孙培真

调研人员：方　兴、张成欣、梁　林、林　琳、陈家欢、邹　齐、王　妍、张秋艳

**广西卷编写组：**

组织人员：彭新唐、刘　哲

编写人员：雷　翔、全峰梅、徐洪涛、何晓丽、杨　斌、梁志敏、尚秋铭、黄晓晓、孙永萍、杨玉迪、陆如兰

调研人员：许建和、刘　莎、李　昕、蔡　响、谢常喜、李　梓、覃茜茜、李　艺、李城臻

**海南卷编写组：**

组织人员：霍巨燃、陈孝京、陈东海、林亚芒、陈娟如

编写人员：吴小平、唐秀飞、贾成义、黄天其、刘　筱、吴　蓉、王振宇、陈晓菲、刘凌波、陈文斌、费立荣、李贤颖、陈志江、何慧慧、郑小雪、程　畅

**重庆卷编写组：**

组织人员：冯　赵、吴　鑫、揭付军

编写人员：龙　彬、陈　蔚、胡　斌、徐千里、舒　莺、刘晶晶、张　菁、吴晓言、石　恺

**四川卷编写组：**

组织人员：蒋　勇、李南希、鲁朝汉、吕　蔚

编写人员：陈　颖、高　静、熊　唱、李　路、朱　伟、庄　红、郑　斌、张　莉、何　龙、周晓宇、周　佳

调研人员：唐　剑、彭麟麒、陈延申、严　潇、黎峰六、孙　笑、彭　一、韩东升、聂　倩

**贵州卷编写组：**

组织人员：余咏梅、王　文、陈清鋆、赵玉奇

编写人员：罗德启、余压芳、陈时芳、叶其颂、吴茜婷、代富红、吴小静、杜　佳、杨钧月、曾　增

调研人员：钟伦超、王志鹏、刘云飞、李星星、胡　彪、王　曦、王　艳、张　全、杨　涵、吴汝刚、王　莹、高　蛤

**云南卷编写组：**

组织人员：汪　巡、沈　键、王　瑞

编写人员：翟　辉、杨大禹、吴志宏、张欣雁、刘肇宁、杨　健、唐黎洲、张　伟

调研人员：张剑文、李天依、栾涵潇、穆　童、王祎婷、吴雨桐、石文博、张三多、阿桂莲、任道怡、姚启凡、罗　翔、顾晓洁

**西藏卷编写组：**

组织人员：李新昌、姜月霞、付　聪

编写人员：王世东、木雅·曲吉建才、拉巴次仁、
　　　　　丹　达、毛中华、蒙乃庆、格桑顿珠、
　　　　　旺　久、加　雷

调研人员：群　英、丹增康卓、益西康卓、
　　　　　次旺郎杰、土旦拉加

**陕西卷编写组：**

组织人员：王宏宇、李　君、薛　钢

编写人员：周庆华、李立敏、赵元超、李志民、
　　　　　孙西京、王　军（博）、刘　煜、
　　　　　吴国源、祁嘉华、刘　辉、武　联、
　　　　　吕　成、陈　洋、雷会霞、任云英、
　　　　　倪　欣、鱼晓惠、陈　新、白　宁、
　　　　　尤　涛、师晓静、雷耀丽、刘　怡、
　　　　　李　静、张钰墨、刘京华、毕景龙、
　　　　　黄　姗、周　岚、石　媛、李　涛、
　　　　　黄　磊、时　洋、张　涛、庞　佳、
　　　　　王怡琼、白　钰、王建成、吴左宾、
　　　　　李　晨、杨彦龙、林高瑞、朱瑜葱、
　　　　　李　凌、陈斯亮、张定青、党纤纤、
　　　　　张　颖、王美子、范小烨、曹惠源、
　　　　　张丽娜、陆　龙、石　燕、魏　锋、
　　　　　张　斌

调研人员：陈志强、丁琳玲、陈雪婷、杨钦芳、
　　　　　张豫东、刘玉成、图努拉、郭　萌、
　　　　　张雪珂、于仲晖、周方乐、何　娇、
　　　　　宋宏春、肖求波、方　帅、陈建宇、
　　　　　余　茜、姬瑞河、张海岳、武秀峰、
　　　　　孙亚萍、魏　栋、千　金、米庆志、
　　　　　陈治金、贾　柯、刘培丹、陈若曦、
　　　　　陈　锐、刘　博、王丽娜、吕咪咪、
　　　　　卢　鹏、孙志青、吕鑫源、李珍玉、
　　　　　周　菲、杨程博、张演宇、杨　光、
　　　　　邱　鑫、王　镭、李梦珂、张珊珊、
　　　　　惠禹森、李　强、姚雨墨

**甘肃卷编写组：**

组织人员：蔡林峥、任春峰、贺建强

编写人员：刘奔腾、张　涵、安玉源、叶明晖、
　　　　　冯　柯、王国荣、刘　起、孟岭超、
　　　　　范文玲、李玉芳、杨谦君、李沁鞠、
　　　　　梁雪冬、张　睿、章海峰

调研人员：马延东、慕　剑、陈　谦、孟祥武、
　　　　　张小娟、王雅梅、郭兴华、闫幼锋、
　　　　　赵春晓、周　琪、师宏儒、闫海龙、
　　　　　王雪浪、唐晓军、周　涛、姚　朋

**青海卷编写组：**

组织人员：杨敏政、陈　锋、马黎光

编写人员：李立敏、王　青、马扎·索南周扎、
　　　　　晁元良、李　群、王亚峰

调研人员：张　容、刘　悦、魏　璇、王晓彤、
　　　　　柯章亮、张　浩

**宁夏卷编写组：**

组织人员：杨　普、杨文平、徐海波

编写人员：陈宙颖、李晓玲、马冬梅、李李立、
　　　　　李志辉、杜建录、杨占武、董　茜、
　　　　　王晓燕、马小凤、田晓敏、朱启光、
　　　　　龙　倩、武文娇、杨　慧、周永惠、
　　　　　李巧玲

调研人员：林卫公、杨自明、张　豪、宋志皓、
　　　　　王璐莹、王秋玉、唐玲玲、李娟玲

**新疆卷编写组：**

组织人员：马天宇、高　峰、邓　旭

编写人员：陈震东、范　欣、季　铭

主编单位：
中华人民共和国住房和城乡建设部

参编单位：

北京卷：北京市规划委员会
　　　　北京市勘察设计和测绘地理信息管理办公室
　　　　北京市建筑设计研究院有限公司
　　　　清华大学
　　　　北方工业大学

天津卷：天津市城乡建设委员会
　　　　天津大学建筑设计规划研究总院
　　　　天津大学

河北卷：河北省住房和城乡建设厅
　　　　河北工业大学
　　　　河北工程大学
　　　　河北省村镇建设促进中心

山西卷：山西省住房和城乡建设厅
　　　　北京交通大学
　　　　太原理工大学
　　　　山西省建筑设计研究院

内蒙古卷：内蒙古自治区住房和城乡建设厅
　　　　　内蒙古工业大学

辽宁卷：辽宁省住房和城乡建设厅
　　　　沈阳建筑大学
　　　　辽宁省建筑设计研究院

吉林卷：吉林省住房和城乡建设厅
　　　　吉林建筑大学
　　　　吉林建筑大学设计研究院
　　　　吉林省建苑设计集团有限公司

黑龙江卷：黑龙江省住房和城乡建设厅
　　　　　哈尔滨工业大学
　　　　　齐齐哈尔大学
　　　　　哈尔滨市建筑设计院
　　　　　哈尔滨方舟工程设计咨询有限公司
　　　　　黑龙江国光建筑装饰设计研究院有限公司
　　　　　哈尔滨唯美源装饰设计有限公司

上海卷：上海市规划和国土资源管理局
　　　　上海市建筑学会
　　　　华东建筑设计研究总院
　　　　同济大学
　　　　上海大学
　　　　上海市城市建设档案馆

江苏卷：江苏省住房和城乡建设厅
　　　　东南大学

浙江卷：浙江省住房和城乡建设厅
　　　　浙江大学
　　　　浙江工业大学

安徽卷：安徽省住房和城乡建设厅
　　　　合肥工业大学

福建卷：福建省住房和城乡建设厅
　　　　厦门大学

江西卷：江西省住房和城乡建设厅
　　　　南昌大学
　　　　江西省建筑设计研究总院
　　　　南昌大学设计研究院

山东卷：山东省住房和城乡建设厅
　　　　山东建筑大学
　　　　山东建大建筑规划设计研究院
　　　　山东省小城镇建设研究会
　　　　山东大学
　　　　烟台大学
　　　　青岛理工大学
　　　　山东省城乡规划设计研究院

河南卷：河南省住房和城乡建设厅
　　　　郑州大学
　　　　河南大学
　　　　河南理工大学
　　　　郑州大学综合设计研究院有限公司
　　　　河南省城乡规划设计研究总院有限公司
　　　　河南大建建筑设计有限公司
　　　　郑州市建筑设计院有限公司

湖北卷：湖北省住房和城乡建设厅
　　　　中信建筑设计研究总院有限公司

湖南卷：湖南省住房和城乡建设厅
　　　　湖南大学
　　　　湖南大学设计研究院有限公司
　　　　湖南省建筑设计院

广东卷：广东省住房和城乡建设厅
　　　　华南理工大学
　　　　广州瀚华建筑设计有限公司
　　　　北京建工建筑设计研究院

广西卷：广西壮族自治区住房和城乡建设厅
　　　　华蓝设计（集团）有限公司

海南卷：海南省住房和城乡建设厅
　　　　海南华都城市设计有限公司
　　　　华中科技大学
　　　　武汉大学
　　　　重庆大学
　　　　海南省建筑设计院
　　　　海南雅克设计有限公司
　　　　海口市城市规划设计研究院
　　　　海南三寰城镇规划建筑设计有限公司

重庆卷：重庆市城乡建设委员会
　　　　重庆大学
　　　　重庆市设计院

四川卷：四川省住房和城乡建设厅
　　　　西南交通大学
　　　　四川省建筑设计研究院

贵州卷：贵州省住房和城乡建设厅
　　　　贵州省建筑设计研究院
　　　　贵州大学

云南卷：云南省住房和城乡建设厅
　　　　昆明理工大学

西藏卷：西藏自治区住房和城乡建设厅
　　　　西藏自治区建筑勘察设计院
　　　　西藏自治区藏式建筑研究所

陕西卷：陕西省住房和城乡建设厅
　　　　西安建大城市规划设计研究院
　　　　西安建筑科技大学建筑学院
　　　　长安大学建筑学院
　　　　西安交通大学人居环境与建筑工程学院
　　　　西北工业大学力学与土木建筑学院
　　　　中国建筑西北设计研究院有限公司
　　　　中联西北工程设计研究院有限公司
　　　　陕西建工集团有限公司建筑设计院

甘肃卷：甘肃省住房和城乡建设厅
　　　　兰州理工大学
　　　　西北民族大学
　　　　甘肃省建筑设计研究院

青海卷：青海省住房和城乡建设厅
　　　　西安建筑科技大学
　　　　青海省建筑勘察设计研究院有限公司
　　　　青海明轮藏传建筑文化研究会

宁夏卷：宁夏回族自治区住房和城乡建设厅
　　　　宁夏大学
　　　　宁夏建筑设计研究院有限公司
　　　　宁夏三益上筑建筑设计院有限公司

新疆卷：新疆维吾尔自治区住房和城乡建设厅
　　　　新疆建筑设计研究院
　　　　新疆佳联城建规划设计研究院

# 目　录

## Contents

总　序

前　言

第一章　绪论

003　　第一节　上海的地理变迁
004　　一、上海的成陆过程及水系变迁
007　　二、上海的地理特点
007　　第二节　上海的历史沿革
007　　一、唐以前
008　　二、唐至开埠以前
009　　三、开埠以后
010　　第三节　上海传统建筑追溯
010　　一、唐以前的传统建筑
011　　二、唐至开埠以前的传统建筑
017　　三、开埠以后的传统建筑
017　　第四节　上海传统文化概述
020　　一、雅致精细的吴越文化
020　　二、以港兴市的商业文化
020　　三、多元融合的开放文化
020　　四、进取拼搏的创新文化

**上篇：上海传统建筑特征解析**

第二章　内溯太湖流域的传统建筑特征

025　　第一节　传统村镇的格局特征

| | | |
|---|---|---|
| 025 | | 一、吴越文化浸润下的水乡村镇 |
| 031 | | 二、城廓围护下的水网城厢 |
| 035 | 第二节 | 建筑空间与形体特征 |
| 035 | | 一、自然生长的民居 |
| 040 | | 二、恢宏、素朴的寺塔 |
| 043 | | 三、雅致精巧的园林 |
| 049 | | 四、尊儒守规的书院 |
| 051 | | 五、匠心独具的桥梁、水闸 |
| 053 | 第三节 | 建筑技艺与构造特征 |
| 054 | | 一、香山帮技艺的引入 |
| 055 | | 二、软土地基上的基础做法 |
| 055 | | 三、塔身做法 |
| 056 | | 四、防潮、通风做法 |
| 057 | | 五、防火做法 |
| 057 | 第四节 | 建筑文化及审美特征 |
| 059 | | 一、文人意趣 |
| 060 | | 二、平民口味 |
| 061 | | 三、教化大众 |

## 第三章 外联江海四方的传统建筑特征

| | | |
|---|---|---|
| 065 | 第一节 | 航运重镇的格局特征 |
| 065 | | 一、帆樯林立的码头商铺 |
| 067 | | 二、五方杂处的街坊市镇 |
| 069 | 第二节 | 多元的建筑空间特征 |
| 069 | | 一、中胎西体的石库门里弄民居 |
| 071 | | 二、中西混合的宗教建筑 |
| 074 | | 三、西风渐进的近代园林 |
| 076 | | 四、新兴功能的公所会馆 |
| 078 | 第三节 | 营造技艺及材料特征 |
| 079 | | 一、多元的营造技艺 |
| 080 | | 二、丰富的建筑用材 |
| 081 | 第四节 | 建筑文化及符号特征 |
| 081 | | 一、多元交融的建筑文化 |
| 081 | | 二、中西混合的符号特征 |

## 第四章　上海传统建筑特征解析

| | |
|---|---|
| 086 | 第一节　上海地域建筑文化的养成 |
| 086 | 一、多元共生 |
| 086 | 二、理性务实 |
| 087 | 三、精益求精 |
| 087 | 四、演进创新 |
| 087 | 第二节　上海传统建筑的形式转化 |
| 087 | 一、江南风格及其转化 |
| 089 | 二、多元符号及其共生 |
| 090 | 第三节　上海传统建筑的空间策略 |
| 090 | 一、节约用地 |
| 090 | 二、顺应环境 |
| 090 | 三、利用院落 |
| 091 | 四、追求意境 |
| 092 | 第四节　上海传统建筑的营造技艺 |
| 092 | 一、小而美 |
| 093 | 二、巧而精 |
| 095 | 三、素而朴 |
| 096 | 四、糅而谐 |

## 下篇：上海现当代建筑传承策略

### 第五章　近代都市发展中上海传统建筑传承的背景与特点

| | |
|---|---|
| 101 | 第一节　开埠初期传统建筑的延续（1843～1899年） |
| 101 | 一、19世纪中后期上海的城市建设，建筑行业与思想发展的背景 |
| 102 | 二、开埠初期上海传统建筑延续和传承的特点 |
| 105 | 第二节　东西文化碰撞下传统建筑的演进（1900～1926年） |
| 105 | 一、20世纪初上海的城市建设，建筑行业与思想发展的背景 |
| 106 | 二、东西文化碰撞中上海传统建筑延续和传承的特点 |
| 113 | 第三节　都市快速成长期传统建筑的现代化转型（1927～1948年） |
| 113 | 一、20世纪中叶上海的城市建设，建筑行业与思想发展的背景 |
| 114 | 二、都市快速成长期上海传统建筑传承和发展的特点 |

## 第六章　现当代语境中上海传统建筑传承的背景与特点

| | |
|---|---|
| 130 | 第一节　社会主义初期对民族形式和现代乡土风格的探索（1949～1977年） |
| 130 | 一、为社会主义建设探索民族形式 |
| 130 | 二、为生产服务，为劳动人民服务的现代乡土风格 |
| 131 | 三、在生产主导和经济制约下上海现代建筑传统传承的特点 |
| 134 | 第二节　改革开放与快速城市化语境中的历史文脉意识（1978～1999年） |
| 134 | 一、历史街区作为旅游资源，传统文化意象作为城市地标 |
| 135 | 二、后现代理论影响下反思传统文化传承的意义和可能 |
| 135 | 三、在快速城市化背景下上海当代建筑传统传承的特点 |
| 140 | 第三节　全球城市竞争中本土身份的主动建构（2000年以来） |
| 141 | 一、历史遗产作为文化资本：城市与建筑遗产的保护与更新 |
| 141 | 二、地域特征作为文化认同：本土建筑身份的主动建构 |
| 142 | 三、全球文化与地方身份博弈中上海当代建筑传统传承的特点 |

## 第七章　上海现当代建筑的地域文脉传承策略与案例

| | |
|---|---|
| 146 | 第一节　兼容性与经济性：通过延续和发展地域文脉实现传承 |
| 146 | 第二节　江南水乡文脉的融合转化模式 |
| 146 | 一、融合江南水乡的自然地理文脉 |
| 149 | 二、融合江南水乡古镇肌理文脉 |
| 151 | 第三节　高密度都市文脉融合转化模式 |
| 151 | 一、保护更新传统城市的空间格局 |
| 166 | 二、延续和发展传统城市街巷肌理 |
| 174 | 三、保存与铭记城市历史记忆 |

## 第八章　上海现当代建筑的形式符号传承策略与案例

| | |
|---|---|
| 180 | 第一节　宜人性与精致性：通过提炼和转化地域建筑的形式符号实现传承 |
| 180 | 第二节　传统建筑的风格形式转化模式 |
| 180 | 一、演绎发展江南建筑的风格形式 |
| 189 | 二、官式建筑风格形式的启发与转变 |
| 194 | 第三节　传统建筑的细部和符号演变模式 |
| 194 | 一、里弄建筑肌理、形式和符号的转化 |
| 200 | 二、江南建筑色彩和装饰符号的转化 |
| 207 | 第四节　中国传统文化隐喻模式 |

| | |
|---|---|
| 207 | 一、具象隐喻 |
| 209 | 二、抽象隐喻 |

## 第九章 上海现当代建筑的空间场所传承策略与案例

| | |
|---|---|
| 212 | 第一节 适宜、有机与多样性：通过营造现代江南特征的空间和场所实现传承 |
| 212 | 第二节 院落空间类型引入、演变和转化的模式 |
| 213 | 一、引入单个院落 |
| 215 | 二、组织多个院落 |
| 219 | 三、对院落形式进行变形和创新 |
| 225 | 第三节 推敲宜人的体量、虚实、密度与尺度的模式 |
| 232 | 第四节 营造江南园林空间意境的模式 |
| 233 | 一、在现代园林中发展传统园林空间意境 |
| 234 | 二、在新的建筑类型中创造园林空间意境 |
| 240 | 第五节 延续和发展多元融合的街巷空间氛围的模式 |
| 240 | 一、在城市空间更新中延续和发展传统街巷空间氛围 |
| 244 | 二、在新建筑类型和城市空间中引入和转化传统街巷空间氛围 |

## 第十章 上海现当代建筑的材料建构传承策略与案例

| | |
|---|---|
| 248 | 第一节 得体、精巧与新颖性：通过扬弃选择材料和建构实现传承 |
| 248 | 第二节 建筑形式与材料工艺的新旧对比模式 |
| 248 | 一、融合新结构与旧材料实现传统形式与空间 |
| 250 | 二、采用新材料与新工艺实现传统形式与空间 |
| 254 | 第三节 新旧材料和工艺有机融合的模式 |
| 254 | 一、单体建筑改造中新旧材料与工艺对比 |
| 260 | 二、城市区域改造中新旧结构与材料有机融合 |
| 266 | 第四节 传统材料和工艺的创新建构模式 |
| 266 | 一、传统材料的创新建构 |
| 276 | 二、新旧材料的创新建构模式 |

## 第十一章 结语

| | |
|---|---|
| 289 | 第一节 融合转化的策略 |
| 289 | 一、形式符号 |
| 289 | 二、文化隐喻 |

| | |
|---|---|
| 290 | 三、结构材质 |
| 291 | 四、格局肌理 |
| 291 | 五、空间意境 |
| 292 | 第二节　存续再生的策略 |
| 292 | 一、保存修复 |
| 293 | 二、置换更新 |
| 293 | 三、修补缝合 |
| 294 | 第三节　适宜得体的策略 |
| 294 | 一、环境文脉特征 |
| 295 | 二、地域生活形态 |
| 295 | 三、现实物质条件 |
| 296 | 第四节　扬弃创新的"元策略" |
| 296 | 一、从形式模仿到深层转化 |
| 297 | 二、从被动回应到主动变革 |
| 298 | 第五节　结语：上海传统建筑文化传承的未来展望 |

参考文献

后记

# 前 言

## Preface

《中国传统建筑解析与传承 上海卷》（以下简称《上海卷》）经过总体控制团队一年多的辛勤工作，五易其稿，无论是在结构的完整性，论述的全面性，论点的准确性和论证的逻辑性等方面都具有较高的水平。《上海卷》从上海建筑的古代、近代、当代和未来4个象限阐述了数千年来的上海建筑，既论述了历史的文脉，又顾及了当代和未来的发展主线。《上海卷》的上篇专注于解析，论述上海传统建筑的特色及其发展演变，建筑类型、空间、构造、营造及审美特征。下篇专注于传承，在全球城市发展的背景下，以及当代语境下的历史文脉意识和传承创新，传承策略和未来展望，融汇了建筑传统及其发展延续的思想，是一本具有较高学术水平的研究专著。

1986年，上海被命名为国家历史文化名城。目前，全市共有全国重点文物保护单位29处，市级文物保护单位238处，区级文物保护单位402处，中国历史文化名镇10座、名村2座，中国历史文化名街2条，国家历史文化街区1处，登记不可移动文物4422处，其中近现代代表性建筑3266处。上海先后分5批公布了1058处优秀历史建筑，中心城划定总面积为47平方公里的上海历史城区，有44片历史文化风貌区，其中有2片历史文化街区，总用地面积为41平方公里，另外还划定了119处风貌保护街坊。在市域范围内共有397条风貌保护道路与风貌保护街巷，84条风貌河道。

在传统建筑的多元传承方面，上海是一个地域的概念，而不只是行政建制的概念。上海的地域范围曾经一直处于变动之中，1292年上海设县时，面积约2000平方公里，到清嘉庆十五年（1810年）缩存600平方公里。1912年，上海划属江苏省。1925年上海改为淞沪市，1927年成立上海特别市，直辖当时的中央政府。当时的市域面积为494.69平方公里，另有租界32.84平方公里，总计527.53平方公里。1930年7月，上海特别市改称为上海市，1947年时，全市市域面积为617.95平方公里，1947年当时行政院核定的市域面积为893平方公里。今天上海市的市域面积为6833平方公里。

上海得名于吴淞江下游的一个支流——上海浦，上海的历史可以追溯到7000多年前的马家浜文化、6000年前的崧泽文化、5000多年前的良渚文化、4000年前的福泉山文化、广富林文化的新石器时代遗址。上海作为城市的历史则相对较晚，可以追溯到唐天宝十年（公元751年）的华亭县、南宋咸淳三年（1267年）的上海镇和元至元二十九年（1292年）的上海县。城市的快速发展时期当属近代，尤其是1843年开埠以后。上海的文化不仅表现为传统的延续，同时也凸显了地域文化的特点。既有历史悠久的正统文化的影响，又增加了长江流域和港口城市的商业文化，国际通商港口城市的杂交文化和江南地区的乡土文化。文化的突变性更多于延续性，变异甚于进化，这种变异也反映在上海的建筑文化上。上海现存的地面建筑文物可以追溯到龙华寺塔，唐代的陀罗尼经幢和泖塔，宋代的兴圣教寺塔和孔庙、文庙，元代的清真寺，明代的豫园，清代的东林寺大殿和书隐楼等。建筑类型包括衙署、寺庙、佛塔、园林、民居、书院、会馆、商铺、桥梁等，在开埠以前，大体上保持了传统的延续性和地域性特征。

讨论传统建筑首先要讨论传统和传统文化，《辞海》（2000版）对传统的定义是："历史流传下来的思想、文化、道德、风俗、艺术、制度以及行为方式等。"实质上，传统具有继承、恪守、传承，也带有敬意和责任的意涵，是在进展中的过程，以及以未来为导向的规范性概念。具有时代的特殊性和社会的类型性。美国社会学家爱德华·希尔斯（1910-1995）在《论传统》（1981）中指出："传统——代代相传的事物——包括物质实体，包括人们对各种事物的信仰，关于人和事件的形象，也包括惯例和制度。它可以是建筑物、纪念碑、景物、雕塑、绘画、书籍、工具和机器。它包括一个特定时期内某个社会所拥有的一切事物，而这一切在拥有者发现它们之前已经存在。"当代文化理论将传统与革新界定为一种文化更新发展的辩证运动的两极，传统是创造力的延续性，传统也是文化记忆。

上海的传统文化有一个重要特征，就是它所具有的兼容性、创造性和现代性，传统建筑亦然。早在1843年开埠前，由于商业贸易的繁荣，中国其他各地的商人、船主和海员等，或客居，或短期停留于上海，形成各种旅沪商帮，出现各类行业或同乡会馆。大量外来人员汇聚于上海，形成"五方杂处"的局面，带来各地的民俗习惯。这种兼容性为上海开埠后迅速吸收外来地域文化和西方文化提供了可能。上海近代城市和建筑的形成发展是中国现代文化中一个十分特殊的现象，近代上海的发展历程完全不同于中国的大多数其他城市。特殊的政治、宗教、经济与文化的发展际遇，西方文化的输入和上海本地以及中国的不同地域文化相互之间的并存、冲撞、排斥、认同、适应、移植与转化，使上海糅合了古今中外的多元文化，成为中国现代城市文化和建筑文化的策源地。

上海的近代建筑有着十分丰富的形态，其特征是创新性和对新事物的包容性，对各种形式兼收并蓄。文化传承形成上海历史建筑长期以来成为中国传统建筑和地域风格的结合。上海在近代中国文化中具有特殊的地位，开各种风气之先河，对中国近代建筑的发展起到了规范性的作用，建立了现代建筑师执业制度和现代建筑教育体系。发扬中国传统复兴的精神，倡导"中国建筑的文艺复兴"，使大批优秀的中国建筑师脱颖而出，创造了一大批辉煌的近代建筑。一批来自英国、法国、美国、匈牙利、西班牙、德国、日本和俄罗斯等国的建筑师也参与了近代建筑的创造。

丰富多元的传统建筑文化孕育了上海的当代建筑，也预示了未来的发展。在"海纳百川、追求卓越、开明睿智、大气谦和"的上海整体城市精神的影响下，当代建筑的传统传承体现出多元共生、理性务实、精益求精、扬弃创新的特点，具体表现为在传统建筑精神、传统建筑形式以及建筑技术、现代建筑思想和现代性方面的发展和提升。一方面借鉴和发展江南民居的形式符号与空间，从民间文化和地域文化中寻求中国文化的基因，从中国古典园林和民居中汲取传统精神和建筑语言。主张继承传统主要应该领会其精神实质和匠心意境，吸取营养，不拘泥于形式。从自发到自觉，融合转化，由表象到成象，从而使意境升华，实现存续再生。另一方面则努力探索当代建筑现代性的发扬，从形式模仿到深层转化，从被动回应到主动变革，实现全球化与本土化、国际化与多元化的和谐共存。在全球化的背景下，创造并完善契合现代城市生活的各种建筑类型，树立城市文化地标，增强城市特色和吸引力，大力保护历史文化风貌、历史建筑、工业遗产，保存历史记忆，保护更新传统城市的空间格局，保护城市街巷肌理和风貌，逐级分类划示文化保护控制线，包括历史文化保护线、自然文化景观控制线和公共文化服务控制线，建立健全与上海国际文化大都市相匹配的城乡历史文化遗产保护体系，创新完善保护制度和机制。在城市可持续的有机更新过程中实现城市的理想目标愿景，在城市上建设城市，成为卓越的全球城市。

# 第一章 绪论

"上海"一词，最早见于郏亶所著的《水经注》，是当时吴淞江一条支流——上海浦的名称[①]；北宋以后，因航运贸易所需，上海务[②]、上海市舶提举分司[③]相继得以设立，"上海"开始在苏州、秀洲一带小有名气；南宋咸淳三年（1267年），上海设镇，并在不到30年后（元至元年间）升格成为一个县，"上海"开始正式成为一个行政区；清中叶以后，上海县的地位上升很快，上海县城成了苏松太道的驻地，并常被人们称为"上海道"；1927年以后，"上海特别市"成立，开创了上海成为一个直辖市（与省平级）的历史。近百年来，上海市的边界在不停地变化之中，其内部的行政区划也屡有归并。

截至今日，上海市陆域总面积约6833平方公里，下辖黄浦区、浦东新区、徐汇区、长宁、静安区、普陀区、虹口区、杨浦区、闵行区、宝山区、嘉定区、金山区、松江区、青浦区、奉贤区、崇明区等16区。这块土地，在民国时期是"上海特别市"与相邻江苏省九县（宝山县、嘉定县、青浦县、松江县、上海县、奉贤县、南汇县、川沙县、崇明县）的总和[④]，在清代是松江府下辖的"七县一厅"（上海县、华亭县、青浦县、娄县、奉贤县、南汇县、金山县及川沙厅）与太仓直隶州下辖三县（嘉定、宝山、崇明）之和[⑤]，在明代是松江府与苏州府下辖两县（嘉定、崇明）之和，在元代是"江浙行省"下辖的松江府、嘉定州与"河南江北行省"下辖的扬州路崇明县的叠加，在南宋时期，是嘉兴府下辖的华亭县、平江府下辖的嘉定县、通州下辖的海门县南部之和，在北宋时期，是两浙路下辖的苏州、秀州两州东部区域外加淮南东路下辖的通州南部（三沙、西沙、东沙三岛），

---

[①] 北宋郏亶（1038~1103年）所著《水利书》记载："松江之南，大浦十八，有上海、下海两浦"。
[②] 北宋熙宁十年（1077年），在秀州十七处酒务中，有"上海务"（"务"是一个管理贸易和税收的机构）。
[③] 南宋咸淳年间（1265~1274年），上海市舶提举分司设立。
[④] 在民国早期，该范围大致相当于江苏"沪海道"减去海门、太仓两县。
[⑤] 在清雍正年间，该区域是苏松道的东部及太通道的南部；在清嘉庆年间，该区域是苏松太道的东部。

在五代十国时期是吴越一部，在唐至东汉时期，是吴郡的一部，在西汉、秦时期，是会稽郡的一部[①]，含会稽郡长水县（由拳县）[②]东境、娄县东南境、海盐县东北境，在春秋战国时期，先后是吴、越、楚的领地。

上海还有许多别称，如沪（沪渎）[③]、申[④]等。在历史上，吴越之地的青龙镇、华亭县、松江府都坐落于现今上海的范围内，它们各领风骚数百年，共同造就了上海的历史文化。上海是第二批国家历史文化名城（1986年12月公布），拥有深厚的城市文化底蕴和众多历史古迹。近代开埠后，上海作为中西文化碰撞交融最为激烈的地区，又逐渐衍生出独具上海"味道"的传统文化特征。

---

[①] 参见：周振鹤.上海历史地图集[M].上海：上海人民出版社，1999.15-31.
[②] "长水县"于秦始皇三十七年（公元前210年）更名为"由拳县"（宋《太平寰宇记·嘉兴县》载：秦始皇东游至长水，闻土人谣曰：水市出天子，从此过，见人乘舟交易，应其谣，改曰由拳）。
[③] 隋唐以前，上海地区逐渐形成陆地，区域内河流纵横、水面开阔。生活在那里人们常用一种叫"扈"的工具捕鱼。因"扈"遍布于"渎"，因此当时吴淞江下游一带被称为"扈渎"，后来又被人们简称为"沪"。
[④] 春秋时期，上海所在的区域属吴国。到了战国时期，吴国被越王勾践所灭，越国又被楚国所灭，因此，上海所在的区域又先后归属于越国、楚国。周显王三十五年（公元前334年），楚国灭了越国以后，就把昔日吴国的领地全化为楚国宰相春申君的属地，于是上海最早被称为"申"。

## 第一节　上海的地理变迁

6000余年前，现今上海版图的大部分区域还未成陆，处于茫茫大海之中，仅有的陆地区域已经出现了人类的渔猎、耕种活动。6000余年来，现上海地域范围内的地理变迁是巨大的，其东部岸线的外移，内部太湖通海河流的改道，北部长江出海口的渐近，对区域内人类生存环境的改变、经济发展带来了重大的影响。唐宋以后，由于"襟江带海"地理位置的确立，上海具有了联系南北、交通内外的天然优势，逐渐促成了以港兴商、以商兴市的局面。

从秦、唐、南宋时期上海的区域范围图（图1-1-1～图1-1-3），我们也可以明显地感受到上海区域陆地的生长速度。与北京、西安等自然环境长期相对稳定的内陆名城古都不同，东海之滨的上海所处的地理环境处在不断演变的过程中。从今天的地理位置来看，上海正处于长江之尾、东海之滨，这里也是太平洋西岸、亚洲大陆东沿、中国南北海岸的中心点。正是这样一个得天独厚的地理位置，形成上海便利的航运条件，以港兴市成为上海古代城市发展的主旋律。

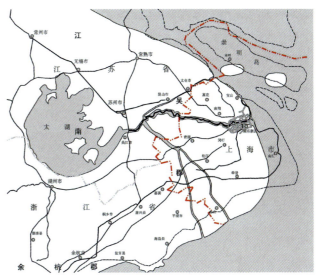

图1-1-2　唐天宝十年（公元751年）上海区域图（来源：《上海历史地图集》）

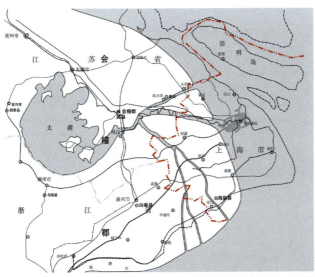

图1-1-1　始皇帝二十六年（公元前221年）上海区域图（来源：《上海历史地图集》）

图1-1-3　南宋嘉定十年（1217年）上海区域图（来源：《上海历史地图集》）

## 一、上海的成陆过程及水系变迁

古代上海地区的地理状况变化频繁,陆地范围在逐渐东扩,长江出海口的位置在逐渐逼近,吴淞江、黄浦江等疏通太湖与东海联系的诸水系在潮汐水文和人为疏导的影响下不断变化。这些直接决定了上海地区人类生存环境的稳定程度,并逐渐造就了上海"襟江带海"的地理格局,使上海具有了沿吴淞江通达江南诸地、溯长江辐射中国腹地、枕东海联通海内外的地理之便,奠定了上海逐渐发展成为经济中心的基础。

### (一)上海的成陆过程

上海最早的海岸线是古冈身,约形成于6000年前。古代上海境内,以吴淞江为界,其北,自西向东有浅冈、沙冈、外冈、青冈和东冈5条贝壳沙带和沙带,其南自西向东有沙冈、紫冈、竹冈和横泾冈4条贝壳沙带。考古发掘表明,上海地区的马家浜文化、崧泽文化、良渚文化乃至新发现的广富林文化的新石器时代遗址,都分布于冈身西部地区。而在冈身以东地区,没有发现过新石器时代的遗址。可见,冈身以东地区在距今4000年前尚不适合人类居住(图1-1-4)。

随着海岸线自冈身东移,上海的陆地面积逐渐扩张。为了抵御海潮的侵袭,上海古代人民开始修筑"捍海塘"。"捍海塘"是古代上海人民为开拓生存空间、改造自然环境而建造的重大工程,其作用类似于"冈身"对陆地的保护。上海地区最早的海塘传说筑于三国时期[1];唐开元元年(公元713年),一条绵延200多公里的江南海塘(苏松海塘)得以修建,它位于冈身以东30公里处,在上海境内长达170多公里,并绵延至浙江境内。南宋《云间志》"堰闸"条内也记载:"旧瀚海塘,西南抵海盐界,东北抵松江,长一百五十里"[2]。有了捍海塘的护卫,塘内区域逐渐诞生了

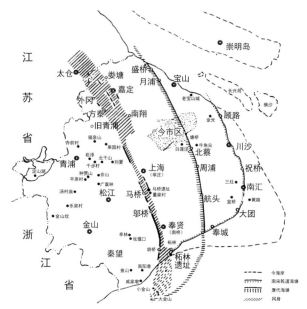

图1-1-4 上海成陆示意图(来源:根据《上海600年》姜越 改绘)

图1-1-5 上海历代海岸线及捍海塘(来源:http://www.baike.com/ipadwiki/中国历史时期海岸线的变迁)

商贾云集、帆樯如林的青龙镇、华亭县。宋乾道八年(1172年),一条"起嘉定之老鹳嘴[3]之南,抵海宁之澈浦以西"[4]的海塘被筑成,这使上海的陆地边界慢慢抵达了浦东的合庆、祝桥、惠南、四团、奉城一线,后来这条海塘又在明

---

① 《吴越备史》中有:三国吴主皓(公元264~280年)时"华亭谷极东南,有金山咸潮塘,风激重潮,海水为害"。其中的咸潮塘即为海塘。
② 许多学者考证,此旧瀚海塘亦为唐海塘。
③ 嘉定老鹳嘴为今浦东高桥以北。
④ 引自明代曹印儒的《海塘考》。

图1-1-6 晋代三江示意图（来源：《太湖塘浦圩田史研究》）

成化年间（1465~1487年）被加固，被人们称为"内捍海塘"（又称老护塘、里护塘）[1]。有了里护塘的呵护，松江、川沙、南汇、嘉定、宝山等古城镇开始繁荣，上海县也得以立足、发展。明万历十二年(1584年)，在老护塘东侧约3里处，一条与老护塘平行的"外捍海塘"被修筑[2]。清雍正十年(1732年)，外捍海塘遭遇毁灭性破坏，次年，南汇知县钦琏又在原址重修了"钦公塘"（图1-1-5）。海堤的修筑，大大地减少了海水倒灌引发的灾荒，使上海地区的农耕得到保障，上海逐渐成为谷仓满盈的鱼米之乡，其经济实力日益壮大。

## （二）域内水系变迁

上海"襟江带海"地理格局的形成并不是一蹴而就的。在秦代，长江的出海口还远在扬州、镇江一带，上海与长江的关联还比较弱。随着长江中下游人类生产活动、兵燹战乱日益频繁，两岸水土植被受损严重，江岸泥沙下行、淤积增多，长江口陆地东扩逐渐加快。至唐宋时期，长江北岸陆地东扩较多，长江出海口的位置以逐渐下移，逼近上海北部。至元、明时期，完全由长江泥沙沉积而成的崇明岛逐渐长成，长江出海口完全进入了上海的地域范围内，上海开始拥有了自长江上溯中国腹地的地理优势。

作为上海地域内的唯一大岛，崇明岛的形成完全有赖于长江上游下泄的泥沙堆积。据记载，唐武德初年（公元618年），由长江泥沙沉积而成的东、西两沙洲开始露出水面，且"渐积高广，渔樵者依之，遂成田庐"[3]。至元至元十四年（1277年），因居民繁庶、地位要冲，崇明岛获准设为崇明州。至明代，崇明岛已基本稳定成形，大小三十余沙已涨接成一片，其格局已于今日相差不多。

上海的陆地区域最初并不大，六千余年前，古冈身以西的岸域面积只占上海现陆地范围约1/3。在这片土地上，隐约有九座小山丘"累累然隐起平畴间"[4]，人们称它们为"云间九峰"。随着海岸线自冈身东移，上海的陆地面积逐渐扩张。这片土地上水网密布，受太湖入海江河、东海潮汐的共同影响。在联系太湖与东海的河道中，较主要的有"三江"[5]，其中穿越上海地域的就有松江、东江[6]。三江分别在西北、东、东南三个方向联通了太湖与东海（图1-1-6）。东晋庾阐的《扬都赋注》对三江的态势有如下描述："今太湖东注为松江，下七十里有水口分流，东北入海为娄江，东南入海为东江，与松江而三也"。在联系太湖和东海的三江之中，初时松江是三江中最为宽阔的，其"深广可敌千铺"，入海口宽达20多里，沿江支流多达260余条[7]，其中较为著名的有大盈浦、顾会浦、崧子浦、上海浦、下海浦等十八大浦[8]。南北朝时，松江的下游被称为沪渎。航道的便利使往来海上

---

[1] 后来老护塘逐渐演变成一条贯穿浦东东部地区的南北交通要道，每隔几里便形成一座大小不等的集镇。在浦东新区境内的老护塘沿线，从北至南有徐路、顾路、曹路、龚路、大湾、小湾、车门、护塘街、十一墩、六团湾(湾镇)等集镇。
[2] 外捍海塘于明万历十三年(1585年)竣工，与老护塘一样呈南北走向，长9250丈，顶宽2丈高1丈7尺。
[3] 据清代顾祖禹《读史方舆纪要》卷二十四记载。
[4] 清嘉庆《松江府志》载："府境诸山自杭天目而来，累累然隐起平畴间。长谷以东，通波以西，望之如列宿。排障东南，涵浸沧海，烟涛空翠，亦各极其趣焉。而九峰之名特著。"
[5] "三江"即为娄江、松江、东江。
[6] 松江即为后称的"吴淞江"，东江后来改道成为"黄浦江"，娄江为今浏河的前身。
[7] 张姚俊.老上海城记·河与桥的故事 [M].上海：上海锦绣文章出版社，2010. 83.
[8] 北宋郑戬（1038~1103年）所著《水利书》记载："松江之南，大浦十八，有上海、下海两浦"。

的商船多由松江进出,迅速发展的航运贸易直接催生了后来青龙港、青龙镇的诞生。

由于捍海塘的修筑,唐末东江的许多出海支流被阻断,渐渐促成了原来流向杭州湾的东江改道东流。北宋、南宋年间乍浦堰、柘湖十八堰、运港大堰的修筑,切段了东江下游的几乎所有出口,来自太湖、淀山湖、浙西的水只能由"三泖"经横潦泾(今黄浦江闸港以上河段)向东流向闸港,并折向北,与原来的上海浦合并汇进吴淞江,成为吴淞江的一条支流。这条河流也是后来黄浦水道的雏形,它的出现促成了黄浦江的形成。

吴淞江是太湖最主要的泄洪水道。唐代的吴淞江宽达20里。唐以后,随着海岸线向东扩展,吴淞江的河线也不断延伸,其河身渐呈"蟠曲如龙",并有了"五汇四十二湾"。唐元和五年(1810年),吴淞江上游的来水越来越分散、狭隘,水量渐小,无力冲淤[1]。至北宋时期,由于海岸线的不断东移,吴淞江已穿越了现今的上海市区,经今高桥附近的南跄浦入海,河口段宽度已缩至九里(图1-1-7)。

元代以后,来自北方的蒙古统治者不谙江南水情,放任地方豪强占据湖洲港汊,封土为田,致使吴淞江淤积变窄,水患不断。吴淞江河口段的宽度逐渐减至5里、3里、1里,甚至因"两岸涨沙将与岸平"而致"仅存江洪扩不过三二十步"。此时的青龙镇虽然市镇仍在,却已无港口功能了[2]。1304~1326年,青龙镇人任仁发两度出山,4次疏浚吴淞江。其中首阶段(1304~1306年)深阔了嘉定石桥浜至上海县界的吴淞江河段,疏浚了赵屯浦、大盈浦及白鹤江、盘龙江,并在新泾设置水闸两座。后阶段(1324~1326年)又疏浚了吴淞江的下游河道,并在吴淞江的重要支流赵浦等处加建水闸数座,以便定时开启,遏制浑潮。虽然元代政府对吴淞江的疏浚、整治次数并不少,但是每次的整治只是带来短期的水患减轻,吴淞江的淤塞情况并没有得到根

图1-1-7 吴淞江的历史变迁(来源:《吴淞江的历史变迁》)

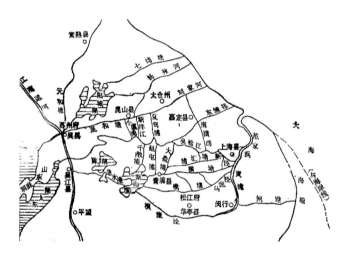

图1-1-8 黄浦夺淞示意图(来源:根据《吴中水利书》诸州县图改绘)

本的好转。

到了明代,吴淞江下游一百余里的地段淤积情况越加严重,已经到了不可收拾的地步。明永乐元年(1403年),明户部侍郎夏元吉一方面引太湖水从浏河、白茆入长江,即"掣淞入浏",另一方面又放弃原吴淞江下游水道,"浚范家浜引浦入海",拓宽范家浜[3],将其南端的黄浦江与上海浦、南跄浦(大跄浦)连通,引黄浦水经吴淞口入长江出海。这一"江浦合流"、"黄埔夺淞"[4]的举措(图1-1-8),使河

---

① 苗金堂.上海地区古代治水简述[J].上海水利,1995,01:21-23.
② 元至元年间《嘉禾志》记载:"今镇治延袤,有学有狱,无复海商之往来矣"。
③ 范家浜又名万家河,为今黄浦江从外白渡桥至复兴岛一段江面。
④ 指原吴淞江的入海口变成了黄浦江的入海口。

道的水流更加充沛，不易淤积，成功地解决了水患，也连通了海船直接进入上海县城的水路，提升了上海县城的地位。明中叶以后，黄埔江汇集杭嘉之水，又领淀山、诸泖来水"从上灌之"，水势大增，河道越来越宽广，已被称为"大黄浦"。其江口段由原来的三十余丈扩大至"横阔几二里余"，成为宽度数倍于吴淞江的大河，而吴淞江因则上游来水分流和后期整治缩小[1]，逐渐成为黄浦江的支流。

## 二、上海的地理特点

### （一）平原地貌

上海的地势并非自西向东、向沿海地区逐渐低下。由于整个长江三角洲南部平原的中心部分（太湖及四周的小湖群）最为低洼，其周边高起的地形将此低洼围合成了一个碟形洼地，上海正处于该洼地的东侧，因此上海的微地形呈向西倾斜的半碟形，地势总趋势呈现由东向西的低微倾斜。

如前所述，上海的陆地地貌以冈身为界线，冈身以东主要由长江挟带入海的大量泥沙经波浪、潮汐、河流、沿岸流的作用沉积而成一片滨海平原。冈身以西是上海最早成陆地区，属太湖平原的一部分，类型为湖沼平原。数千年来，人类开渠围堤、挖泥施肥，将整个平原分割成圩堤重叠、河湖纵横交错的微地貌。

### （二）横塘纵浦

上海滨江临海，地处江南水网之域，北、东、南分别由长江、东海与杭州湾环绕，水体面积约占全市总面积的12%左右，江海河湖兼有，横塘纵浦，是典型的江南水乡水文地貌。北宋著名水利学家郏亶对此有过精辟解释："汇之南北为纵浦，以通于江，又于浦之东西为横塘，以分其势"。此格局在上海形成时间悠久，五里一纵浦，十里一横塘，是早在北宋以前就已经确立。连"上海"这个地名也是从"上海浦"而来的，而黄浦江在明代以前都还只是吴淞江的一条支流——大黄浦。在南北向的各浦之间，还有一条条横向连接的河流，这就是"塘"，最著名的就有春申塘。从地图上清晰可见，上海除长江、黄浦江和吴淞江三条主要河流外，还有十分稠密的水网，平均300~500米间就有河浜一条。这些密集的水路相互交织，共同组成了"横塘纵浦"水网格局。

## 第二节　上海的历史沿革

上海地区[2]的人类活动历史悠久。6000余年前，在古冈身[3]的捍卫下，上海境内最早的人类居住地诞生了。唐中叶，因青龙港的兴起，上海开始兴起。开埠以后，通商贸易的繁盛，使上海渐渐成为中国重要的口岸城市。

## 一、唐以前

始于20世纪30年代的考古工作证明，上海地区的历史源远流长，内涵丰富。6000余年前，在古冈身[4]的捍卫下，上海境内最早的人类居住地诞生了。与江苏南部、浙江北部的先民类似，这块濒海土地上的人类以渔猎、农耕为生，聚居于崧泽、福泉山、查山等古村落；距今5000余年，上海古

---

[1] 明隆庆三年（1569年），海瑞整治吴淞江和黄浦流域，将吴淞江自黄渡至宋家桥（今福建路桥附近）的80里河道由原宽30丈缩减至15丈，河床底部宽7丈5尺，使吴淞江下游呈现出今天看到的流向。
[2] 指现上海市的范围，其面积为6340.50平方公里，下辖黄浦区、浦东新区、徐汇区、长宁区、静安区、普陀区、虹口区、杨浦区、闵行区、宝山区、嘉定区、金山区、松江区、青浦区、奉贤区、崇明区等16区。
[3] 北宋朱长文撰《吴郡图经续记》中曾有："濒海之地，冈阜相属，谓之冈身"。对古冈身中堆积物的炭14测定结果显示，这是距今达6340±250年的海生贝壳堆积。
[4] 北宋朱长文撰《吴郡图经续记》中曾有："濒海之地，冈阜相属，谓之冈身"。对古冈身中堆积物的炭测定结果显示，这是距今达6340±250年的海生贝壳堆积。

人的农耕水准已相当领先，实现了从锄耕到犁耕的转化①；距今4000余年，上海地区的良渚文化遗址显示"方国"开始形成，其进入古代文明的时期早于夏代②；距今3000余年，上海地区的马桥文化遗址显示，上海的文化特征发生突变，一支浙南、闽北的古文化进入上海地区③；2000余年前，夏朝大禹梳理了太湖流域的水文环境，使"三江既入，震泽底定"④，太湖之水不再潴留，为这片土地的农业发展提升创造了条件。当时的人们开始采用畖耕⑤方法，以"火耕水耨"的方式实现了"饭稻羹鱼"⑥。后来，吴越文化、楚文化先后主宰了上海地区，上海经历了越灭吴、楚又灭越的历史，最终成为春申君的属地，故上海又有"申"的简称。春秋战国时期，诸子百家繁盛一时，但是其代表人物多集中在齐、鲁、魏、楚，上海地区所属的吴国非常落后⑦，贤人名家寥寥无几。因地处偏僻的濒海之地，当时的上海默默无名，是文人隐士闭关用功或避居退隐的理想之地。

至秦、西汉时期，上海地区是会稽郡的一部⑧，含会稽郡长水县⑨（由拳县）东境、娄县东南境、海盐县东北境。东汉建安二十四年（公元219年），三国东吴名将陆逊因战功而受封华亭侯，封地即今松江，历史上首次出现了"华亭"这一地名。魏晋南北朝时期，除了农业生产技术不断进步外，上海多数人仍以捕鱼为主业，其常用的捕鱼工具"扈"⑩遍布于"渎"，因此吴淞江下游也被称为"扈渎"，后简称为"沪"。直到唐以前，现今上海所属的区域内人烟稀少，处于江南的边缘地带。

## 二、唐至开埠以前

唐天宝年间，青龙港由于是进出苏州及太湖流域的必经之地，促成上海产生最早的镇治。随之人口增长、经济繁荣，唐天宝十年（公元751年）始建华亭县，县治设于后来的松江府城。襟江带海的地理优势使青龙镇的对外贸易极其繁盛，也促使其成为"海上丝绸之路"中的重要港口。发达的贸易，带来了文化的繁荣和城镇建设的高潮，上海境内逐渐出现了青龙镇、华亭县（府）、松江府、上海县、嘉定县等商贸重镇，上海与苏、浙一带大城市的交往也开始密切。

北宋伊始，吴淞江下游泥沙淤积，海岸线东扩，商贾航运从距海口越来越远的青龙港迁移至"上海浦"一带，"上海"一名由此诞生。当时的上海全境覆盖了两浙路下辖的苏州、秀州两州东部区域外加淮南东路下辖的通州南部（三沙、西沙、东沙三岛）。宋中叶，华亭县及青龙镇的人口和商贸同步增长，其中华亭县的人口户数已从建县初的1万余户增至10万余户。南宋时期，上海务⑪、上海市舶提举分司⑫相继得以设立，上海浦设立市镇，隶属华亭县。上海全境包括了嘉兴府下辖的华亭县、平江府下辖的嘉定县、通州下辖的海门县南部。

元至元十四年（1277年），华亭县升格为"华亭府"，上海镇设为市舶司。次年华亭府改名为"松江府"。元元贞二年（1296年）嘉定县升格为嘉定州。因此，元代上海全境是"江浙行省"下辖的松江府、嘉定州与"河南江北行省"

---

① 在松江区汤庙村的一座崧泽文化墓内，发现了一件三角形的石犁，这是中国最早的石犁之一。
② 编委会编.上海文物博物馆志，总述[M].上海：上海社会科学院出版社，1997.3.
③ 马桥文化时期，制陶又盛行手制，器表普遍拍印蓝纹、叶脉纹，玉器消失，渔猎经济重占上峰。
④ 《尚书·禹贡》记载："三江既入，震泽底定"，其中"震泽"即为太湖，"三江"即为娄江、松江、东江。
⑤ 畖：焚烧干草为肥，并筑田埂引水入田的耕作方式。
⑥ 《史记·货殖列传》中记载："楚越之地，地广人稀，饭稻羹鱼，或火耕而水耨。"
⑦ 据统计，春秋战国时期，儒、道、法、名、阴阳五家，共有代表人物124人，其中鲁国最多，达46人，其次是齐、楚、魏、卫，各有10~18人不等。今上海地区所属的吴国仅有2人，仅占总数的1.61%（参见：熊月之.上海通史·第一卷，导论[M].上海：上海人民出版社，1999.11.）。
⑧ 参见：周振鹤.上海历史地图集[M].上海：上海人民出版社，1999. 15-31.
⑨ "长水县"于秦始皇三十七年（公元前210年）更名为"由拳县"（宋《太平寰宇记·嘉兴县》载：秦始皇东游至长水，闻土人谣曰：水市出天子，从此过，见人乘舟交易，应其谣，改曰由拳）。
⑩ 南朝顾野王《舆地志》中有："插竹列海中，以绳编之，向岸张两翼，潮上而没，潮落而出，鱼蟹随潮碍竹不得过，名之曰扈"。
⑪ 北宋熙宁十年（1077年），在秀州十七处酒务中，有"上海务"（"务"是一个管理贸易和税收的机构）。
⑫ 南宋咸淳年间（1265~1274年），上海市舶提举分司设立。

下辖的扬州路崇明县的叠加。由于贸易量巨大，当时的上海镇成为华亭东北的巨镇。上海市舶司的设立让上海成了与广州、泉州、温州、杭州、庆元、澉浦等并列的七大市舶司所在城市，并进而成为一个独立的县。元至元二十九年（1292年），上海县成立。

明代上海是松江府与苏州府下辖两县（嘉定①、崇明）之和。明早期，吴淞江的河道越来越狭窄，太湖的下泻之水开始转移至黄浦。因政府着力疏导，黄浦逐渐变宽，甚至把上海浦也吞没。后来黄浦江取代了吴淞江，成为上海的第一大江河，实现了"黄浦夺淞"。由于航运商贸和棉纺织行业的发展，明代上海县的经济发展很快，俨然已成"东南名邑"。明朝末年，由于耕地、户丁急剧增加，松江府下辖的上海县分出了崇明县、青浦县。

清雍正八年（1730年），原属苏松太道的太仓被分离出去，与通州合并成立太通道，新成立的苏松道就把道台衙门从太仓移至松江府的上海县城。由于道台衙门的迁入、上海港的贸易量日益增大。后来，苏松太道的驻地上海县又被俗称为"上海道"或"沪道"，因其还同时兼理江海关，所以又被称为"江海关道"。清乾隆六年（1741年）太仓又回归苏松道。清嘉庆年间，上海县已是"闽、广、辽、沈之货，鳞萃羽集，远及西洋、暹罗之舟，岁亦间至，地大物博，号称繁剧，诚江海之通津，东南之都会也"②。当时，上海全境包含松江府下辖的"七县一厅"（上海县、华亭县、青浦县、娄县、奉贤县、南汇县、金山县及川沙厅）与太仓直隶州下辖三县（嘉定、宝山、崇明）之和③。

在开埠以前，上海已经吸引了国外商人的目光。1756年，东印度公司的毕谷（Frederick Pigou）在接触从上海过去的商人后，就建议把上海作为一个中转港④。1832年，林赛率"阿美士德勋爵"号从澳门出发，于6月抵达上海。虽然有清朝官兵的阻拦，林赛一行还是在上海县城东门外的天后宫上岸，进入了上海县城，拜会了知县与道台。虽然没有促成上海对外国人开放商贸，但林赛见识了上海的繁华和商业活力，他指出，在中国没有哪个地方像上海一样拥有如此多的外国商品⑤。

## 三、开埠以后

中英鸦片战争后，上海作为五口通商口岸之一被迫于1843年11月17日开埠。为避免中外冲突，清政府于1846年订立《上海土地章程》，在上海县城北部辟设英租界；1848年，美国在虹口一带开辟美租界；1849年，上海城北、洋泾浜以南的土地被法国辟设为法租界；1863年，英美租界合并，至1899年几经扩张，正式定名为公共租界。开埠后到20世纪30年代，上海已发展为中国最大的港口和通商口岸。作为近代中国现代化程度最高的城市，上海在城市规划、建设管理等领域都与欧美现代城市比肩看齐，并已显著领先于同时期的中国内陆城市。

自1843年的上海开埠，近代上海变革开始。1853年，太平军占领天京（南京）。同年9月7日，小刀会汉军起义占领上海县城，改用太平天国年号，接着太平军出兵攻打苏州、常州，导致中国最为富庶的江浙地区开始了长达十年的战乱。这场战乱带来两项较大的社会变革。一是租界行政性质的改变。最初租界土地只能租赁给洋人而华人不能住在租界内，华洋分处。而小刀会占领上海县城之后，许多华人躲入租界，租界成为华洋杂处的局面，且一跃成为城市中心所在。从而也导致了租界内房地产经营开始合法化；⑥二是大

---

① 明洪武二年（1369年），嘉定州复改为县，仍属苏州府。
② （清）张春华《沪城岁时衢歌》。
③ 在清雍正年间，该区域是苏松道的东部及太通道的南部；在清嘉庆年间，该区域是苏松太道的东部。
④ 参见：（葡）裘昔司著. 晚清上海史 [M]. 孙川华译. 上海：上海社会科学院出版社，2012. 24.
⑤ 参见：（葡）裘昔司著. 晚清上海史 [M]. 孙川华译. 上海：上海社会科学院出版社，2012. 30.
⑥ 张仲礼. 近代上海城市研究[M]. 上海：上海人民出版社，1990：604.

量江浙难民的涌入。当时相比较苏州、杭州的战乱不断，上海租界内显得尤为安全，大批战争难民涌入上海，据《北华捷报》统计数据显示，1862年上海市区人口骤增至300万，其中250万是难民。而开埠前，上海县的统计人口仅为50万人。

在这一过程中，租界内市政设施、建筑都同上海老县城内的破败形成鲜明对比，洋人的生活方式、新奇的器物用品也深深影响了上海人的思想甚至带来了效仿的作用，这种效仿体现在吃、穿、住、行等各个方面，上海人对新事物表现出莫大的热情，并开始有意识地追新求异。

## 第三节　上海传统建筑追溯

### 一、唐以前的传统建筑

6000余年前，现今上海版图约2/3的部分还未成陆，处于茫茫大海之中，仅有的陆地区域位于古冈身以西。古冈身贯穿今嘉定方泰、闵行马桥、奉贤新寺、金山漕泾等地，是上海最早的海岸线，绵延约一百里。这片"高阜"之地，抵挡了海潮的侵袭，保护了6000年前的上海居民，也为当时的古人提供了肥沃的可耕之地[1]。上海地区最早的古代建筑遗存来自古崧泽。对崧泽下层遗址的发掘，把上海的文化源头上推到了距今6000余年的马家浜文化时期。从崧泽古文化遗址、福泉山古文化遗址的发掘考察中我们确认，6000多年前马家浜文化时期，现今上海范围内有了人类聚居点[2]，他们有公共的祭坛，圈养家猪，种植水稻，凿井取水，实现了从渔猎生活向农耕生活的转变。从复原的"上海第一房"假想图中（图1-3-1～图1-3-4）我们可以发现，当时房子内部有了固定的灶，且建筑搭建质量相当不错，可以抵御较长时间的风雨侵袭。随着海岸线自冈身东移，上海的陆地逐渐扩张。这是一片湖沼、滩涂密布的水网地带，地势平坦，受太湖入海江河、东海潮汐的共同影响。

东汉以后，上海地区属于吴郡，因海岸线不断东扩，陆地面积逐渐扩大，该地区吸纳中原南迁人口的数量也有所增加，经济有了一定的繁荣——现仍存名于世的上海龙华寺、静安寺[3]就初创于该时期。魏晋南北朝时期，华亭出现了陆氏、顾氏等豪门望族，他们"僮仆成军，闭门为市，牛羊掩原隰，田池布千里"[4]。除了不断进步的农业生产以外，当时上海地区仍有不少人以捕鱼为生，他们在河流纵横、水面开阔的吴淞江下游区域，用一种叫"扈"的工具捕鱼。

自东汉至隋、唐时期，上海是吴郡的一部分，在这个现今地界上并无任何政治、行政中心，其地域也分属周边的由拳、海盐、娄县等，且无今日之长江入海口地利[5]，还需经常承受海潮的侵袭，实为中原人士眼中的"海隅蛮荒"之地，也是适合文人隐士闭关用功的地方。如三国之后，陆逊的后代陆机、陆云在东吴亡国后，为躲避北方士族的钳制，便隐居华亭闭关修身；南北朝时期，顾野王[6]从朝政中隐退后，也于金山亭林附近筑"读书堆"[7]而居，潜心修学，修成30卷《舆地志》。

---

[1] 南宋绍熙《云间志》记载："古冈身在（华亭）县东七十里，凡三所，南属于海，北抵松江（即吴淞江），长一百里，入土数尺皆螺蚌壳，世传海中涌三浪而成。其地高阜，宜种菽麦"。
[2] 2004年，在上海青浦区赵巷镇崧泽村的第五次考古挖掘中，发掘了7座马家浜文化时期的墓葬，发现了一些稻谷遗存、陶制小猪、土井及小圆房子的遗址。
[3] 龙华寺始建于三国吴赤乌五年（公元242年），静安寺始建于吴赤乌十年（公元247年）。
[4] 《抱朴子·吴失》中有描述吴地大庄园经济的情形："势利倾于邦君，储积富于公室，僮仆成军，闭门为市，牛羊掩原隰，田池布千里。"
[5] 直到宋以前，长江的入海口还在江苏的扬州、镇江一带。
[6] 顾野王（公元519~581）字希冯，吴郡吴县人，晚年隐居于华亭的"读书堆"，修成《舆地志》。
[7] 由顾野王创建的"读书堆"遗址位于今金山区亭林镇寺平南路西大通路北，建于南朝梁天正元年至陈太建十三年(公元551~581年)间。因其园中有一座大假山，形状如墩，故被人们称为读书墩，后因当地人"墩"、"堆"谐音，逐渐被人通称为"读书堆"。

图1-3-1 上海第一房的遗址（来源：上海崧泽遗址博物馆 提供）

图1-3-3 上海第一房复原图2（来源：上海崧泽遗址博物馆 提供）

图1-3-2 上海第一房复原图1（来源：上海崧泽遗址博物馆 提供）

图1-3-4 上海第一房复原图3（来源：上海崧泽遗址博物馆 提供）

## 二、唐至开埠以前的传统建筑

唐中叶，一条西起海盐，东抵吴淞江南岸的捍海塘得以修建，上海地区的生存环境得到了较大的保障，同时，位于吴淞江出海口的青龙港开始兴起。青龙港坐落于吴淞江南岸，东面联通出海口，南面与华亭县相连，溯江西上可达当时江南最大的城市苏州，处于江海要冲，为海船进出苏州及太湖流域的必经之地。唐天宝五年（公元746年），上海有了自己最早的镇治——青龙镇。由于地理位置的便利，具"吴之裔壤，负海枕江，水环桥拱，自成一都会"的青龙镇成了上海地区最早的对外贸易集镇，并逐步发展成为通商重镇。唐大中年间，青龙镇就有了日本、新罗（今朝鲜）的海船进出。宋淳化年间，青龙镇商贸繁华，"海舶百货交集，梵宇亭台极其壮丽，龙舟嬉水冠江南，论者比之杭州"。北宋嘉祐七年（1062年）《隆平寺灵鉴宝塔铭》也曾记载："自杭、苏、湖、常等州月月而至；福建、漳、泉、明、越、温、台等州岁二三至；广南、日本、新罗岁或一至。"可见当时青龙镇与中国各地及海外的联系已经相当频繁，是"海上丝绸之路"的重要港口。青龙镇不仅是华亭县的出海口，成了苏南、浙西等地的重要通商口岸，成立"岛蛮夷越交广之途，海商辐辏之所"，被人们称为"小杭州"。日本学者木宫泰彦在《日中文化交流史》中记录，公元732年、公元753年、公元778年，日本遣唐使曾3次从青龙港登船，由海路返日。从现存于世的青龙塔中（图1-3-5），我们隐约可见青龙镇当年的繁华。

唐天宝十年（公元751年），华亭县治设立，其县城（即后来的松江府城）也随即成为上海地区的商业中心，迅速发展成"生齿繁阜，里闾日辟"之态。上海最古老的地面文物"唐佛顶尊胜陀罗尼经幢"即位于原华亭县衙前十字街口，它是现存全国唐经幢中最高大、最完整的一座（图1-3-6）。唐代的华亭县圩田技术已经成熟，粮食亩产高达五六百斤，成为苏州地区最重要的粮食高产区。

图1-3-5 青龙塔残存的塔身（来源：李东禧 摄）

图1-3-6 松江唐经幢全貌（来源：李东禧 摄）

宋后期，由于吴淞江下游泥沙淤积越来越严重，海岸线继续东移，原来的青龙港距离出海口越来越远，繁忙的海上贸易和航运业开始逐渐向吴淞江的支流"上海浦"一带（主要为吴淞江至十六铺沿外滩区域）集聚。因人口和经济实力的快速增长，这个原名为"上海浦"的渔村，先是成为"上海务"①，后又获准设立上海市舶提举分司②，并很快升格成为一个市镇。南宋咸淳三年（1267年），上海浦正式设立镇制，属于华亭县。凭借着得天独厚的地理位置，上海镇迅速崛起为与华亭县城、青龙镇、大盈镇等齐名的"江南重镇"。南宋嘉定十年（1218年）十二月，嘉定获准立县（属于平江府），设县治于练祁市（今嘉定镇），其属地包括原属昆山县的春申、临江、安亭、平乐、醋塘5乡，地域南抵吴淞江、北至娄江（今浏河），东临大海，西达徐公浦。现嘉定城内跨练祁河的州桥（登龙桥）即始建于南宋淳祐五年（1245年）。

元代以后，因海岸线的东移、吴淞江的淤塞，上海地区的港口贸易重心逐渐东移至离海更近的上海县一带。初建时的上海县是个没有城墙的城镇，其街道随河道走势而曲折，整个城镇与四周的田野村落是连成一体的。

宋元以来，上海的佛教寺塔空前兴盛，伊斯兰教清真寺也开始出现，存留至今的仍有一些佛塔及清真寺、桥梁水闸等。如建于五代至北宋初年（公元907~960年）的南翔寺双塔（图1-3-7）、建于北宋太平兴国二年（公元977年）的龙华塔（图1-3-8）、建于北宋太平兴国年间（公

图1-3-7　南翔寺砖塔（来源：李东禧 摄）

---

① 北宋熙宁十年（1077年），在秀洲十七处酒务中，有"上海务"（"务"是一个管理贸易和税收的机构）。
② 南宋咸淳年间（1265~1274年），上海市舶提举分司设立。

图1-3-8 清末外国明信片上的龙华塔（来源：http://blog.sina.com.cn/s/blog_686ea4670101fhsx.html）

图1-3-9 秀道者塔（来源：http://andonglaowang.blog.163.com/blog/static/8448753220111123357683/）

图1-3-10 1959年的松江方塔（兴圣教寺塔）（来源：http://blog.sina.com.cn/s/blog_686ea4670101fhsv.html）

元976～983年）的秀道者塔（图1-3-9）、建于北宋庆历年间(1041～1048年)的青龙塔、建于北宋熙宁、元祐年间(1068～1093年)的松江兴圣教寺塔（图1-3-10），建于北宋的李塔（图1-3-11），建于南宋淳祐五年（1245年）的松江护珠塔（图1-3-12），建于宋代的松江望仙桥、金泽普济桥（圣堂桥）（图1-3-13）、万安桥及初建于元至正年间（1341～1367年）的"松江真教寺"（图1-3-14）、志丹苑元代水闸（图1-3-15）等。

明初期黄浦江取代了吴淞江成了上海的第一大江河。黄浦江上航运商贸的发展使上海县成长为东南名邑。有了经济实力，也为了抵御倭寇的侵袭，上海县于明嘉靖三十二年（1553年）修建城墙（图1-3-16）。明以来，上海地区存留的历史建筑种类更齐全，数量更多：有创立于明崇祯十三年（1640年）的上海第一座天主堂"敬一堂"（图1-3-17），有秋霞圃、古猗园、豫园、醉白池等著名明代园林，还有兰瑞堂、葆素堂、王冶山宅、南春华堂等民居宅第及嘉定孔庙、崇明学宫等。

清代，上海县老城厢、松江、嘉定、宝山、崇明等地的城乡发展共同构成了上海地区传统建筑的面貌。清乾隆年间，明以来的海禁被解除，航海贸易的兴盛重新给上海带来活力。从上海出发的航线北可至天津、牛庄（今营口）、芝罘（今烟台），南可至浙江、福建、广东、台湾等地的港口，出洋可至朝鲜、日本和东南亚各地。从"东、西、南、北"洋带来的货物，在上海中转、交换：来自广州的"广船"带来安南、暹罗的木材、波斯的香料、欧洲的钟表等"西洋货"；来自福州的"闽船"运来台湾、爪哇、马六甲的糖、桐油、银元、海参等"南洋货"；来自宁波的"宁船"装来的是日本关西、九州出产的铜器等"东洋货"；来自天津卫的"卫船"载来满洲、高丽出产的大豆、食油、杂粮等"北洋货"。上海成了"交通四洋"的枢纽。到了清朝中后期，上海已经成了"江海之通津、东南之都会"[①]。通常

---

[①] 嘉庆《上海县志》记载："闽、广、辽沈之货，鳞萃羽集，远及西洋暹罗之舟，岁亦间至，地大物博，号称繁剧，诚江海之通津，东南之都会。"

图1-3-11 李塔（来源：李东禧 摄）

图1-3-12　松江护珠塔旧照（来源：http://andonglaowang.blog.163.com/blog/static/8448753220111123357683/）

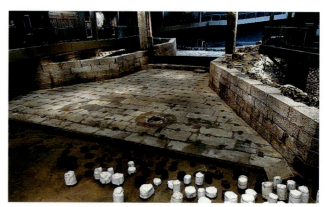

图1-3-15　志丹苑元代水闸（来源：王海松 摄）

图1-3-13　金泽普济桥（来源：李东禧 摄）

图1-3-16　上海县城墙（来源：《上海老城厢》）

图1-3-14　松江真教寺（来源：李东禧 摄）

图1-3-17　上海城内天主堂——敬一堂（来源：《上海开埠早期时事画》）

情况下黄浦江中的船只可达3000多只。靠近县城的江面上，绵延五六里的水面上，船只停泊无间隙。

各地来沪人士带来了各地的资本和技术，使清代的上海建筑开始向雕饰精美、规模宏大方向发展，其结构形式和平面形式渐显多样，建筑层数开始加高，厅堂进深开始加大，砖石木雕被普遍应用于门楼、影壁、门窗、轩顶等处，且趋于精细、繁复，如老城厢的书隐楼、商船会馆、郁泰峰宅（宜稼堂）、松江的张祥河宅（遂养堂）、杜氏雕花楼等。

## 三、开埠以后的传统建筑

1843年，上海开埠。随着租界的设立，大批西洋建筑得以建成。同时，由于地域文化的影响，一些融合了中国传统建筑形式或装饰的建筑也开始出现，它们"亦中亦西"，具有鲜明的特点。如建于1853年的董家渡天主堂，在其室内装饰中采用了很多中国元素；建于1897年的徐家汇藏书楼，其下层书库，完全按照中式传统的藏书阁设计，具有中国传统的文化韵味；建于19世纪末的圣约翰大学，也主动在西式建筑中加入中国传统建筑语汇。

1853年，小刀会起义使上海县城陷入瘫痪，华人纷纷涌入租界。1860年，太平军逼近上海附近，上海周边的士绅大量逃入租界。急剧扩张的人口需要大量的居住建筑，融合了江南传统民居与西方联排屋特点的里弄建筑应运而生。

因江南富户和西方侨民不断迁入上海，大量资金和人才集聚上海，助推了城市基础设施的发展。各类市政基础设施如自来水厂、电厂、煤气厂等得以兴建，各种现代功能的公共建筑开始出现——它们既包括金融、商业类的银行、洋行、酒店建筑，也有娱乐类的剧院、电影院、跑马场、游乐场，还有医疗和教育服务类的医院、中学、大学建筑，以及居住类的高层公寓、花园洋房等。这些具现代功能的城市建筑，许多是东西方建筑文化交融的产物，也包含了部分上海传统建筑文化的特征。

追溯上海传统建筑的发展历程，我们不难发现，上海地区传统建筑的主基因来源于上溯太湖流域的江南建筑，其基本形制与苏南、浙北地区的中国传统建筑并无区别，当然，唐以后的上海是伴随着吴淞江和黄浦江的航运发展而逐步形成的航运商贸城市，来自江海四方的外来文明也是这个地区建筑发展的重要推手。来自江南本土的渔米稻作文明与由航运商贸带来的外来文明碰撞融合，催生了内涵丰富、表现多元的地域传统建筑，它们大致可被分为以下两类：1. 内溯太湖流域的传统建筑；2.外联江海四方的传统建筑。

江南，以吴越文化为核心，以太湖流域为地理范畴，是古代上海文化之本源，也孕育了许多优秀的上海传统建筑——它们适应江南温润的气候，立足于江南殷实的经济基础，类型涵盖城镇、民居、寺院、园林、书院，具有典型的江南太湖流域风格。

因商业来往频繁，上海地区汇聚了各方人士，他们可以来自国内的其他地区，也可能来自海外的其他国家。江南本土文化、商贸文化、异地文化、异域文化的交融也催生了风格混杂的上海传统建筑——它们给上海地区带来了如石库门里弄民居、中西混合的宗教建筑、中西合璧的公共园林、琳琅满目的会馆公所建筑，具有整合四方特征的独特风格。

## 第四节　上海传统文化概述

在距今7000～4000年的新石器时代晚期，中华大地上主要存在着三大区域的文明——以粟作农业为主要经济活动的中原地区文明、以渔猎为主要经济活动的东北地区文明和以稻作农业为主要经济活动的长江下游文明，显然，上海所在的太湖区域是长江下游文明的重要组成部分。上海所处的长江下游环太湖地区，在距今7000～6500年前就有了古河姆渡族群生活的痕迹；距今6500年前，从黄河流域南下的族群不断壮大，形成著名的马家浜文化；距今6000～5300年间，马家浜文化又被崧泽文化所取代；距今5300～4200年间，由淮河流域迁来的族群形成良渚文化；距今4000～3200年间，延续了马家浜文化和崧泽文化，融合了一部分良渚文化的马桥文化开始成形。

上海位于长江下游环太湖地区的东部，为典型的稻作文明区。1958年考古人员在崧泽遗址中就曾找到中国最为古老的水稻颗粒，以及最早的圆筒形水井①。以水稻为主的食物获取方式，促使该地区人类于河流密集处定居，并拥有最初的宗教信仰雏形。约6000余年前，上海完成了从渔猎生活向农耕生活的转变；5000余年前，上海完成了从锄耕到犁耕的转化；4000余年前，上海开始进入古代文明；3000余年前，浙南、闽北的古文化进入上海，其文化特征发生突变；2000余年前，春秋时期，上海地属吴国，战国时期先后归属于越国、楚国。此时流传于上海地区的吴越文化，处于萌芽初期，仍带有粗犷古朴的形态特征。魏晋南北朝时期，上海地区的海岸线向东推进，扩大的地域吸引了来自中原的避难人员。这些中原人士不仅带来了较先进的农业生产技术，更带来了文化的碰撞。六朝至隋唐的晋室南渡，士族文化的精致追求改变了吴越文化的审美取向，越发变得精美。这种糅杂了中原文化与吴越文化成分的文化形式，逐渐形成以儒雅、精致为特征的江南文化。②

唐宋以后，因青龙港的兴起，上海作为重要的海上门户，有了联通中国内陆与海外诸国的便利，吸引了入唐求法的日本僧人出入③，也接纳了日本遣唐使的数度进出，初步形成了"海纳百川"的格局。青龙镇的经济发展为上海带来了文化繁荣。白居易、陆游、王安石、范仲淹、司马光、苏东坡等文人骚客曾先后在青龙镇居住游历，留下了脍炙人口的诗篇，如白居易的《淞江观鱼》、杜牧的《吴淞夜泊》、范仲淹的《吴淞江上渔者》、司马光的《江上渔者》、苏东坡的《水龙吟·次韵章质夫杨花词》等。北宋年间，著名书法家米芾曾任青龙镇镇监，曾绘过《沪南峦翠图》，吟过《吴江舟中诗》，书录过《隆平寺经藏记》。诗人梅尧臣在游历青龙镇后留下了《青龙杂志》。宋代松江府崇文之风很盛，科举中第的才士不胜枚举④，并有《华亭百咏》⑤、《云间志》⑥等著述留存后世。

元代上海地区大家辈出：大书法家赵孟頫（1254~1322年）寓居上海，在松江留下了《千字文》、前后《赤壁赋》等书法巨作，开创了区别于唐宋画体的元代新画风；著名诗人王逢（1319~1388）避居松江乌泥泾，著《梧溪集》七卷，还创作了最早咏歌黄道婆的《黄道婆祠》；元末诗坛的领袖人物杨维桢在松江设馆授徒，对松江文化产生了深远的影响，其所编的《云间竹枝词》则开创了以竹枝词的形式描绘上海风俗、景物的先河，并催生了数量众多的流传于民间的竹枝词；松江府华亭县人夏庭芝著《青楼记》，记载杂剧、南戏、诸宫调女艺人110余人小传，为元代唯一专记戏曲艺人的著作⑦。当时，元末四大家中的黄公望、倪瓒、王蒙常被松江画坛所吸引，来松江聚会、交流。

宋元以后，上海镇、上海县的发展壮大，更强化了航运商贸对上海的影响。太湖流域的本土农耕文明与由航运商贸带来的外来文明杂糅共生，培育了上海人对混杂、多元的包容，对新知识、新技术的敏感和追求。

明代的松江府作为江南"八府一州"⑧之一，大家云集。云间画派、云间书派、云间诗词名声在外——董其昌、赵左、陈继儒、沈士充等引领云间画派，形成不重形似而重意境的画风；由沈度、沈粲、陈璧、钱溥、钱博、张弼、张骏等明初书家及董其昌、莫如忠、莫是龙、陈继儒等明末大家组成的云间书派，具有法度精密、雍容婉丽的气度，势头

---

① 王海松，宾慧中. 上海古建筑[M]. 北京：中国建筑工业出版社，2015：12.
② 王海松，宾慧中. 上海古建筑[M]. 北京：中国建筑工业出版社，2015：12.
③ 《入唐求法巡礼行记》曾记载了日僧圆仁及其弟子惟正等44人出入青龙港的事迹。
④ 从北宋到南宋的200多年时间里，松江考中进士的有148人，其中1人是状元（参见《明清松江府》第16页，上海：上海辞书出版社，2010.）
⑤ 《华亭百咏》编作于宋淳熙年间（1174~1189年），作者许尚，号和光老人，为华亭人。
⑥ 《云间志》，亦称《绍熙云间志》，是一本著名的、专门记载南宋及较早时期今上海淞南地区地名的地方志，因编次的年份在南宋绍熙四年(1193年)而得名。
⑦ 参见《明清松江府》第16~18页，上海：上海辞书出版社，2010.
⑧ "八府一州"是指明清时期的苏州、松江、常州、镇江、应天(江宁)、杭州、嘉兴、湖州八府及从苏州府辖区划出来的太仓州。

直逼吴门书派；以"云间三子"（陈子龙、李雯、宋徵舆）为代表人物的云间诗派、词派荡涤了当时流行的纤弱卑靡之风，回归晚唐北宋的传统，影响波及明末清初五十多年。

被列为国家非物质文化遗产的"顾绣"①也起源于明嘉靖年间上海县老城厢的"露香园"。顾绣融画理、绣技于一体，集针法之大成，有齐针、铺针、接针、戗针、钉金、套针、刻鳞针等，充分体现了山水人物、虫鱼花鸟等原物的天然色彩。明崇祯七年（1634年），韩希孟以宋、元名画为蓝本，摹临刺绣，成八幅方册，珍品今藏于北京故宫博物院②。明代上海还出现了著名的徐光启③。这是一位对近代中国科技发展做出杰出贡献的学者、政治家。明代范濂编撰的《云间据目钞》分人物、风俗、祥异、赋役、土木5卷，详细描述了上海的商业、手工业及丰富的城市生活。

明代徐光启是上海知识分子中包容外来文化、学贯中西的典型。他著有《农政全书》60卷、《崇祯历书》100卷、《毛诗六贴》6卷、《兵事疱言》、《兵事或问》、《考工记解》、《农遗杂疏》等，还与西方传教士利玛窦合作翻译了《几何原本》6卷，又著有《测量法义》1卷、《测量异同》1卷、《勾股义》1卷、《五维表》10卷等，成为中国近代的科学先驱。同时，作为朝廷重臣的徐光启还是一位笃信天主教的信徒，他催生了上海最早的天主堂敬一堂④。

清代，松江有顾大申、改琦、胡公寿、张照、徐璋等书画名家，其中顾大申著有《画尘》8卷、《诗原》五集15卷，还创建了醉白池，徐璋留下了《云间邦彦画像》。松江人陆锡熊作为三大总纂官之一，参加了清朝最重大的文化盛事——《四库全书》的编纂工作。曾经担任《申报》编辑的晚清松江文人韩邦庆还创作了用苏州方言写成的长篇小说《海上花列传》。著名学者诸华编撰的《沪城备考》（又名《泽国纪闻》、《上海志备考》）共6卷，记述了上海历史物事，对《乾隆上海县志》中的许多疏漏、错误进行了完善。此外，毛祥麟的《墨余录》⑤、王韬的《瀛壖杂志》⑥、葛元煦的《沪游杂记》⑦从各个侧面复原了当时的历史场景。至开埠以前，上海已经有了相当的工商业文明与城市市民文化，其开放、包容、敢于尝新的社会文化初露端倪。

上海开埠以后，对于各方文化的吸收更加快速。1863年，仅在京师同文馆设立之后的数月，上海同文馆（后更名为广方言馆）成立，专门招收学习英文、法文的学员，并兼授天文、地理、几何、代数、绘图、外国公理公法等课程。持续约40余年的广方言馆，培养了大批擅长外语、懂近代科技知识的新型人才。到19世纪末，商务印书馆成立，大量教科书、工具书、文学、社会科学、自然科学、应用技术著作问世，为推动上海乃至全国的文化进步作出了显著的贡献。

综上所述，上海地区的传统文化衍生遵循两大线索：一是因吴淞江内溯太湖，联系江南诸地，上海长期受太湖流域农耕文明的直接影响，承续着本土江南文化，这是一条沿时间轴变化的纵向轴线；其次，因上海既是内地城市经长江连通沿海各城市的必经之地，又是西方各国经海路进入中国的重要口岸，上海地区长期受中国各地及海外各国的文化辐射，接纳了各种外来文化，这是一条外联四海八方沿地域展开的横向轴。脱胎于吴越文化的太湖流域本土农耕文明与航

---

① 顾绣又被称为"画绣"，是中国传统绘画与刺绣的有机结合。2006年，顾绣被列入中国第一批非物质文化名录，居众绣之首。
② 即故宫博物院收藏的《顾绣宋元名迹册》。
③ 徐光启（1562～1633年），字子先，号玄扈，教名保禄，祖籍苏州，出生于上海老城厢。明万历年间进士，后结识郭居静、利玛窦等意大利传教士，精通西学，笃信天主教。明崇祯元年（1628年）任礼部尚书，后又兼文渊阁大学士。
④ 上海最早的天主堂敬一堂创建于明崇祯十三年（1640年）。
⑤ 《墨余录》出版于同治庚午年（1870年），共16卷8册，其内容涉及清道光、咸丰、同治年间苏松地区的政治、经济、文化教育、社会风俗等各方面情况。
⑥ 《瀛壖杂志》为清代上海风土掌故杂记，共六卷：卷一，讲述地理、城镇、河道、商贸、时令、物产等事项；卷二，描绘饮食、田赋、海运、仓储、海关、书院、寺观及园林等方面；卷三、四、五，多为人物逸闻；卷六，谈沪上风俗变迁及中西通商后之新奇事物。
⑦ 葛元煦（字理斋，号啸翁、啸园主人）写成于1876年（1877年出版）。全书共分四卷，前两卷记述上海风俗人情、名胜特产，卷三辑录了以沪上风物为题材的诗词歌赋，卷四罗列了一些供旅游者知晓的信息，如船票信息、客栈、会馆、同业公所、商号地址、戏院剧目等。

运商贸所带来的外来商业文明杂糅共生，培育了上海人对混杂、多元的包容，对新知识、新技术的开放和追求。

## 一、雅致精细的吴越文化

上海传统文化的本土源头是吴越文化。吴越地区凭借优越的自然地理条件，长年丰饶、衣食无虞、交往发达，逐渐形成雅致、细腻、重文的社会风气。在富庶的江南，学究气重、追求风雅的士人与理性务实的市井阶层相互影响，俗中有雅，雅中有俗，使崇尚高雅精致的士大夫文化与节俭、理性的市井文化互相交融。精英与大众阶层虽有界限，却没有鸿沟，彼此镶嵌，互相渗透。

此外，上海城市文化的勃兴，与来自江南腹地的经济、文化输入不可分——近代上海的快速发展在很大程度上依赖于不断涌入的江南经济资本和人力资源。从小刀会起义，到太平天国战争、辛亥革命、军阀混战、北伐战争，直至抗日战争，每次中国社会的大动荡都会不同程度地迫使大批江南富贾们携资逃往上海，使得江南地区的经济重心渐渐从苏州、杭州转移到了上海，也将江南人追求雅致的精神带到了上海。

## 二、以港兴市的商业文化

儒家文化传统强调重农抑商、重义轻利、崇俭恶奢等观念，而地处江南边邑的古代上海因长期处于"边缘化"的状态，一直不受正统文化的束缚，其依托襟江连海的地理优势发展商业的势头并不受束缚。商农并重的风气上海地区很早就成了贸易频繁的商业热土。

清代的上海县有"负海带江，天下壮县"的美誉。开埠以后，上海继承了古代上海作为商业城市的特点，在外来资本的渗透下，成为商品经济极速发展的城市。随着西方资本而来的是新的价值观和文化，这些对上海人的生活习惯和社会心理具有潜移默化的影响作用，并逐渐强化了上海人价值观中的精明、讲实惠、重规矩、守信用等特质。

西方商贸文化与中国传统的伦理纲常、乡土情谊相交融，凝铸了具鲜明港口城市特色的独特文化。

## 三、多元融合的开放文化

上海对外来思想一直持一种开放的心态。"五方杂处"的人文环境，需要来自各地的人民相互间取长补短、谋求互利共生。本着实用主义的原则，上海人会对各种新鲜事物作出判断，并结合实际加以创新调整，吸收入自身文化系统中。开埠后，上海迅速成为中国近代化最早、程度最深的城市，由原有的普通封建商业城市一举成为中国最大的多功能经济中心大都市，其地域文化不断得以重塑。

上海文化不是单一同质的，因此上海的城市形象和建筑形象，无法用通常的二元模式去把握，不能简单地将之归类为南方或北方、东方或西方。上海传统建筑文化先天具有开放性和共生性，其源头上就具有多元性、相融性。正如沈福煦先生所说："要说上海的建筑风格，也许可以说，就单体而言，独立于一种形式和风格，而就总体而言，则五花八门，应有尽有，它们和谐地共存着……"[①]。

## 四、进取拼搏的创新文化

作为商贸港口，上海充满机遇，一直吸引着来自各地的移民和冒险者。这些外来的上海人没有太多束缚，较易接受新事物，还有着较强的创新欲，通过自身努力，他们往往可以白手起家获得成功；同时，上海的普通底层民众为了追求更好的生活，也在进行各式各样的努力，其中最令人钦佩的是他们对新知识的渴望。

在上海有一句谚语："无禁无忌，黄金铺地"。上海

---

① 沈福煦. 上海建筑文化当议. 时代建筑, 1990年(1): 267.

人习惯用新技术、新方式来改变命运。在打破束缚、追求知识、渴望创新的氛围下,上海诞生了中国近代化进程中的众多"第一":第一家民族企业(发昌号铜铁机器车房)、第一家棉纺织业企业(上海机器织布局)、第一家百货公司(先施公司)、第一家自办银行(通商银行)[①]……正是这种理性进取、勇于求变的创新精神,使上海从渔米小镇逐步发展成为明清以来的东南重邑、近代以后的国际大都市。

---

[①] 张忠民. 近代上海城市发展与城市综合竞争力[M]. 上海:上海社会科学院出版社. 2005:109-111.

上篇：上海传统建筑特征解析

# 第二章　内溯太湖流域的传统建筑特征

从马家浜文化、崧泽文化、良渚文化的遗址，我们可以发现，新石器时代的上海地区，其先民已经实现了从渔猎、畜牧向耕种农业的转变。人们已经开始耕种稻米，聚居地点也越来越固定，搭建的建筑质量也越来越牢固，房子内部有了固定的灶，村落中心的公共空间还设有祭坛——这与当时太湖地区的典型文明毫无二致。

在很长一段时间内，上海所在的区域是太湖流域一片偏远、蛮荒之地，是文人隐士退隐、闭关的理想之地。唐以后，因青龙港的崛起，上海境内逐渐出现了青龙镇、华亭县（府）、松江府、上海县、嘉定县等商贸重镇，上海渐渐脱离了"边缘"的身份，成为江南重要商邑。上海与苏、浙一带大城市的交往开始密切，接受江南建筑文化的辐射大大加强。同时，隋唐时期北人南迁，促进了江南地区的富庶，也带动了教育发展。至元、明、清，江南乃至上海地区文化大盛，传统儒家文化深入人心。

上海地区的中部及西部区域，临近苏州，是历史上受吴越文化影响的核心区域，其村镇发展受吴越文化浸润，如朱家角、枫泾、七宝、泗泾等；上海东部及东南部区域，多为冲击泥沙形成的新区域，历史上多民众围海造盐田、官方驻兵屯守的聚居点，后逐渐衍生出了一些盐商集镇，如新场、下沙等，其中有的因防倭寇所需还筑有城墙，如川沙、奉城等；因商贸积聚、经济兴盛，上海也逐渐形成了若干个规模较大的城镇区域，它们大多格局完整、井然有序，体现了中国传统儒家文化的影响，如松江、嘉定、上海老城厢等。

## 第一节 传统村镇的格局特征

上海地区的市镇,萌发于宋元,至明清渐趋繁盛。因航运便利、商贸发达,历朝政府开始在上海地区设置征收酒、盐、醋、河泊诸税的"务",其中除著名的青龙、上海之外,还有泖口、嵩子、蟠龙、赵屯、大盈、白牛(枫泾)、浦东、柘湖、袁部、下沙、练祁(嘉定)、江湾、顾泾、黄姚、钱门塘等务。这些村镇的兴起,有的是因棉纺业、稻米贸易的发展而促成的,有的则缘于沿海晒盐、制盐行业的兴盛。

如明清时期的乌泥泾、枫泾、南翔作为松江府棉纺织业的中心要地,染踹工匠人数众多,布匹店肆不计其数,所产"乌泥泾被""枫泾布""刷线布"(又名扣布)闻名江南;明中叶的朱家角,盛产棉布,农家"工纺织者十之九",镇上各种店铺、作坊林立,商贸繁盛,至清代形成"烟火千家,北接昆山,南连谷水,其街衢绵亘,商贩交通,水木清华,文儒辈出……"[①]的景象。随着海岸线的东扩,上海地区的盐场也逐渐东移,由下沙起始,新场、大团、八团等盐商集镇不断兴起。

因商贸规模的扩大,人口数量的增长,上海地区还诞生了数个有完整城廓围护、功能格局完整、商贸与文化同步发展的传统城厢,如松江、嘉定、川沙、奉城等。

### 一、吴越文化浸润下的水乡村镇

历史上的吴越地区,是中国著名的水乡,其地域范围内有一湖(太湖)、两江(长江、钱塘江)、两海(东海、黄海),其中的太湖更有"包孕吴越"的美誉。可以说,在这片水网密布的吴越大地上,"水"是吴越文化之母——水稻的种植离不开水,择水而居教会了人们筑桥、造舟楫,四通八达的水网给人们带来了交通的便利,也塑造了江南温润的气候。充沛的水资源、优越的地理条件,使吴越之地自古就成了"鱼米之乡"。在吴越文化的浸润下,上海地区的许多传统水乡村镇有着与太湖流域其他村镇相似的格局特征。

#### (一)总体布局

上海地区的传统水乡村镇,最初大多沿河而起,且多积聚于几条河流的交汇处,其发展、延伸也多依托水系的走向,依水就势,村镇的街巷形态也与水系有着紧密的联系。

##### 1. 沿河而起,依水就势

如现松江区的泗泾镇,北宋年间初建于顾会浦(今通波塘)旁,名为"会波村",南宋年间,因洞泾港取代通波塘成为华亭县通往上海镇的主航道,遂东移至洞泾,成"七间村",元代中叶,又向通波泾、外波泾、洞泾、张泾四泾汇集之地发展,终成泗泾。从现仍留存的泗泾镇核心风貌区下塘村,我们可以一窥其沿泗泾塘沿线展开的形态(图2-1-1);现嘉定区的南翔,古时河流纵横、水网密布(图2-1-2),镇中心有横沥、上槎浦、走马塘、封家浜等4条河道交接于太平桥南,水路交通十分便捷;清嘉庆年间的安亭镇,以南北向的漕塘河为主轴,并通过与之贯穿的泗泾、六泾、沈浜等向东西延伸(图2-1-3);上海西南部的七宝,沿蒲汇塘而展开,"自蒲汇塘桥南堍栅楼起,至南尽处,曰南大街。商贾贸易,悉开店肆,约长二百步有零……自汇塘桥北堍栅楼起,至北栅镇安桥止,曰北大街,悉开杏铺,生产贸

图2-1-1 沿泗泾塘展开的今泗泾镇下塘村(来源:宾慧中 摄)

---

① 上海市地方志办公室. 上海名镇志[M]. 上海:上海社会科学出版社,2003:418.

易之处约长三百步"①(图2-1-4),东西向的蒲汇塘与南北向的南大街、北大街纵向交错,成"丰"字形空间格局。

### 2. 伴水为街,桥梁密布

传统的江南水乡村镇,多以水系为联系内、外交通的主要通道,水上交通较为发达,因此许多村镇常有联系内部各处的"水街",与镇内陆地上的"陆街"互为补充。水街与陆街的关系很多样,既可以是毗邻而处,也可以是平行相伴,或垂直相交。

如朱家角镇街巷、水网格局完整,许多建筑一面临河,一面邻街,同时连通"水街"与"陆街"(图2-1-5、图2-1-6),呈"开门便见河,出门要动橹"的典型风貌。镇内长长短短的街巷有几十条之多,其中九条主要长街(如北大街、大新街、漕河街、东湖街、西湖街、东井街、西井街、胜利街、东市街等)呈伴水逶迤之态;新场古镇的水系为两横两纵的"井"字形(东西向的为洪桥港、包桥港,南北向的为后市河和东横港),河道两岸民居形态生动(图2-1-7),古镇如矩形岛屿被包裹于水系之中,呈"十三牌楼九环龙②"之态(图2-1-8、图2-1-9);在泗泾下塘村,以泗泾塘为中轴线,沿河两岸码头相连,廛舍林立,楼房相峙,呈现"市廛辐辏,户口繁盛,街巷纵横,桥梁完整"③的繁荣景象。泗泾古镇街弄纵横交错,干道与主河平行,小弄堂与其垂直相交,呈"非"字形布局,民间俗称为"百脚"(蜈蚣)型空间格局(图2-1-10);南翔古镇内有上、中、下三条槎浦,镇中心为十字港,四郊有湾,东为五圣庙湾、西为侯家湾、南为薛家湾、北为鹤颈湾,整个古镇的水系、街巷呈"卍"字(图2-1-11)。

在传统的水乡村镇中,为了保证"水街"与"陆街"的各自畅通,水系村镇内会有很多桥梁,它们既可以跨越水面,贯通陆路交通,又不阻断水路交通。如朱家角在东西井亭港、南北市河、瑚瑎港、祥凝浜、雪葭浜、圣堂浜、漕港

图2-1-2 水乡古镇南翔(来源:薛顺生,娄承浩 摄)

图2-1-3 清嘉庆安亭镇图(来源:《上海名镇志》)

---

① 引自清道光《蒲溪小志》。
② 当地人把拱桥称为环龙桥。
③ http://www.shtong.gov.cn/Newsite/node2/node71994/node72081/node72084/index.html。

图2-1-4 七宝水乡风貌(来源：李东禧 摄)

图2-1-5 朱家角的水街(来源：王海松 摄)

图2-1-6 朱家角的陆街(来源：王海松 摄)

图2-1-7 新场镇河道两岸的民居（来源：宾慧中 摄）

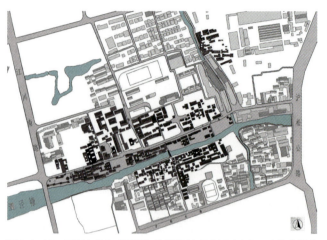

图2-1-10 泗泾古镇的"百脚"(蜈蚣)型空间格局（来源：上海大学建筑系集体测绘）

图2-1-8 新场古镇的牌楼（来源：王海松 摄）

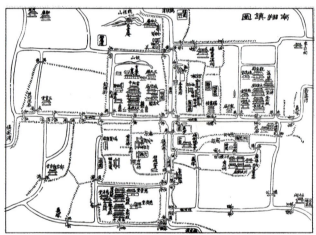

图2-1-11 南翔古镇的"卍"字形格局（清嘉庆年间南翔镇图）（来源：《上海名镇志》）

图2-1-9 新场古镇的"环龙"（来源：宾慧中 摄）

等纵横交错的河道上，有历代建造的36座古桥梁横跨其上。其中的放生桥、泰安桥、平安桥、福星桥、永丰桥、惠民桥、廊桥等相互联结，把古镇连成一个隔而不断的有机整体（图2-1-12～图2-1-14）；在素有"三步两座桥、一望十条港"古谚语的枫泾，镇内桥梁密度之大、形态之丰富令人咋舌。据记载，至晚清时期共有桥梁52座，尚存至今的有致和桥[①]（图2-1-15）、圣堂桥、广福桥[②]，镇内南北、东西市河的交汇口有北丰桥、清风桥、竹行桥3座石桥相互连接，将

---

① 致和桥，建于元致和元年(1328年)，东西跨镇南市河，为单孔石拱桥，长7.4米，宽约2米，造型古朴雄伟。
② 广福桥，在明星村西梧桐禅院附近，清嘉庆年间重建，为三孔石梁桥，桥孔各跨5米，全长30米，面宽2米，无栏杆。桥侧有"划开两浙三吴界，渡尽天涯海角人；虹饮斜泾上下潮，船迎古庙参差庐"的联句。

图2-1-12 联系两岸的放生桥（来源：王海松 摄）

图2-1-15 枫泾镇致和桥（来源：王海松 摄）

图2-1-13 朱家角镇的泰安桥（来源：王海松 摄）

图2-1-16 枫泾镇市河交汇口的北丰桥、清风桥（来源：王海松 摄）

图2-1-14 朱家角镇的惠民桥（来源：李东禧 摄）

古镇区域连为一体（图2-1-16、图2-1-17）；新场"井"字形河道上散布着的"九环龙"多为建于不同时期的石板桥、石拱桥，其中较为典型的有洪福桥、青龙桥、千秋桥、包家桥等[①]（图2-1-18、图2-1-19）。

### （二）街巷特征

上海地区的水乡村镇大多呈蜿蜒曲折、错落有致之态，

---

① 洪福桥始建于明正德年间，位于新场镇北的洪桥港，为石拱桥，取意为"洪福齐天"，2006年重建。青龙桥为单跨石板桥，位于洪桥港东端，清同治时期募捐修建，桥身被完整的保留至今。千秋桥在洪东街东端，为石拱桥，跨东横港，建于清康熙年间（1662～1722年）。包家桥位于新场大街南段的包桥港上，始建于明正统年间，原名受恩桥，为石拱桥，2006年重修。

图2-1-17 枫泾镇市河交汇口的竹行桥（来源：王海松 摄）

图2-1-18 新场镇的洪福桥（来源：王海松 摄）

图2-1-19 新场镇的包家桥（来源：王海松 摄）

其街巷空间开合有致，疏密相间，空间变化丰富，尺度较为宜人。

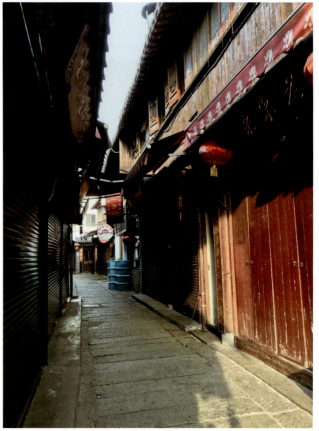

图2-1-20 朱家角古镇的一线天（来源：王海松 摄）

如青浦朱家角，镇内北大街，东起放生桥西至美周弄的300多米一段，由青石板铺就，仅宽三四米，两侧全是鳞次栉比的老字号店铺，密度极大，有"一线街"之称（图2-1-20）；镇内西井街一段，则相对开畅，且沿河有河埠头，可供居民洗菜、挑水、洗衣物，停靠船只（图2-1-21）；新场镇内主街长约1.5公里，被洪桥港和包桥港分成三段，被当地人称为北大街、中大街与南大街，其中中大街最具规模，两边为店铺。主街的西侧有平行的后市河，两侧较为开阔，仍保留明清原貌的条石驳岸约1500米长，并有14座别具特色的马鞍水桥遗存（图2-1-22）。

上海地区的水乡村镇大多由一二层的民居建筑围合而成，在窄街、小桥、古树等环境要素的烘托下，极具宜人的尺度感。如枫泾古镇共有巷弄84条，它们大多由一层、两层的民居围合而成的，空间尺度亲切宜人，其中北大街、和

图2-1-21 朱家角镇井西街的河埠头（来源：王海松 摄）

图2-1-22 新场镇后市河两侧（来源：王海松 摄）

平街、生产街老字号店铺连贯分布，商业气氛浓郁。通常，建筑的另一侧濒临水系，且大都有临河埠头（图2-1-23、图2-1-24）；又如泗泾大街(今开江路)，东起张泾河，西至关帝庙，俗称三里长街，街宽仅2.5~4米，路面以石板条铺就，两侧多为砖木结构的两层楼房，尺度宜人，其临河面建筑一层还有骑楼（图2-1-25）。

## 二、城廓围护下的水网城厢

上海境内有城廓围护的城镇并不算多。相传上海地区最早出现的城池可能是南武城[①]（也称"邬城""鸿城"），由吴王阖闾筑于春秋末期，其位置约在今闵行区纪王镇西南；唐天宝年间，华亭设县时，松江就有了城墙；南宋年间，嘉定设县，始筑城墙；元末明初，松江、嘉定城墙得以大规模的重新修筑；后来，为抵御倭寇的侵扰，明代的奉城、川沙、上海县、柘林、青浦、崇明相继筑城。当然，除了经济重镇以外，古代上海境内的金山卫所、吴淞所也设有城廓。有了城廓的护卫，城厢经济发展有了保障，但村镇发展格局也受到了一定的制约。因受水网地形的影响，上海地区的城厢布局会比较灵活。

图2-1-23 枫泾古镇的临河埠头1（来源：王海松 摄）

图2-1-24 枫泾古镇的临河埠头2（来源：王海松 摄）

图2-1-25 泗泾塘沿岸的骑楼（来源：王海松 摄）

---

① 据《汉书·地理志》和《越绝书》记载，相传春秋末吴王阖闾始筑南武城。

## （一）城廓格局

上海地区的诸城厢中，筑城历史最为悠久当属松江。南宋绍熙《云间志》记载："唐之置县，固有城矣。县城周回一百六十丈，高一丈二尺，厚九尺五寸。"最早的松江城为土城。明以后，松江、嘉定的城墙均改为砖砌，其坚固程度大大加强。

上海地区的城廓有方、有圆。一般来说，一些规模较小的城镇取方形，如川沙、奉贤、崇明等（图2-1-26、图2-1-27），一些占地范围较大的城镇多取圆形、卵形，如松江、上海县等（图2-1-28、图2-1-29），有些城池（如嘉定）早期为方形（图2-1-30），后因城镇范围不断扩大，逐渐演变成圆形。这也暗合了上海地区民众追求经济性的心理，即在城市蔓延发展的情况下，尽量以贴合自然生长边界、灵活应对地形的圆形、卵形城廓来围合城镇。当然，

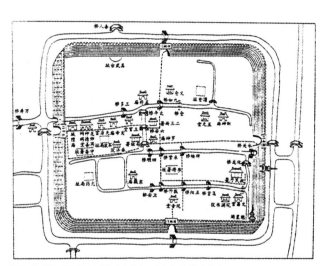

图2-1-26 清川沙城图（来源：《上海名镇志》）

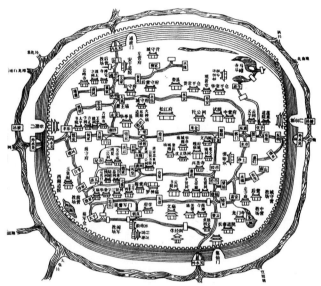

图2-1-28 清嘉庆年间松江府城图（来源：《上海名镇志》）

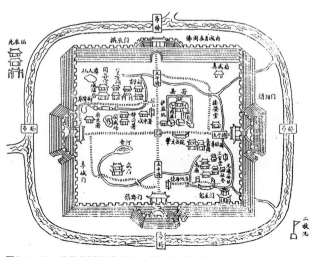

图2-1-27 奉贤县城图（来源：《上海名镇志》）

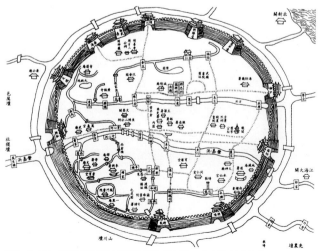

图2-1-29 清同治年间上海县城图（来源：《上海县志》）

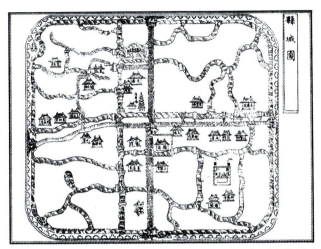

图2-1-30 万历三十三年（1605）嘉定县城图（来源：《上海名镇志》）

图2-1-31 方浜水门（来源：《上海旧影》）

图2-1-32 松江水门（来源：来源：http://blog.sina.com.cn/s/blog_a404f6dd0101gqyr.html）

浜上的1座（近小东门）（图2-1-31），薛家浜上的1座（大东门与小南门之间）；嘉定城、松江城内的水系纵横交错，各个方向皆能连通城外，故其水门的分布也较分散、均匀，其中嘉定设东、西、南三水关，松江则四面都有水关（图2-1-32）。

## （二）城厢特征

因地处水网密布的吴越地带，上海地区的城厢格局仍强调顺应水系，结合环境，以保证城墙内外的水运交通、贸易往来能够正常进行。

如川沙县城就有"九庙十三桥"的基本格局：城内3条东西向主水系（王前港、乔家港和三灶港），以及5条南北向次要水系，由13座桥梁相连通，其中王前港上自东往西有集贤桥、正阳桥、报升桥、卫安桥等四桥，乔家港上有牌楼桥、来紫桥、香花桥等三桥，三灶港上有仓桥、九如桥、三多桥等三桥，在贯通乔家港和三灶港的南北小河上有四明桥、太平桥、六安桥等三桥。

松江是上海地区历史最悠久的城镇之一，从现存的老城厢水系中，我们仍然可以看见民居傍水而建的水乡风貌（图

同等占地面积情况下，圆形城廓的周长也略小于方形城廓的周长。

因水系发达，上海地区的城厢内部一般都保留水路交通，因此城廓之上皆有水门（水关），且水门的数量和位置多结合水系位置灵活设置。如川沙城内的主要水系为东西走向，其水关只在东、西城门附近设置；奉城与外界水系的联系在城东，故在东面城墙的南、北两端设有水关；上海县城内的水系也以东西向为主，故其水门的设置也集中在东、西两面，分别为肇嘉浜上的2座（近大东门与老西门），方

2-1-33），依稀可以想象唐代松江市河纵横，小桥相连，民居、店舍傍水连绵的景象。

嘉定城厢内，"市河"（练祁河、横沥）呈"十"字形交汇于城中心，于是，被称为"官道"的东西南北四大街也傍依河道伸展，沿市河呈十字相交。南宋开禧年间（1205～1207年），练祁河、横沥河交汇的中心地带建起了法华塔（又名金沙塔）（图2-1-34），南宋淳祐五年(1245年)前后，城厢内的南城修建了登龙桥、宾兴桥、耆英桥，北城修建了拱星桥，东城修建了登瀛桥，西城修建了广平桥、孩儿桥、庙泾桥，方便了县城内各处的功能联系。

城墙之内的上海县城厢以县衙门为中心，东设文庙，西设武庙（关帝庙），其道路系统并非棋盘式规整布局，而多呈曲折、自然的走向，随纵横交错的河流展开，颇具江南水乡特色。因为河道交错、桥墩纵横，城厢内舟船出行要比车马出行更为便利。老城厢内数条河浜中，东西向的有肇嘉浜、方浜、薛家浜，其中肇嘉浜是最大的东西向河流，它流经老西门、老城厢，从大东门出城向东流向黄浦江；方浜东出宝带门，经十六铺桥入黄浦江；薛家浜从朝阳门出城，经薛家浜桥东联黄浦江。南北向的中心河（穿心河）则连通了肇嘉浜、方浜、薛家浜。老城厢内水网密布，桥梁众多。仅肇嘉浜上就有大关桥、里关桥、龙德桥、外郎家桥、里郎家桥、坝基桥、万生桥、斜桥等[①]。

有了城墙的保护，老城厢内的经济、文化发展迅速，市民安居乐业，城镇功能配置也会日趋完善。

如松江在宋代就有街巷数十条，元末已形成"十里长街"，至明代已呈"郡邑之盛，甲第入云，名园错综，交衢比屋，阛阓列廛，求尺寸旷地而不可得"之态，城内城外寺庙林立，香火兴盛，鱼市、米市交易活跃，一派商贸重镇的景象。为了适应经贸往来和日益增加的人口，松江城只得沿市河向东西两侧延伸，由此形成一条东起明星桥，西至祭江亭，用石板、条石铺成的十里长街。街宽二三米，两旁房屋

图2-1-33　松江老城厢水乡风貌（来源：宾慧中 摄）

图2-1-34　嘉定城厢中心的登龙桥鹤法华塔（来源：1961年上海邮电管理局出版的明信片）

图2-1-35　松江大仓桥（来源：李东禧 摄）

楼阁相连，店铺商行相望，人口繁密地段每隔四五十米就必定架有石桥或木桥（图2-1-35），将市河两岸连成一体。

又如嘉定，自南宋设县以来，人口激增，逐渐成为淞北地区最繁盛的市镇之一。南宋开禧年间，建于练祁塘、横沥两河十字交会处的法华塔落成。至明万历年间，嘉定有街巷40条左右，民居街坊25坊，且城内建有秋霞圃、汇龙潭等园林。初建于南宋嘉定十二年(1219年)的孔庙，历经重建、修缮、扩建70余次，成为上海乃至全国格局完整的县级孔庙（图2-1-36）。

---

① 大关桥：位于今白渡路外马路处；里关桥：位于今中山南路口；龙德桥：位于今豆市街北端；外郎家桥：位于金外郎家桥街北端；里郎家桥：位于今篾竹路悦来街之间；坝基桥：位于今南坝基街北端。

图2-1-36 嘉定孔庙建筑群（来源：王海松 摄）

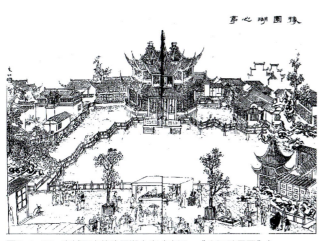

图2-1-37 老城厢内的豫园湖心亭（来源：《申江胜景图》）

上海县老城厢在有了城墙的保护后，诞生了一批在上海历史上具开创意义的建筑：1590年，被誉为"江南第一园林"的豫园落成于老城厢；1748年，上海最早的书院"申江书院"创建；1851年，上海最早的营业性戏院"三雅园"在老城厢四牌楼路、方浜中路落成。老城厢地区内书院、县学日趋完善，龙门、蕊珠、敬业、梅溪等四大书院制度完备，豫园（图2-1-37）、露香园、也是园、日涉园等私家园林名胜荟萃，城隍庙、白云观、沉香阁等寺庙香火旺盛，书隐楼、郁泰峰宅等大宅深院层出不穷。

## 第二节 建筑空间与形体特征

### 一、自然生长的民居

位于环太湖流域的上海，同大部分江南地区一样，地貌平坦、水系发达，气候温暖湿润、四季分明。上海优秀传统民居在选址、空间组织、形态塑造等方面体现了对这种环境特征的顺应。开埠前上海有类型众多的住宅，这些类型的住宅尚未受到西方建筑的影响，大体上可以分为四类：院落式住宅，临街排列住宅，水乡城镇的枕河排列住宅，独立式住宅。

因水系发达，上海的许多水乡民宅多枕河排列，水乡村镇的街巷形态多依水体形状而变，院落的摆布也较灵活，且会有丰富的亲水空间，其错落的青瓦屋顶、白色的外墙掩映在波光粼粼之中，尽显水墨风韵。

与江南各地的传统民居相似，上海传统民居的群体组织也常以院落为核心。在上海地区，这些院落有时也被称作"天井"或"庭心"，"庭心"前后的住宅会被称为埭[1]，如原松江城中的张祥河宅就有"十埭九庭心"。在上海地区的，还存在着一种屋顶呈45°"绞圈"的合院民居——"绞圈房子"，它四面皆有建筑，集约、紧凑，适应环境。

由于松江城、上海老城厢的建筑密度较高，街巷空间比较狭窄，上海很早就出现了"里弄"[2]这种极具特色的典型空间。在这里，"里"指街坊，"弄"是小巷的别称。里弄又被称为"弄堂"，也叫"弄唐"。在古代上海地区的城镇里，弄堂可以是各家民居宅院之间的分割空间，也可以是一些大宅内部的"夹弄"，它们连通大型宅第的各纵院落，

---

[1] 庭心前后的厅堂或排屋被按"埭"计算。如住宅只有一排单体建筑的称为"单埭"，有数排建筑的则为"二埭、三埭"或多至"五埭、十埭"。
[2] 明祝允明在其《前闻记·弄》中有："今人呼屋下小巷为弄……俗又呼唐，唐亦路也。"

又具防盗、防火功能，其作用与苏州大宅的"备弄"有相似之处。如松江秀南街13号许威宅纵轴有5条之多，其中就有"夹弄"存在。清朝嘉庆年间（1796~1820年），上海被称为里弄的主要街巷已达63条之多，如"通德里""世盖里""谈家弄"等。

### （一）枕河排列的水乡民居

与吴越地区的水乡民居一样，上海的水乡民宅有良好的亲水性及很入画的群体形态。许多民宅一面临河，一面临街，既有供船只停靠的河埠头，又有可供店肆营业的临街面。如朱家角镇北大街、东井街沿线的民居伴水逶迤，一面临河，一面紧邻熙熙攘攘的商业街，"水街"与"陆街"关系生动，呈现一幅古意盎然的江南商贸水乡画卷（图2-2-1）；枫泾镇市河两侧的民居也有丰富的亲水形态，其枕河排列的"水街"气韵生动（图2-2-2）。

有些沿河的民宅还会以骑楼相联，为沿河行走的行人提供遮风避雨的空间，以保障商业活动。如枫泾古镇的"枫溪长廊"沿市河而建，原有1000多米，沿河贯通，无论天晴下雨，都可以进行商贸交易，商业气氛、居住环境俱佳（图2-2-3、图2-2-4）；新场古镇的洪桥港沿线也有舒适的沿河长廊（图2-2-5）；泗泾古镇的一些民宅一面临泗泾大街，另

图2-2-2 枕河排列的枫泾镇民居（来源：王海松 摄）

图2-2-3 枫泾古镇的"枫溪长廊"1（来源：王海松 摄）

图2-2-1 朱家角镇沿河民居的形态（来源：王海松 摄）

图2-2-4 枫泾古镇的"枫溪长廊"2（来源：王海松 摄）

一面直抵泗泾塘，临街和临河的建筑均开设店铺或商行，临河建筑在泗泾塘沿岸做成骑楼（图2-2-6），户户相连。

新场古镇中完好保存着数十处具"街－宅－河－园"空间格局的民居院落，它们一般以前院一层为面向主街的商铺，中间布置两至三进居住院落，后宅临水，便于货物运输与仓储，小河对岸则是可供耕种赏玩的私家宅院。各宅第临河而居，前街后河，前店后宅，亦商亦儒，既富有江南水乡特色，又独具传统盐商文化的特征（图2-2-7、图2-2-8）。

图2-2-5　新场古镇的沿河长廊（来源：王海松 摄）　　图2-2-6　泗泾塘沿岸的骑楼空间（来源：王海松 摄）

## （二）蕴涵朴素生态思想的"绞圈房子"

在上海的城镇、郊区，有一种围合式传统住宅，它四周都有建筑围合，中间有"庭心"，南北两埭和东西厢房的屋面相互搭接，形成一个整体，俗称"绞圈房子"[①]。

"绞圈"在吴地原是一个木工术语，指木匠采用45°倒角拼接的方法将成矩形的四边接成一圈。由这个术语出发，可以很形象地理解"绞圈房子"的形态——一座屋顶呈45°"绞圈"的矩形合院。根据褚半农先生的考证，迄今为止有关"绞圈房子"的最早文献记载出现在清光绪九年（1883年）的《松江方言教程》[②]中。书中记载："五开间四厢房个一绞圈房子，自备料作，包工包饭，规几好银子末，肯造个者。"文中描述的"五开间四厢房"正是典型的"一绞圈"房子的形制，即围绕"庭心"四面围合，南北两"埭"各有五开间，东西厢房各有两间，屋顶是"绞圈"闭合的，平面呈"口"字形，南北两"埭"和东西两厢空间相通、屋顶相连，"绞"成一个"圈"（图2-2-9）。

绞圈房子一般为单层（江南无锡一带亦有两层的"绞圈房"），住宅的围合方式有点像云南民居的"一颗印"，只是由于材料和构造的不同而有所差异。对于一座典型的"一绞圈"民居来说，其通常为五开间、四厢房。头埭中间

图2-2-7　新场古镇中面街的民宅（张氏宅第）（来源：王海松 摄）

图2-2-8　新场张氏宅第的临水后宅（来源：王海松 摄）

---

[①] 绞圈房子，用上海方言来念，绞圈房子应念为"绞（gao）圈房子"（绞圈的"绞"，音同"告"），与上海话中"绞连棒"的"绞"发音一样。因为谐音的缘故，"绞圈房子"又被叫做高圈房子、搅圈房子、绞圈房子、交圈房子等。

[②] 由法国天主教传教士编纂的供同伴学习上海方言的教科书，出版于上海徐家汇土山湾。全书共有42课，是研究上海方言的宝贵文献。书中与绞圈房子有关的内容，最早由褚半农先生发现，并在其论文《绞圈房子：极具特色的上海本地老房子》（论文刊载于《海派文化与城市创新——第八届海派文化学术研讨会论文集》，文汇出版社2010年）正式发表。

图2-2-9 一绞圈的民宅（来源：冯国鄞 翻拍）

图2-2-13 南北主屋的屋脊高于侧屋的屋脊（浦东川沙新镇纯心村南王家宅）（来源：王海松 摄）

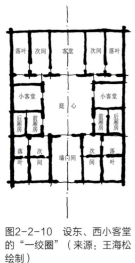

图2-2-10 设东、西小客堂的"一绞圈"（来源：王海松 绘制）

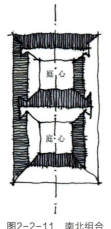

图2-2-11 南北组合的"二绞圈"（来源：王海松 绘制）

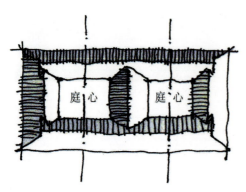

图2-2-12 东西相拼的"二绞圈"（来源：王海松 绘制）

为"墙门间"，次间、落叶间（梢间）皆可住人；二埭正中为正厅，次间、落叶间皆为生活用房；两埭之间为庭心，其通常的长宽比为1:1，适合生活起居，甚至洗晒衣被、晾晒果蔬；两侧东西厢房各有两间，有的还设东、西小客堂（图2-2-10）；通常在厢房和正堂的转角处设灶间、库房。当然，也有三开间二厢房的小型绞圈房，它的庭心只有一开间的宽度。当多于一个绞圈时，绞圈房子可以南北组合或东西相拼，可根据基地的现状来"生长"（图2-2-11、图2-2-12）。一般来说，因南北两埭主屋的进深大于厢房，因而屋脊往往高于侧屋，两端以悬山山墙来处理（图2-2-13）。

绞圈房子是江南民居中极为朴素、实用的一种宅院，它一般只有一层，且层高偏低，少有装饰，外观有些其貌不扬，但内部格局却不小，且很好用。其中心的"庭心"有水井、小型绿植，尺度也较适中，较为简朴。庭心中铺青砖的地面可以承载人们晒洗衣物、晾晒果蔬、乘凉歇息等活动，也是大家庭中小孩子们嬉戏玩耍的好地方（图2-2-14）。"墙门间"是绞圈房子的入口空间，它处于头埭房子的中轴线上，既是直通庭心的交通空间，又是合院内大家族共享的公共活动空间，人们在这里可以乘凉、交往（图2-2-15）。

如浦东艾氏[①]民宅（图2-2-16）由东、西两座合院构成，是上海典型的双绞圈房子。两个并列的庭心分别为80平方米、60平方米。东庭心稍大，正厅设为客厅，厅内高悬写于宣统初年的匾额"恒心堂"。庭心四周的房子均为单层，南北向对称布置厅堂、起居室，东西向设厢房，转角处的空间为厨房、灶间，东、西两庭心之间的过道间早期设有仪门。艾氏民宅的空间组织极其合理、有效。不大的庭心内铺设青砖，有水井、绿植，生活气息浓郁（图2-2-17），四周的厅堂、起居室之间开设多扇房门，既能相互连通，又可各自独立使用，颇为适合大家庭数代同堂的生活方式。

## （三）院、弄结合的民居

把院落、弄堂作为民居的空间组织方式，是上海传统建筑的特点之一。"院"可大可小、可高可低，大的可在院中设置花园，小的仅能满足起码的通风、日照，能适应不同地块的大小（图2-2-18）。由于用地紧张，上海传统民

图2-2-14 庭心（南汇新场镇仁义村金沈家宅的绞圈房子）（来源：王海松 摄）

图2-2-15 通向庭心的墙门间-浦东周浦旗杆村平桥顾家宅（来源：王海松 摄）

图2-2-16 浦东艾氏民宅南侧外观（来源：李东禧 摄）

图2-2-17 浦东艾氏民宅内院（来源：李东禧 摄）

图2-2-18 泗泾下塘村民居的院落（来源：宾慧中 摄）

---

① 浦东艾氏为明嘉靖进士、太常寺博艾可久后人。艾可久为官清正廉洁，病故后被葬于今浦东孙桥地区。

图2-2-19 朱家角镇民居之间的窄弄（来源：王海松 摄）

图2-2-20 泗泾下塘村民宅之内公共夹弄（来源：王海松 摄）

图2-2-21 会形成穿堂风的备弄——浦东川沙新镇纯新村南王家宅（来源：王海松 摄）

居中，不乏窄而高的小院子，其周围三面或四面建有两层房屋，既节约用地，又有助于夏季遮阳、拔风，形成冬暖夏凉的小气候；"弄"更是上海的特色，它可以是房子之间的窄弄（图2-2-19），也可以是一组民宅之中的公共通道（图2-2-20）。弄堂不光是空间联系的通道，有时候它也是组织建筑通风的重要手段，如川沙新镇纯新村南王家宅，就是一座院、弄兼备的绞圈房子（图2-2-21）。

院弄结合的手法既可以被普通民居灵活应用，也可以被合理地运用于大型宅邸的功能流线组织中去。一些大型民宅，为了分开主、仆活动流线，或出于防火需求，常常在不同院落之间设置夹弄或备弄。

如现位于松江思鲈园中的张祥河宅①原是松江城内规模较大的古代宅邸之一。它原有九进屋宇，以3条南北向的纵轴线为基准展开布局。在西部轴线上，有五进房屋；中部轴线上是松风草堂，厅堂之南设有高墙深院，院内垒有湖石假山，错落有致；东部轴线上的一组庭院是张氏园林的精华：院的北隅是曲尺形平面的"四铜鼓斋"，内有张祥河于粤西所得汉代伏波将军铜鼓4只，其屋面为歇山顶，与西部迴廊相连。斋南凿有"漱月池"，池边垒有湖石假山。在东、中、西三路纵轴线之间，设有夹弄，南北贯通，有通行、防火及两院分隔之用。中、东路纵轴线之间的隔墙为蜿蜒的龙墙，与东部的园林相呼应。该建筑群庭院组合多变，既有规整的宅院，又有充满自然意趣的园林，是松江明清大宅的典范。

现位于松江方塔园内的兰瑞堂②是形制保存较完好的江南民居。该宅邸原有前后4埭房屋，第一埭为门房、轿厅，第二埭为蓝瑞堂正厅，第三埭为二层走马廊内宅，第四埭为厨房和杂物用房，东面设夹弄，连接南北各院，可供仆人、轿夫通行。

## 二、恢宏、素朴的寺塔

古代上海宗教活动历史悠久，宗教建筑的种类也较齐

---

① 张祥河宅原位于松江区松江镇析仁弄西（中山中路444号），又名"遂养堂"，始建于清嘉庆十四年(1809年)，落成于清道光二十六年(1846年)，为清工部尚书张祥河宅邸。1998年，因松江城区改造，张祥河宅被迁移至李塔汇延寿寺，后又被迁建于松江区中心医院对面的思鲈园中。
② 兰瑞堂原位于松江城西仓桥附近，又被称为楠木厅，是清初华亭人朱椿宅邸中的正厅。1984年，兰瑞堂及其穿廊、仪门均被移入松江方塔园内，是形制保存较完好的江南民居。

图2-2-22 清末龙华寺鸟瞰（来源：明信片）

全，佛寺、道观、清真寺、天主堂一应俱全。与古代江南其他城镇（如苏州、扬州、杭州）相比，因地处偏僻，上海地区的宗教建筑大多比较素净、质朴，建筑的装饰也较少。从建筑形体及空间角度来看，佛教寺塔大多比较考究，道观则比较亲民，有的栖身于民居之中，有的模仿佛寺格局，其余如伊斯兰教清真寺、天主堂，早期皆假座于传统的江南民居之中。随着经济活力的提升，上海地区也出现了一些格局完整、气势恢宏的塔院、佛寺。

佛教建筑在早期是以佛塔为中心的，佛堂、僧舍等会建在佛塔周围，故佛寺常常也被称塔庙。唐以后，佛寺开始以大雄宝殿为中心，在中轴线上依次展开各殿堂，并以院落相连接，而佛塔的位置则相对自由，可在寺前、寺后，或另建塔院。上海地区的古代佛寺，基本上都遵从正统儒家思想，采用中轴线对称、院落式空间组织的方法来展开，塔的位置比较自由。

## （一）"伽蓝七堂"的寺院空间

源于宋代禅宗的"伽蓝七堂"制，是佛教寺院中规格较高、形制较完整的一种布局模式，它要求按照一定的秩序摆布包括山门、佛殿、法堂、方丈室、僧堂、浴室、东司（厕所）等功能空间，在江南地区得以完整保留得并不算多。上海地区的龙华古寺是一座较完整地保留了"伽蓝七堂"[①]空间格局的寺院，实属珍贵（图2-2-22）。

龙华寺中轴线上有牌坊、山门，第一进为弥勒殿，两侧为三重飞檐的钟楼、鼓楼，钟楼内悬青龙铜钟[②]，鼓楼置一直径为1.7米的大鼓；第二进为天王殿，两侧各有4米高的四大天王二尊，正中供奉一尊天冠弥勒像；第三进是面阔五间的大雄宝殿，正中供奉毗卢遮那佛像，左右有文殊、普贤，两侧沿壁为二十诸天和十六罗汉等塑像，后面有观音、善财童子等塑像；第四进为三圣殿，在三圣殿东有染香楼和牡丹园；第五进为方丈室，处于一个封闭内院中；第六进为藏经楼。龙华寺建筑群中，大雄宝殿、三圣殿为重檐歇山顶建筑。

## （二）恢宏的佛塔

上海现存的佛塔数量之多，让人惊诧，按照现存塔体的营建时间为序，它们分别是：建于北宋太平兴国二年（公元977年）的龙华塔（图2-2-23）、建于北宋太平兴国年间（公元976~983年）的秀道者塔、建于北宋庆历年间(1041~1048年)的青龙塔、建于北宋熙宁、元祐年间的松江兴圣教寺塔、建于北宋的李塔、建于南宋淳祐五年（1245年）的松江护珠塔、建于明洪武十三年（1380年）的金山华严塔、建于明洪武二十年（1387年）的松江西林塔、建于明天顺年间的泖塔、建于明万历三十六年（1608年）的嘉定法华塔和建于清乾隆三十九年（1774年）的万寿塔等。上海地区的古代佛塔大部都是楼阁式木檐砖塔。这种类型的塔，其附属的木结构（楼梯、楼板、平座、栏杆、塔刹等）较易损毁，但其塔身却较为坚固，可以留存很久。

在江南地区，唐、五代以前的古塔多为方塔，或建于唐塔旧址上的复建，宋以后的古塔多为八边形塔。上海现存的古塔

---

[①] "伽蓝七堂"制形成于宋代。"伽蓝"意为"僧园"，"伽蓝七堂"即指包括七种建筑物的僧院。佛教中不同宗派对"七堂"的解释都有所不同，如禅宗的七堂包括山门、佛殿、法堂、方丈室、僧堂、浴室、东司（厕所）等。
[②] 龙华寺得铜钟高约2米，钟声悠扬，因此"龙华晚钟"在明代被列为"沪城八景"之一。

图2-2-23 清末的龙华塔（来源：明信片）

图2-2-24 方塔园内的方塔（来源：李东禧 摄）

图2-2-25 方塔近景（来源：李东禧 摄）

中，松江方塔（兴盛教寺塔）虽为宋塔，却有唐风的雍容，青浦的泖塔、青龙塔都曾是河道边上的灯塔，具导航功能。

### 1. 唐风宋塔——松江兴圣教寺塔

兴圣教寺塔[1]建成于北宋熙宁、元祐年间（1068~1093年），因其平面为方形，故俗称"方塔"。该塔在南宋和元明时曾多次进行修葺，清乾隆年间该塔又经历大修。现存的兴圣教寺塔除了七至九层系清代重建，其余各层的月梁、罗汉枋、撩檐枋等构件大部分为宋代原物。该寺虽建于北宋，但因袭唐代砖塔形制，呈四方形，且不少地方保存了唐、五代的木作手法，具有唐代建筑风格，显得端庄、大气（图2-2-24、图2-2-25）。

### 2. 古老灯塔——泖塔

泖塔[2]位于原泖湖中的一个小洲上，由老僧如海主持筑成，既是"澄照禅院"的佛塔[3]，又是当时泖河中来往船只的导航灯塔[4]。因具备灯塔的功能，泖塔于1997年入选国际航标协会评选出的100座最古老的"世界历史文物灯塔"[5]，是中国历史上最古老的人工灯塔之一。宋朝以后，上海的海岸线逐渐外移，泖湖周围水域也逐渐缩小，泖塔渐渐失去了其兼作航标灯的功能（图2-2-26）。

泖塔为五层砖木结构方塔，高达27.09米，每层两面有壶门，壶门过道上有砖砌叠涩藻井。底层有围廊（图2-2-27），各层腰檐坡度平缓、斗栱粗壮，颇具唐风。根据文物部门对塔身及塔基砖块的热释光法测定，确定该塔始建于唐代，宋、元两代均有"圮坏"，现存的塔体实为明天顺年间（1457~1464年）所推倒重建的[6]。现存的泖塔修缮于1995年，重新成为水中胜景，颇有明代书画家文徵明诗句的意境："昔年如海有遗迹，五级浮屠耸碧空。三泖风烟浮槛外，九峰积翠落窗中……"[7]。

---

[1] 松江兴盛教寺塔，原位于松江城厢东南谷市桥西，现位于上海市松江区中山路方塔园内。
[2] 泖塔位于上海青浦区沈巷镇张家圩村，距青浦镇13公里，始建于唐乾符年间（公元874~879年），宋景定年间（1260~1264年），因寺院更名为"福田寺"（也称"长水塔院"），故该塔也被称为"福田寺塔"（俗称"泖塔"）。
[3] 唐僧如海在唐乾符年间在泖湖入海口的小岛上筑台创建塔寺，受赐额为"澄照禅寺"。
[4] 传说中灯塔每年只能建造1层。如海法师历经5年艰辛才建成此塔。
[5] 伏彧.百年历史灯塔之五：泖塔[J].中国海事，2012，（09）：77.
[6] 谭玉峰.上海的塔（一）[J].上海文博，2002，（01）：84.
[7] 该诗全文为："昔年如海有遗迹，五级浮屠耸碧空。三泖风烟浮槛外，九峰积翠落窗中。夜课灯影疑春浪，秋净铃音报晚风。老我白头来未得，几回飞梦绕吴东"。

图2-2-26 水边的泖塔（来源：李东禧 摄）

图2-2-27 泖塔底层檐廊（来源：李东禧 摄）

### 3. 青龙遗韵——青龙塔

位于上海市青浦区白鹤乡青龙村的青龙塔不仅是一座佛塔，更是上海古青龙港的标志，当时，它还起到了为沪渎港内船只导航的作用[①]。青龙塔始建于唐长庆年间(821~824年)，北宋庆历年间(1041~1048年)又重建，为七级八面砖木结构塔。该塔原高41.5米，后因台风吹倒塔刹，仅剩残高约30米。现存的青龙塔，在20世纪90年代经历了纠偏、整修（图2-2-28）。

## 三、雅致精巧的园林

由于早期地处偏僻、经济较弱，古代上海地区没有规模宏大的皇家、贵族园林，只有一些随寺观、私人宅院而建的小型园林。南北朝时期，上海境内出现了有文字记载的最早私家宅邸园林——顾野王修筑于金山亭林附近的"读书堆"。唐宋以后，上海地区官绅、士人营建的宅邸园林或别业园林开始出现，一些较有规模的住宅便以园名取代其宅

---

① 据《宝塔铭》说：建塔之前，沪渎港"与海相接，茫然无辨"，入港船只，"常因此失势，飘入深波"；建塔后，望塔进止，怵心顿减，得安全入泊。

名。如宋代松江城就有谷阳园（朱之纯别业）、柳园、施家园、东皋园（钱知监别业）和云间洞天（宋参政钱良臣园）等名园。元代上海有松江陈家园、青浦小蒸曹氏园、乌泥泾最闲园、奉贤陶宅云所园等名园[1]，其中曹氏园规模最大，广袤数十里。

明清以后，江南园林蓬勃发展。作为"东南名邑"的上海，其私家园林的奢华虽比不上苏州，但也出现了一批雅致、精巧的园林，如上海老城厢的豫园、露香园[2]、日涉园[3]、也是园[4]（渡鹤楼）、半泾园[5]、桑园、南溪草堂[6]，嘉定的秋霞圃、古猗园、檀园，松江的秀甲园、濯锦园、颐园、竹西草堂等。当时，活跃在上海地区的造园名家有张南阳[7]、张涟[8]、朱邻征[9]等，影响力辐射江南诸地。

上海现存的古代园林中，秋霞圃、古猗园、豫园、汇龙潭、醉白池被称为五大名园，这些古代园林或喜与古代文人雅士结缘，或有造园名家参与，大多呈素雅大方之态，文人气息浓郁，且不繁复、不做作，雅致精巧。

## （一）五大名园

现存的上海古园林中，秋霞圃、古猗园、豫园等均建于明代；汇龙潭源于嘉定孔庙，原为孔庙的一部分，故也成园较早；醉白池、曲水园、颐园皆为清代园林。其中秋霞圃、古猗园、豫园、醉白池、曲水园被誉为现存古园林中的"五大名园"。"五大名园"中，秋霞圃创建时间最早，豫园有张南阳唯一的传世之作"大假山"，古猗园以"绿竹猗猗"

图2-2-28　青龙塔（来源：李东禧 摄）

---

[1] 上海园林志编纂委员会.上海园林志［M］.上海：上海社会科学出版社，2000.53.
[2] 露香园，初建于明嘉靖三十八年（1559年），园主顾名世，位于上海县城西北隅，占地数十亩，内有广约10余亩的露香池，是非物质文化遗产"顾绣"的发源地。
[3] 日涉园，初建于明万历十七年（1589年），园主陈所蕴，位于上海县城南梅家弄旁，由江南名师张南阳精心督造，初为"日至园"，取"每日一至"之意，后改名为"日涉园"。
[4] 也是园，初建于明天启年间，园主乔炜，位于上海县城南面，主体为渡鹤楼，初名南园。清嘉庆年间，当时的园主李心怡因其小巧玲珑，有"不是园也是园"之说，遂更名为也是园。
[5] 半泾园，初建于明万历年间，园主赵东曦，位于上海县城南半段泾旁，园中多植桂花。
[6] 南溪草堂是上海较早的大型私家园林，由明天顺年间的举人顾英所建，位于城外肇嘉浜南岸。文徵明之侄曾绘《南溪草堂图》，现藏于北京的故宫博物院。
[7] 张南阳（1517—1596），字南阳，号小溪子、卧石生、卧石山人，浙江秀水人，原籍华亭，为董其昌入室弟子，在绘画方面颇有造诣，后专门为人造园叠山。他的代表作有上海潘允端豫园、太仓王世贞弇山园、弇山园、日涉园。
[8] 张涟（1587—1673）字南垣，松江华亭人，后迁嘉兴。少时学画，善以山水画意境造园叠山。所造园林有松江李逢申横云山庄、嘉兴吴昌时竹亭湖墅、太仓王时敏乐郊园、嘉定赵洪范南园等。
[9] 朱邻征（生卒年不详）名稚徵，号三松，嘉定人，为著名竹刻家、造园师，与其父朱小松、祖父朱松龄并称"嘉定三朱"或"竹三松"。活跃于明末，代表作为南翔古猗园。

而著名，醉白池与文人雅士结缘最多，曲水园则有"堂堂近水、亭亭靠池"之意趣。

秋霞圃位于上海嘉定区嘉定镇东大街，是上海现存五大名园中创建时间最早的一座园林，由原龚氏、沈氏、金氏三大家族的私家园林和原邑庙合并而成。现存的秋霞圃包括了桃花潭景区（明代龚氏园）、凝霞阁景区（沈氏园）、清镜塘景区（金氏园）及邑庙4个部分，以桃花潭景区最为精致（图2-2-29），其水面开合有致、蜿蜒迤逦，周围环绕湖石、黄石假山，并分布有池上草堂、碧光亭、延绿轩、碧梧轩等建筑，小中见大、曲折有致。

古漪园位于上海嘉定区南翔镇，原由嘉定著名的竹刻、书画家朱三松设计，具"十亩之园，五亩之宅"的规模[①]，初名"猗园"，取《诗经·卫风·淇奥》的"绿竹猗猗"之意。清乾隆十一年（1746年），洞庭山人叶锦购得猗园，又大兴土木，予以扩充。乾隆十三年（1748年），叶锦将竣工后的园子改名为"古猗园"，以示为前朝（明朝）古园。当时的古猗园园门位于园北，园南围墙外有河，船可进入园内。古猗园的景致以"竹"和"水"为胜，园内虽有山，但不高，多为茂林修竹，故以"竹枝山"为名，从现存的逸野堂和戏鹅池周围地带（图2-2-30），我们可以约略感受当时园林的精巧。

始建于明嘉靖的豫园位于上海黄浦区安仁街，初建成时就被誉为"江南名园""奇秀甲于东南"（图2-2-31），可以与当时的苏州拙政园、太仓弇山园相媲美。清乾隆年间，豫园成为上海城隍庙的西园，它与城隍庙原有的东园一起成为上海城隍庙的庙园，向全城百姓开放，其精美格局还是引人入胜。现存的豫园中，大假山[②]是豫园唯一的明代实物，相传也是明代造园名匠张南阳的唯一传世之作（图2-2-32），其秀美精致可见一斑。

位于上海松江区人民南路的醉白池，是上海地区保存较为完整的明清园。该园前身为宋代进士朱之纯的私家宅

图2-2-29 秋霞圃桃花潭景区（来源：王海松 摄）

图2-2-30 古猗园逸野堂、戏鹅池一带（来源：王海松 摄）

园"谷阳园"。明晚期，著名书画家董其昌曾在此园加建"四面厅""疑舫"等建筑，并在此吟诗作画。清顺治年间（1644～1661年），进士顾大申[③]购得此园。因其崇拜白居易，且园以一泓池水为主，于是便仿照宋韩琦筑醉白堂之举[④]，在明代废园遗址上辟建园林，并以"醉白池"为名。相传原醉白池大门在榆树头，顾大申住宅之西。园林以池为主，水面约有4亩。池西不筑围墙，仅以疏篱与篱外有二三户农家相隔，小桥流水，宛若图画。池东有老榆树，池北有堂跨水上，水面北流出园墙与外河相通。醉白池匾为清

---
① 上海地方志办公室.上海名园志[M].上海：上海书画出版社，2007：53.
② 详见本章第二节。
③ 顾大申，字振雄，号见山，清顺治九年（1652年）进士，官至工部郎中，喜好书画，著有《画麈》、《河渠书》等。
④ 北宋宰相韩琦仰慕白居易，仿白晚年池畔饮咏之举，辞官后于宅旁池上筑醉白堂。

图2-2-31 豫园（来源：李东禧 摄）

图2-2-32 豫园大假山（来源：李东禧 摄）

初画家王时敏所书。醉白池内园以醉白池池中心（图2-2-33），水面夏有荷花，秋有明月。池水往北蜿蜒，有池上草堂架于河上。环池三面有廊，东廊间有两座半亭，南亭原称大湖亭，内有匾"莲叶东南"，北亭则为小湖亭，额书"花露涵香"，大、小湖亭均建于清嘉庆年间。池之西南隅有建于清末的六角亭①。始建于明代的四面厅②、疑舫③通透亲水，是文人雅士吟诗作画的好去处（图2-2-34）。

曲水园原为县城邑庙的庙园，后因借王羲之《兰亭集序》中曲水流觞的典故，改名为"曲水园"。全园有南北两

图2-2-33 醉白池沿岸（来源：李东禧 摄）

图2-2-34 沿池的池上草堂和四面厅（来源：李东禧 摄）

---

① 六角亭悬"半山半水半书窗"匾，建于清光绪二十五年(1899年)，该亭一半倚于池岸，一半悬于池上，且亭的东部无窗。
② 详见本章第二节。
③ 疑舫建于明代，清光绪二十三年（1897 年）重修，因其北面伸入池中，似水中之舟故得名疑舫。疑舫似屋非屋、似船非船，处于形似与神似之间。舫内原有著名书画家董其昌手书"疑舫"匾。

处水池，南为荷花池，北称睡莲池，中间横贯大假山。假山石峰峦起伏，并有虬龙洞、濯锦矶。园中建筑"堂堂近水、亭亭靠池"[①]，皆绕水而筑（图2-2-35）。其中凝和堂是园中的主体建筑（图2-2-36），另有夕阳红半楼、舟居非水舫、有觉堂（俗称四面厅）、得月轩等。

## （二）园林雅筑

上述五大园林中，皆有精致的水面、奇特的假山、雅致、精巧的单体建筑，其与环境的融洽、与文人诗画的契合，令人莞尔。不约而同的是，几大园林中都有四面通透的"四面厅"、得名于唐代诗人白居易的"池上草堂"、临湖而筑的旱舫、渺然水上的九曲桥等。

### 1. 四面厅

五大名园中，醉白池、曲水园皆有四面厅，这是一种四面皆为落地长窗，呈四面贯通之势的厅堂。醉白池的四面厅最早建于明代，厅外有围廊，四个立面均为花格长窗（图2-2-37、图2-2-38）。厅堂前的古樟有300余年历史，浓

图2-2-35 "堂堂近水、亭亭靠池"的曲水园（来源：李东禧 摄）

图2-2-36 远处为近水的凝和堂（来源：李东禧 摄）

图2-2-37 醉白池四面厅外观（来源：李东禧 摄）

图2-2-38 醉白池四面厅室内（来源：李东禧 摄）

---

① 上海园林志编纂委员会.上海园林志[M]上海：上海社会科学出版社，2000.

荫蔽日，厅后有百年古藤盘绕。董其昌曾书"堂敞四面，面池背石，轩豁爽恺，前有广庭，乔柯丛筱，映带左右"。明末时，该厅是松江画派、松江书派文人雅士吟诗作画的好去处；曲水园的四面厅亦称有觉堂（图2-2-39），原建于清乾隆年间，重建于清光绪十三年（1887年），面积84.5平方米，四周有围廊，南北立面设花隔窗，屋顶结构独特，又被称为"无梁堂"。

### 2. 池上草堂、旱舫

江南园林中的旱舫、池上草堂都系一种临水而建的船形建筑，也被称为"不系舟"，多为满足文人雅士隐逸山林、纵情湖泊而建。在上海古代五大名园中，古猗园中有不系舟，曲水园中有舟居非水舫，秋霞圃、醉白池内都建有池上草堂。

古猗园的不系舟又被叫做"旱船""石舫"（图2-2-40~图2-2-42），它三面临水，有阁有廊，原是园主人的书画舫，可供文人凭栏观湖、吟诗作画。江南才子祝枝山曾踏访古猗园，与园主人在此舫内畅谈，并留下"不系舟"三字；曲水园中的舟居非水舫架于水

"池上草堂"之名源于唐代诗人白居易的《池上篇》《草堂记》。出于对白居易的景仰，秋霞圃、醉白池的园主皆在园中修筑池上草堂。秋霞圃的池上草堂位于桃花潭之西

图2-2-40 古猗园"不系舟"1（来源：王海松 摄）

图2-2-41 古猗园"不系舟"2（来源：王海松 摄）

图2-2-39 曲水园四面厅（有觉堂）（来源：王海松 摄）

图2-2-42 曲水园的舟居非水舫（旱舫）（来源：王海松 摄）

南，因其形似舟楫而又被名为"舟而不游轩"，此堂三　两披，东西长15.5米，南北宽6.65米，高5米，东披形如船头，三面临水（图2-2-43、图2-2-44），意趣生动。醉白池的池上草堂架于河上（图2-2-45），可观水中荷花，因此又被称水阁。

### 3. 湖心亭、九曲桥

上海各大园林中都有水面，也几乎都有湖心亭及曲桥，其规模有大有小，形式也各异，尤以豫园湖心亭及九曲桥最有特点。豫园湖心亭为砖木结构，其屋顶造型灵活生动，梁栋门窗均雕有栩栩如生的人物、飞禽、走兽及花鸟草木。湖心亭两侧的九曲桥，原为石板木栏，与湖心亭相映成趣（图2-2-46）。可惜的是，1922年上海城隍庙遭到大火，邻近的九曲桥也被烧毁。后重建于1924年的九曲桥被改成了水泥桥。

## 四、尊儒守规的书院

上海地区最早的学堂从一开始就是与孔庙比邻而处的。南宋年间，唐氏兄弟先建梓潼祠[①]以祀孔子，后又于梓潼祠后筑上海地区最早的学校——"古修堂"[②]，这是当时的镇学，也是上海最早的学校。后上海立县，镇学升格为县学，且与文庙共处。此后，上海各处的县学、学宫多随文庙而建

图2-2-43　秋霞圃池上草堂（舟而不游轩）（来源：王海松 摄）

图2-2-45　醉白池池上草堂（来源：李东禧 摄）

图2-2-44　秋霞圃池上草堂背面（来源：王海松 摄）

图2-2-46　1915年豫园湖心亭九曲桥（木栏杆）（来源：《沧海：上海房地产150年》）

---

① 梓潼祠即为文昌宫，亦可称文庙。
② 见明弘治《上海志》卷五，见"古修堂"（董楷作记）。

（图2-2-47~图2-2-49）。

　　作为中国正统文化代表的儒家文化，对传统书院有着规定的形制。始建于1748年的敬业书院是上海历史最悠久的学校，初名申江书院，1862年迁至聚奎街旧学宫，1902年改为敬业学堂。龙门书院位于城内尚文路，于1865年由巡道丁日昌创办，有讲堂、楼廊、舍宇等（图2-2-50），1876年扩建。现存于嘉定孔庙旁的当湖书院，就是一座典型的傍学宫而建的书院（图2-2-51）。与县学、学宫并举的教育场所还有民间的书院、义塾等。上海的民办书院多由地方乡绅及官吏集资捐建，其位置较为自由，但形制也较严谨。如创办于1828年的蕊珠书院位于城内的凝和路，也是在园内。

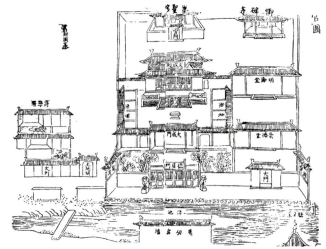

图2-2-49　松江府学图（来源：《上海通史·第二卷》）

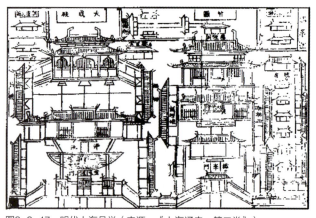

图2-2-47　明代上海县学（来源：《上海通史·第二卷》）

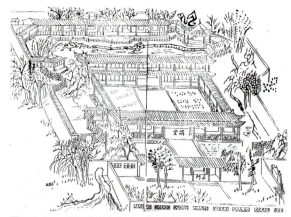

图2-2-50　龙门书院（来源：《上海通史·第二卷》）

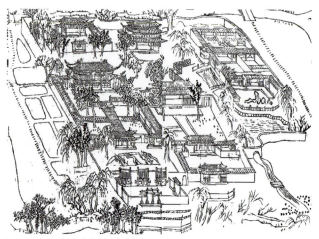

图2-2-48　清代上海县新学宫（文庙）（来源：《同治上海县志》）

图2-2-51　嘉定孔庙旁的当湖书院（来源：王海松 摄）

## 五、匠心独具的桥梁、水闸

上海所在的太湖下游地区，自古以来就是水网密集地带，且呈沿海地势高仰，中部低洼的特点。要形成聚居、发展农业，联系交通的桥梁、调节水文的水利设施必不可少。上海古代桥梁数量众多。仅以青浦县为例，在清光绪年《青浦县志》和《青浦县续志》中有记载的桥梁就多达565座，其中又以金泽为甚，区区0.4平方公里的弹丸之地竟拥有桥梁42座（现存21座），为上海地区桥梁密度之冠。

上海现存的古桥中，建于宋代的桥梁有松江镇的望仙桥、金泽镇的普济桥（圣堂桥）、万安桥等，其中现位于松江方塔园内的望仙桥是上海地区最古老的桥梁。

松江望仙桥现位于上海松江区松江镇中山东路松江方塔园内东南角，跨原松江府古市河，建于南宋绍兴年间（1131~1162年），是上海现存最古老的石板桥。南宋嘉熙四年（1240年）编纂的《云间志》曾提及此桥[1]。望仙桥全长7米，宽3.2米，是清代以前松江城里南北干道上一座重要的桥梁。此桥原由四块略拱起的武康石铺就，只有一跨，石料下部补有肋骨一般的木料，形成"木肋石板桥"的独特结构。这种结构整合了石材抗压、木料抗拉的特性，极具合理性。后因中间两块条石下的木肋腐烂，造成中间两块石料的断裂，原略呈拱形的武康石被更换成两块加厚但没弧度的花冈石桥面[2]（图2-2-52）。

类似的石梁桥还有青浦金泽的迎祥桥（图2-2-53）。迎祥桥位于青浦区金泽镇南栅，处市河之末梢。该桥的六柱五孔石梁受力形式是连续简支梁，且其石梁与青砖桥面的构造结合精巧，形态优美。该桥桥柱由5块并列长青石拼成，石柱上架条石作为横梁，梁面凿有半圆形凹槽，以稳固地搁置5根25厘米粗的纵向楠木梁，在楠木梁上横铺枋板。枋板上密铺用石灰糯米拌浆砌成的青砖，形成砖体桥面。桥面两边外侧覆贴水磨方砖，既可保护木梁，又增加美观，还能起到压重稳固作用（图2-2-54）。该桥桥面无栏杆，桥面两侧有坡面做礓，无桥阶、无桥栏，相传可以方便骑兵疾驰过桥，是典型的元式桥梁。

普济桥位于上海青浦区金泽镇南，建于南宋咸淳三年（1267年），是上海地区保存最完好、最早的石拱桥（图2-2-55）。普济桥的拱圈砌筑形式与著名的赵州桥相同，桥身不高，但拱的跨度较大，因而桥面的坡度不大，远眺桥形如月牙，纤巧飘逸，具有宋代石拱桥的特征。该桥石料为珍贵的紫石，故也被称为紫石桥。每当雨过天晴，阳光照射桥上，桥体的紫石会发光，晶莹如宝石。因后人屡有更换，现该桥桥体均夹杂有青石、花岗石等；万安桥位于青浦区金泽镇北市梢，跨市河，初建于南宋景定年间（1260~1264年），也为单孔石拱桥，为横联拱圈，桥身用长条石及间壁砌

图2-2-52 松江望仙桥桥面（来源：李东禧 摄）

图2-2-53 金泽迎祥桥（来源：李东禧 摄）

图2-2-54 迎祥桥桥面（来源：李东禧 摄）

---

[1] 南宋《云间志》中记载："望仙桥在南四百步"，表明该桥建造的年代应早于南宋嘉熙年。
[2] 当年安放木肋的桥基榫洞依然存在。

成，桥面有护栏，坡度平缓（图2-2-56）。万安桥的桥身金刚墙、内券石、桥栏及石阶均为紫色花岗石，其结构、造型和用石与普济桥基本相同，两桥同跨一河，南北相望，故称为姐妹桥。

许多桥梁造型典雅，各有千秋。如横跨于朱家角漕港上的放生桥，初建于元，清嘉庆十七年（1812年）重建，为五孔石拱桥，全长70.8米，宽5.8米，高7.4米，形态舒展优美，蔚为壮观，是上海地区最长、最宽、最高的五孔石拱桥，被誉为"沪上第一桥"。该桥主拱圈采用纵联分节并列砌法，使桥墩薄且坚固，桥上的龙门石上镌有盘龙8条，环绕明珠，形态逼真，石刻技艺十分高超。桥顶栏板间望柱雕有石狮（图2-2-57）。

上海境内的海塘建设历史悠久，最早的记载可溯至三国时期。著名的江南海塘（建于唐开元元年（公元713年））就有很长一段是在上海境内。南宋年间，为了安置大量南迁的北方人口，朝廷出台了移民"开垦滩涂"可免3年税赋的政策，致使上海居民不断向东开拓。为了保护新增长的良田、滩涂，南宋乾道八年（1172年），华亭知县邱崇为防止海潮入侵，沿海岸线北起川沙南迄奉贤，修筑了内捍海塘（又称里护塘、老护塘）里护塘，其塘址即现川南、沪南公路镇区段至摇荡湾桥向南。内捍海塘北起高桥以东，向南至顾路、曹路、龚路、车门、十一墩、六团湾，入南汇至祝桥、惠南、大团，再入奉贤，经四团、奉城、塘外、钱桥至柘林直至杭州湾。明成化八年（1472年），里护塘被台风海潮冲毁。到了明万历十二年（1584年），上海知县颜洪范带领大家又修筑了一条与内捍海塘平行的外捍海塘，长达30余公里。可惜在清雍正十年（1732年），飓风海浪再次摧毁了外捍海塘。次年，原南汇知县钦连被朝廷重新启用，一条新的外捍海塘（也被称为钦公塘）在短短7个月内被重新筑起。清末，担任江苏巡抚的林则徐还亲自督建了宝山海塘[①]（位于今浦东新区高桥镇）。上海地区现存的古代海塘多位

图2-2-55　普济桥全景（来源：李东禧 摄）

图2-2-56　万安桥桥面（来源：李东禧 摄）

图2-2-57　桥栏望柱上的石狮（朱家角放生桥）（来源：李东禧 摄）

---

① 宝山海塘竣工于清道光十八年（1838年）。

图2-2-58 志丹苑水闸闸墙（来源：王海松 摄）

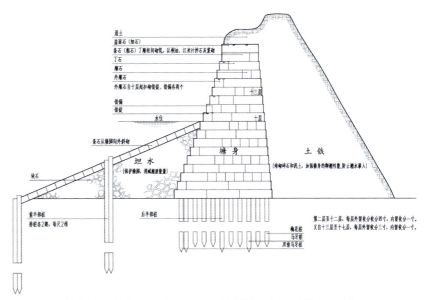

图2-2-59 清代鱼鳞石塘构造（来源：根据《中国古代著名水利工程》袁君瑶 绘）

于浦东的南汇、奉贤等地。

上海志丹苑元代水闸遗址，是国内迄今为止规模最大、施工最好、保存最完整的元代水闸遗址，在中国古代水利建设史中具有重要地位。该水闸遗址所处位置原为明代之前吴淞江下游河道。水闸平面呈对称"八"字形，西北为进水口，东南为出水口，由闸门、闸墙和底石等组成的水闸坚固无比。其中，闸门（金门）宽6.8米，由2根长方体青石柱组成，砌筑在闸墙之间；闸墙（金刚墙）砌筑在底石的南北两边，长47米，高1.3～2.1米，由青石条层层砌筑而成，且分为正身、雁翅、裹头三段，四角有木护角，顶端有顶石木桩。闸墙外砌高度同闸墙高度相当的衬河砖，厚1米左右，外侧还堆垒石块；底石范围东西长30米、南北宽6.8～16米，由厚0.25米的长方形青石板平铺而成，石板拼接处凿凹槽并镶嵌铁锭固定。石板下满铺厚20厘米的衬石木板，拼接处亦以企口、铁钉固定。木板下架木梁，梁下有木桩。底石的东西两端还特意铺设两层木板，上层平铺，下层木板直立，高达2.04米，由7条宽18厘米、高30厘米的方木拼接而成，木板之外另栽密集的木桩。在闸墙、衬河砖和荒石之外，是层层夯实的三合土，其下密栽木桩（图2-2-58）。

1996年被发现于奉贤柘林镇的"奉贤华亭海塘"是原"华亭东石塘"，它位于奉贤区柘林镇奉柘公路南侧，原长近2万米，高5米，底宽3米，顶宽1.4米，全部由青石及花岗石砌成。该石塘采用了"鱼鳞石塘"的方法修筑，使其异常牢固。"鱼鳞石塘"是一种非常独特、合理的构筑物：它由呈"T"形叠砌的长方形条石组成，侧面看去层层排列如同鱼鳞。石块之间采用铁笋、铁销连接，石缝之间被灌以糯米浆，顶部有防止石块松脱的铁锭扣锁（图2-2-59）。

## 第三节　建筑技艺与构造特征

上海地处江南，其古代在较长的时期内分别属于吴郡、平江府，它们的治所都是吴县（今苏州）；即使到了明清以后，上海与苏州的区域范围还多有交叠[①]。因此，上海在历史上受苏州地域文化的辐射较多，在建筑技艺上自然受苏州香

---

① 现今上海的松江在宋元时期为平江府(今苏州市)辖区，明清时才升格为与苏州府平级的松江府；现今上海的嘉定、青浦在明清时期仍属苏州府。

山帮建筑技术的影响较深。

面对独特的软土地基、潮湿多雨的气候特征，上海地区的传统建筑还在建筑地基处理、防潮、防水、防火等方面，积累了一些颇有成效的建筑技艺。

## 一、香山帮技艺的引入

作为江南地区最重要的建筑流派，香山帮是中国历史上一个重要的传统建筑匠作流派。它的发源地位于太湖之滨的苏州胥口香山，起始于春秋战国时期，至今已有2500多年的历史。早期的香山匠人以木工、泥水工为主体，木雕、砖雕工作多由木匠、泥水匠兼任。明清以后，随着建筑风格日益复杂精细，香山帮匠人分工也越来越细，形成集木作、泥水作、砖雕、木雕、石雕、彩绘油漆等诸工种匠为一体的庞大群体，并获得了"江南木工巧匠皆出于香山"的美誉。作为江南地区最重要的建筑流派，香山帮的活动范围并不局限于苏州城，而是辐射到了环太湖流域的江南"八府一州"，并曾对中国其他地方的传统建筑产生了重要的影响。如历史上的香山帮大匠蒯祥就曾在明成祖朱棣迁都北京的过程中大显身手，参见紫禁城，建造了皇宫中的三大殿、天安门等重要建筑。中国园林史上的2部经典著作《园冶》、《长物志》均与香山帮有着密不可分的关系。《园冶》的作者计成是苏州同里人，也是当时著名的造园大师；《长物志》的作者文震亨是苏州人，吴门画派领袖文徵明的曾孙，也是精于园林内部装修和陈设布置的文人。晚清出生的香山帮匠人姚承祖编著的《营造法原》则是记述江南地区古建筑营造做法的专著。该书系统阐述了江南传统建筑的形制、构建、配料、工限等内容，并兼顾江南园林的布局和构造，堪称宝典。

香山帮进入上海的时间较早。唐天宝年间，上海有了最早的镇治——青龙镇。作为当时东南重郡苏州的外港，青龙镇是商船往来苏州的必经之地，吸引了苏州地区各阶层人士的进入，自然也引进了苏州的建筑工匠。明代以后，香山帮进入兴盛期，上海也出现了大量体现香山帮营建技艺的高质量园林，如豫园（图2-3-1）、露香园、日涉园、后乐园等，豫园的砖雕、石雕、木刻主题丰富，栩栩如生，《神仙图》、《八仙过海》、《广寒宫》、《郭子仪上寿图》、《梅妻鹤子》、《上京赶考》、《连中三元》等无不是古建筑装饰中的精品佳作，体现了香山帮工匠的鬼斧神工。香山帮工匠在木雕、砖雕上的成就还体现在一些民宅之中：原位于松江西塔弄底的张祖南宅是一座拥有精美雕刻的大宅，其木雕的精彩程度不亚于苏州东山雕花楼。张氏雕花厅共有三进二庭四厢，前厅梁枋、门楣、窗棂上雕着各种花卉，后厅的门楣及窗棂上雕有整套三国演义的人物故事，令人惊叹（图2-3-2）；位于松江中山西路的杜氏雕花楼，其第三进厅堂的栏杆、挂落、雀替、斗栱等处均有精美木雕（图2-3-3），图案或为花卉、云纹，或为人物、鸟兽（图2-3-

图2-3-1 体现香山帮技艺的豫园（来源：李东禧 摄）

图2-3-2 张氏雕花厅的室内（来源：李东禧 摄）

4);位于上海老城厢的书隐楼也拥有极其珍贵的砖雕,其第五进内宅门头上"古训是式"题额周围的砖雕,人物众多,姿态生动(图2-3-5),第四进正楼前东、西两侧厅与厢房之间,各有一块一人高的镂空砖雕屏风,东侧为"三星祝寿"(图2-3-6),西侧为"八仙游山"(图2-3-7)。

上海开埠以后,一方面,由于上海建筑需求量的上升,香山帮在上海的建筑活动日趋增多。另一方面,由于清末太平天国运动兴起,为躲避战火而离开苏州进入上海谋生的香山帮工匠也越来越多。现留存于松江方塔园内的天后宫(原建于河南路)就是开埠以后香山帮在上海实施的代表建筑。

## 二、软土地基上的基础做法

对于上海地区所特有的软土地基,上海传统建筑在构造上又有一定的应对办法:如龙华塔的塔基采用木桩基,桩与桩之间满铺石子三合土,木桩之上先垫一层13厘米厚的垫木,再铺砌5批菱角牙子砖(厚46厘米),然后砌筑170厘米厚的砖基础,基础每边比塔身大70厘米;真如寺大殿的基础采用黄土、铁渣混合夯筑的垫层;一般民居建筑的承重多由山墙及木柱承重,其木柱基础多以清水三和土、灰浆三和土为垫层,上置碌皮石柱础及圆形(或鼓形)石墩。当然,对于一些非承重的分隔墙,其墙基可仅为碎砖或三和土(由碎砖、石灰、黄砂组成)垫层。独特的基础处理特色,体现了1000多年前中国匠人对软土基地的智慧。

## 三、塔身做法

与江南其他地区古塔稍有不同的是,上海地区的古塔(不含实心古塔)皆为单层砖砌筒体,没有出现过类似苏州虎丘塔、杭州六和塔所采用的双套筒结构。为了增强塔身的

图2-3-5 书隐楼门头砖雕(来源:李东禧 摄)

图2-3-3 杜氏雕花楼第三进厅堂的栏杆、挂落(来源:李东禧 摄)

图2-3-4 杜氏雕花楼的木雕花卉(来源:李东禧 摄)

图2-3-6 书隐楼"三星祝寿"砖雕(图片来源:李东禧 摄)

图2-3-7 书隐楼"八仙游山"砖雕(图片来源:李东禧 摄)

整体性，提升抗震能力，减弱塔身开洞对塔体结构均匀连续性的影响，上海地区古塔一般采用每层窗（或龛）的方位交替转换的方法，使相邻两层之开洞位置错开，避免在同一纵剖面上强度削弱过多，如龙华塔、青龙塔、护珠塔、秀道者塔等（图2-3-8、图2-3-9）。

平面形式与建筑的结构性能是密切相关的。对于高耸的古塔而言，人们逐渐认识到，接近圆形的八角形平面要比方塔的方形平面更合理：八角形平面的角度平缓，角尖处的集中应力减小，有利于抵抗水平向的风荷载，且每边塔壁对地基的压力传递也更均匀，增强了塔基的抗压、抗震性能。

江南的砖塔是以黄泥灰浆为粘结材料，为了减弱江南多雨对黄泥灰浆的冲刷，上海的古塔多采用"砖体木檐"，在砖砌塔身上建构木结构的腰檐、平坐。为了加强砖砌塔身的整体效果，有些上海古塔还会在砖砌筒体中加入木条。如松江方塔砖塔外壁为"砖夹木"，每隔五六皮至十余皮砖会嵌入一根长方形的横木，以加强墙体，塔身每面被分为三间，正中设壸门（图2-3-10），每层设木质平坐，栏杆，有木斗栱承托。

## 四、防潮、通风做法

上海地区日照充足、气候潮湿，同时每年又有长达2个月的梅雨节气，使得建筑的通风与防潮极被重视。为了提升通风效果，上海地区的传统建筑往往采用面阔宽而进深窄的狭长天井，有时四周还绕以楼房，遮阳、拔风效果显著；其他如外走廊、挑檐、敞廊、骑楼等手法的大量运用，既能形成灰空间，又能用以遮阳避雨；许多民居建筑以木柱下设石柱墩，承重墙下设条石基础来以防止木柱脚、墙体受潮，并以底层地垄墙架空的构造处理，来提升防潮能力。如上海县老城厢的世春堂，其地面就铺设了特制的架空方砖用以防潮[①]；上海地区的古塔多为"砖体

图2-3-8 护珠塔全貌（来源：李东禧 摄）

图2-3-9 护珠塔局部（来源：李东禧 摄）

---

① 毛佳梁. 上海传统民居[M]. 上海：上海人民美术出版社，2005：20.

木檐",其砖砌的塔身坚固、耐久,但是在多雨的江南地区,雨水冲刷对以黄泥灰浆为粘结材料的砖塔来说是个威胁。为了降低这种影响,在塔身上建构木结构的腰檐是个合理的构造措施。

## 五、防火做法

在防范火灾方面,以木结构为主的传统建筑会有一些特殊的细部做法。通常,为了防火,上海传统民居的山墙往往以砖代木,采用砖木混合及硬山搁檩的手法,且采用防火性能强于悬山的硬山风火山墙形式,以便于形成成排成组的里弄建筑。有的建筑除了专门砌筑高耸的封火砖墙外,还在木质院门外贴上方砖。如老城厢内的书隐楼为了保护藏书,在第四、五进的走马廊建筑外筑有高12米、厚0.6米的封火墙,并在其大门、侧门安装"石库门"(在木质大门前后都贴有方砖),以增强防火功效(图2-3-11)。

## 第四节 建筑文化及审美特征

长期处于江南偏僻之地的上海,古代社会发展呈现出一定的边缘性。如三国东吴亡后,陆逊的后代陆机、陆云便隐居华亭,闭关苦读10年,写出《文赋》、《辩亡论》[①]等文章,留下《平复帖》[②]、《春节贴》[③]等书法,南北朝时期,顾野王筑园而居,潜心修成《舆地志》、《玉篇》等,元代名士陶宗仪隐居泗泾,著有30卷《南村辍耕录》。

唐宋以后,因青龙港的兴起,上海作为重要的海上门户,有了连通中国内陆与海外诸国的便利。青龙镇的经济发展为上海带来了文化繁荣。白居易、陆游、王安石、范仲淹、司马光、苏东坡等文人骚客曾先后在青龙镇居住游历,留下了脍炙人口的诗篇,如白居易的《淞江观鱼》、杜牧的

图2-3-10 塔壁为"砖夹木"的松江方塔(来源:李东禧 摄)

图2-3-11 书隐楼第四进与第五进之间的院子(来源:李东禧 摄)

---

① 由陆机所著,其中《文赋》是我国最早的文学理论著作之一。
② 由陆机所书,是草书精品,现被当作国宝级文物。
③ 由陆云所书,后被收入《淳化阁法帖》。

《吴淞夜泊》、范仲淹的《吴淞江上渔者》、司马光的《江上渔者》、苏东坡的《水龙吟·次韵章质夫杨花词》等。北宋年间，著名书法家米芾曾任青龙镇镇监，曾绘过《沪南峦翠图》，吟过《吴江舟中诗》，书录过《隆平寺经藏记》。诗人梅尧臣在游历青龙镇后留下了《青龙杂志》。宋代松江府崇文之风很盛，科举中第的才士不胜枚举①，并有《华亭百咏》②、《云间志》③等著述留存后世。

元代上海大家辈出：大书法家赵孟頫（1254～1322年）寓居上海，在松江留下了《千字文》、前后《赤壁赋》等书法巨作，开创了区别于唐宋画体的元代新画风；著名诗人王逢（1319～1388年）避居松江乌泥泾，著《梧溪集》七卷，还创作了最早咏歌黄道婆的《黄道婆祠》；元末诗坛的领袖人物杨维桢在松江设馆授徒，对松江文化产生了深远的影响，其所编的《云间竹枝词》则开创了以竹枝词的形式描绘上海风俗、景物的先河，并催生了数量众多的流传于民间的竹枝词；松江府华亭县人夏庭芝著《青楼记》，记载杂剧、南戏、诸宫调女艺人110余人小传，为元代唯一专记戏曲艺人的著作④。当时，元末四大家中的黄公望、倪瓒、王蒙常被松江画坛所吸引，来松江聚会、交流。

明代，作为江南"八府一州"⑤之一的松江府大家集，云间画派、云间书派、云间诗词名声在外。董其昌、赵左、陈继儒、沈士充等引领云间画派，形成不重形似而重意境的画风；由沈度、沈粲、陈璧、钱溥、钱博、张弼、张骏等明初书家及董其昌、莫如忠、莫是龙、陈继儒等明末大家组成的云间书派，具有法度精密、雍容婉丽的气度，势头直逼吴门书派；以"云间三子"（陈子龙、李雯、宋徵舆）为代表人物的云间诗派、词派荡涤了当时流行的纤弱卑靡之风，回归晚唐北宋的传统，影响波及明末清初50多年。被列为国家非物质文化遗产的"顾绣"⑥也起源于明嘉靖年间上海县老城厢的"露香园"。顾绣融画理、绣技于一体，集针法之大成，有齐针、铺针、接针、戗针、钉金、套针、刻鳞针等，充分体现了山水人物、虫鱼花鸟等原物的天然色彩。明崇祯七年（1634年），韩希孟以宋、元名画为蓝本，摹临刺绣，成8幅方册，品今藏于北京故宫博物院⑦。明代上海还出现了著名的徐光启⑧。这是一位对近代中国科技发展做出杰出贡献的学者、政治家。明代范濂编撰的《云间据目钞》分人物、风俗、祥异、赋役、土木5卷，详细描述了上海的商业、手工业及丰富的城市生活。

清代，松江有顾大申、改琦、胡公寿、张照、徐璋等书画名家，其中顾大申著有《画尘》8卷、《诗原》五辑15卷，还创建了醉白池，徐璋留下了《云间邦彦画像》。松江人陆锡熊作为三大总纂官之一，参加了清朝最重大的文化盛事——《四库全书》的编纂工作。曾经担任《申报》编辑的晚清松江文人韩邦庆还创作了用苏州方言写成的长篇小说《海上花列传》。著名学者诸华编撰的《沪城备考》（又名《泽国纪闻》、《上海志备考》）共6卷，记述了上海历史物事，对《乾隆上海县志》中的许多疏漏、错误进行了完善。此外，毛祥麟的《墨余录》⑨、王韬的《瀛壖杂志》⑩、葛元

---

① 从北宋到南宋的200多年时间里，松江考中进士的有148人，其中1人是状元（参见《明清松江府》第16页，上海：上海辞书出版社，2010.）
② 《华亭百咏》编作于宋淳熙年间（1174～1189年），作者许尚，号和光老人，为华亭人。
③ 《云间志》，亦称《绍熙云间志》，是一本著名的、专门记载南宋及较早时期今上海淞南地区地名的地方志，因编次的年份在南宋绍熙四年(1193年)而得名。
④ 参见《明清松江府》第16-18页，上海：上海辞书出版社，2010.
⑤ "八府一州"是指明清时期的苏州、松江、常州、镇江、应天(江宁)、杭州、嘉兴、湖州八府及从苏州府辖区划出来的太仓州。
⑥ 顾绣又被称为"画绣"，是中国传统绘画与刺绣的有机结合。2006年，顾绣被列入中国第一批非物质文化名录，居众绣之首。
⑦ 即故宫博物院收藏的《顾绣宋元名迹册》。
⑧ 徐光启（1562～1633），字子先，号玄扈，教名保禄，祖籍苏州，出生于上海老城厢。明万历年间进士，后结识郭居静、利玛窦等意大利传教士，精通西学，笃信天主教。明崇祯元年（1628年）任礼部尚书，后又兼文渊阁大学士。
⑨ 《墨余录》出版于同治庚午年（1870年），共16卷8册，其内容涉及清道光、咸丰、同治年间苏松地区的政治、经济、文化教育、社会风俗等各方面情况。
⑩ 《瀛壖杂志》为清代上海风土掌故杂记，共6卷：卷一，讲述地理、城镇、河道、商贸、时令、物产等事项；卷二，描绘饮食、田赋、海运、仓储、海关、书院、寺观及园林等方面；卷三、四、五，多为人物逸闻；卷六，谈沪上风俗变迁及中西通商后之新奇事物。

煦的《沪游杂记》①从各个侧面复原了当时的历史场景。

历史上的"偏安一隅",使上海的传统建筑长期显得比较"平民化"。航运商贸发展起来以后,富足的经济逐渐孕育了一批扎根于上海地区的文人骚客。在江南文化的浸润下,商人、文人、平民混杂的上海地区既具有文人意趣的园林、宅邸,也有一大批实用、朴实的传统建筑,它们素朴、自在,又不缺精致。

## 一、文人意趣

明清江南一带经济富庶,文人荟萃。经济的发达,带动了文化的兴盛,古代上海不乏文人墨客,也聚集了相当数量的具有一定文化修养的达官士绅。同时,在科举制度的影响下,社会兴学重教,也逐渐形成明清时期上海崇尚风雅的人文气质,催生了一批雅致、精巧、具文人底蕴的建筑及园林。

在绘画上,明代松江府大画家董其昌的绘画虽师法古人技法,却在笔和墨的运用上有独特的造诣,清雅秀逸、平淡古朴,形成独具一格的"松江画派"和"文人画"理论。在建筑中,最体现文人风雅气质的则是园林。园林建筑造园家在有限的地域空间里通过叠山理水,栽植花木,配置建筑,并结合匾额、楹联、书画、雕刻、碑石等来反映哲理观念、文化意识和审美情趣,从而形成充满诗情画意的山水园林。明末清初,上海地区已经有上百座私家园林,"吾松名园,称上海潘方伯豫园、华亭顾正谊濯锦园、披云门顾正心熙园。其间华屋朱楼、掩映丹霄,而花石亭台,极一时绮丽之盛"②。上海古代文人雅士多追求"以画入园,观园如画"的造园手法,大兴私家园林——董其昌、施绍莘等人就在佘山修筑了东山草堂、半间精舍、白石山房、神清之室等;日涉园园主陈所蕴就曾邀请许多书画家赏景作画,得《日涉园图卷》36幅;百余位书法家曾在吾园挥毫泼墨,结集出版书画集《春雪集》,颇显雅趣。

明代江南多造园名家,其中最著名的有张南阳、陆叠山、计成、朱邻征、文震亨、张涟、周秉忠等。这些当时被称为"花园子"的叠石掇山能手,常常既是匠人,又是书画高手。他们之中的张南阳、朱邻征与上海有缘,分别参与修筑了豫园、古猗园。

如位于豫园西北角(三穗堂以北)的大假山,是江南现存最古老的黄石假山,也是明代造园名匠张南阳的唯一传世之作。相传张南阳在叠山时,手执铁如意,亲自指挥工匠叠石,不稍瑕顾,使堆成之山有"俨若真山"之美誉。大假山上还留有2座小亭,1座稍低,为"挹秀亭",意为登此可挹园内秀丽景色,另1座在山巅,人称"望江亭",意为立此亭中"视黄浦吴淞皆在足下。而风帆云树,则远及于数十里之外"。从《申江胜景图》的"邑庙内园"一图中(图2-4-1),我们可以一睹秀丽的大假山及山巅之亭。清人葛元煦在其所编的《沪游杂记》中曾对豫园大假山有如下记述③:"园西北隅有巨石,叠作峰峦,蹬道盘旋而上,重九等高者甚众……"清末名人王韬也曾描绘:"奇峰攒岬,重峦错叠,为西园胜观。其上绣以莹瓦,平坦如砥;左右磴道,行折盘

图2-4-1 豫园(邑庙内园)(来源:吴友如)

---

① 葛元煦(字理斋,号啸翁、啸园主人)写成于1876年(1877年出版)。全书共分4卷,前2卷记述上海风俗人情、名胜特产,卷三辑录了以沪上风物为题材的诗词歌赋,卷四罗列了一些供旅游者知晓的信息,如船票信息、客栈、会馆、同业公所、商号地址、戏院剧目等。
② (清)吴履震.《五茸志逸》卷一.
③ 引自《沪游杂记》卷一《邑庙东西园》一文。

旋曲赴，或石壁峭空，或石池下注，偶而洞口含岈，偶而坡陀突兀，陟其巅视及数里之外。循径而下又转一境，则垂柳千丝，平池十顷，横通略约，斜露亭台，取景清幽，恍似别有一天。于此觉城市而有山林之趣，尘障为之一空。"陈从周先生也曾有如下评价："……豫园便是以大量黄石堆叠而见称，石壁深谷，幽壑磴道，山麓并缀以小岩洞，而最巧妙的手法是能运用无数大小不同的黄石，将它组合成一个浑成的整体，磅礴郁结，具有真山水的气势，虽只片段，但颇给人以万山重叠的观感。山的高度虽不过12米左右，一入其境，宛如在万山丛中，真是假山中的大手笔。"

上海有2座著名的古代园林与唐代著名诗人白居易有缘——秋霞圃因白居易的《池上篇》和《草堂记》而建"池上草堂"，醉白池其园名就体现了对白居易的仰慕，且园中还拥有"池上草堂""乐天轩"等单体建筑。醉白池内的乐天轩原名"文澜堂"，位于园林东北一隅，为园内现存最古老的建筑，它面阔三间，四面有围廊，屋面为飞檐歇山顶，门前数步有板桥流水，屋后银杏参天，东侧竹林掩映，周围松林碧翠、怪石嶙峋，充满村野之趣。

文人雅致情怀在建筑中的又一体现是城市宅园，如书隐楼虽处闹市，用地紧张，但园主人仍在居住房屋一隅独辟空间以营造微型园林形成宅园。宅园有别于私家园林，其所占面积极小，但也配以花厅、长廊、船舫和四季植物，其水岸狭长曲折，用以营造幽静深远的意境。这种在有限用地中营造微缩园林景观的宅园做法，是江南城市特有的做法，也是园主人追求精致环境和文人品质的体现。

## 二、平民口味

长期处于江南偏僻之地的上海，古代社会发展呈现出一定的边缘性，其传统文化受官方正统文化的束缚较小，受繁缛的礼教约束也较小。"边缘性"反映在建筑上，就是朴素、简单且自在、开放，因此上海古代建筑在形制、造型、装饰上比较无拘无束，不害怕接受新的东西，敢于突破常规；因为商贸繁盛，商人云集，古代上海就已具备信息发达、物资充沛的优势，建筑上的新技术、新材料屡见不鲜。当然"商人气"反映在建筑上，往往还表现出一种务实的态度，即根据需要，可以很富丽、豪华，也可以很精打细算、讲求实惠。

古代上海的地理位置长期处于中央王朝权力控制的边缘地带，在政治上处于中国正统文化（以儒家文化为主）的边缘，也正因此，正统文化对它的影响和制约较其他地方而言要小得多。清代王韬在《瀛壖杂志》中对上海处于正统儒家文化边缘性描述说"沪自西人未来之前，其礼已亡。……虽有一二守礼之儒，亦难救正。"[①] 如建筑开间是体现户主等级的重要规制而不可僭越，一般民居多为三开间，而"化外之地"的古代上海许多民宅并不受此约束，开间多至五间，甚至九间，如黄浦区徐光启故居堂楼"九间楼"等，受中央权力和正统文化的制约要少。

边缘文化对主流文化的疏离，使其可以不必背负沉重的文化和历史包袱，同时也更易于接受新文化或是向主流文化提出质疑，从而更易于实现兼容和对自身的更新。古代上海一直以来处于疏离中央的边缘文化中，这种心态使上海人可以用更加包容的心态对待不同的文化，取长补短，相互兼容，开放自在，共存共生。如豫园湖心亭是一个可供市民饮茶、聚会的公共活动场所[②]，几经改建后，其形态自在生动——平面接近"丁"字形，两翼呈多边形，空间既分又合，2组六角攒尖与四方攒尖、歇山卷棚组合的二层楼阁建筑共有28个角，错落有致。湖心亭屋顶由6个大小各异的尖锥形和短脊歇山形组成，不守成规，体现了对固定程式的突破、对商业的迎合，其在历次改扩建过程中以增大使用面积为目标的扩张、加建，是上海传统建筑文化中敢于突破陈规束缚的典型体现（图2-4-2）。

---

① （清）王韬.瀛壖杂志[M].上海：上海古籍出版社，1989：9.
② 参见罗小未先生的论文《上海建筑风格与上海文化》.建筑学报，1989，（10）：9-10.

图2-4-2 生动的豫园湖心亭（来源：李东禧 摄）

## 三、教化大众

上海一些传统建筑的出现，还与"教化"有关。所谓"鼓舞于上者为风，习染于下者为俗"，教化既是官方的愿望，也是民间的祈求。如上海地区嘉定城内的许多重要建筑、场所就因教化而建。相传南宋开禧年(1205～1207年)，因当时嘉定科名寝衰，士绅便集资建塔，希冀得到佛般智慧，文风转盛。嘉定法华塔下并无寺院，该塔的兴建是为了激励当地的读书人去发奋争取功名，因此法华塔在当地又被称为"文笔峰"（图2-4-3）。明万历十六年(1588年)，为

图2-4-3 作为"文笔峰"的嘉定法华塔（来源：李东禧 摄）

图2-4-5 嘉定孔庙的泮池三桥（来源：王海松 摄）

图2-4-4 "储灵气、宣人文"的嘉定汇龙潭（来源：王海松 摄）

图2-4-6 嘉定孔庙前的仰高坊（来源：王海松 摄）

"储灵气"、"宣人文"，疏浚应奎山下5条溪流：新渠、野奴泾、唐家浜、南、北杨树浜，汇成一潭，名曰汇龙，取五龙抢珠之意。汇龙潭景观优美，远眺近观，庙、潭、山三者浑然一体，古意盎然（图2-4-4）。建于南宋嘉定十二年(1219年)的孔庙，更是教化嘉定的标志，700多年中，重建、修缮、扩建70余次：南宋淳祐九年(1249年)，凿泮池，树兴贤坊；南宋咸淳元年(1265年)架泮池桥；元至正十三年(1353年)，树儒林坊(育才坊)、筑棂星门；明洪武二十三年(1390年)，泮池改建石桥三座；明正德元年(1506年)，建应奎坊(仰高坊)；清同治三年(1864年)孔庙占地26.5亩，规制崇宏，甲于一方。现存建筑虽仅为原来的十分之六七，但仍然不失为上海乃至全国保存最完整的县级孔庙（图2-4-5、图2-4-6）。

# 第三章　外联江海四方的传统建筑特征

上海地处长江下游东海之滨，中国南北海岸中心点，其所处的地理位置形成便利的航运和通商条件，商埠港口和移民文化成为上海城市发展的主旋律。因航运的发达，上海与国内各地及海外各国的交往日益密切。处在传统儒家正统文化边缘的古代上海，受儒家文化的条条框框规则约束更少一些，为变化和创新提供了内在可能；地缘港口和商业交易带来的移民形成的多元共生环境，又为变化和创新提供了外在动力。内力与外力的相互作用，赋予了上海地区传统建筑独特的特征——既脱胎于江南文化，又蕴含四方特色。

唐代，直抵吴淞江南岸的海塘，保障了上海地区的生存环境，也使占据吴淞江出海口位置的青龙港飞速发展。当时的吴淞江可上溯至当时江南最大的城市苏州，是海船进出苏州及太湖流域的必经航道。唐青龙镇的兴起，使上海开始了从小到大、从荒蛮至兴盛的腾飞。青龙镇的经济发展带动了附近的华亭县及后来的华亭府（松江府）。

因海岸线外扩、吴淞江出海口东移、"江浦合流"等地理变迁的原因，上海的经济重心不断东移，使得黄浦江畔的上海镇、上海县开始崛起。南宋建炎元年（1127年），宋室南渡，上海地区人口大增，经济发展。至宋景定、咸淳年间，地处"海之上洋"、"滨上海浦"的上海镇，稻棉种植、鱼盐蚕丝、棉纺织业发达，商业繁盛，并坐拥船舶辐辏、番商云集的上海港。因青龙港河道淤塞，原青龙市舶司分司移至上海镇。当时，因漕粮海运的激增，上海镇的地位甚至取代了同处长江三角洲的江阴。元至元二十八年（1291年），港口城镇上海镇升格为上海县。明代因海禁，上海乃至东南沿海各航运城镇全面衰落。明末清初，上海的航运业只能以北洋航线为主。清乾隆年间解除海禁以后，航海贸易的兴隆使上海成为"交通四洋"的枢纽，上海县与各地的联系越加频繁。1842年，中英《南京条约》签订，上海列为5个通商海岸之一。

明宣德年间，因漕运需要，松江城西的仓城逐渐兴起。经大运河北上的漕运，引来了北方的水手和客商。大量的仓储、货运需求，激活了仓城地区的各行业，也促成了仓城城池的修筑，使松江成了一座拥有2座城池的城市。

青龙镇、上海县、松江仓城的产生、发展完整地见证了上海航运、商贸的发展历史。航运商贸的发展，使上海建筑文化呈交融、混杂的态势。因为外来人流的增加，带来了高人口密度、高活力的商业、高复合性功能。因城镇土地稀缺，街巷空间狭窄、密度较高、成片相联的里弄应运而生；因航海商贸的关系，上海很早就有了西方文化的传入，天主教、伊斯兰教等也在上海得到了发展，依托于中国传统建筑的早期伊斯兰建筑、天主堂开始出现。开埠以后，大量外籍人士的涌入造成了独特的建筑需求，一批具有现代公园特征的西式园林相继建成；大量外来的各地客商聚居上海，催生了大量以同乡组织、行业商会为主体的会馆公所建筑。

航海商贸的兴盛，带来了各地的多元文化，孕育了独特的上海传统文化，也造就了其有别于一般江南传统建筑的类型和技艺。

## 第一节　航运重镇的格局特征

青龙镇、上海县城厢、仓城是古代上海地区的航运重镇，它们的兴盛时期各有所不同，但其城镇格局又有一些共性。区别于上海地区的一般商贸城镇，上述航运重镇另有特色鲜明的码头仓储、贸易区，其城镇街坊也呈五方杂处、业态多样。

青龙镇[①]是上海地区最早的对外贸易港口和商业重镇，在唐中叶至宋之间盛极一时。青龙镇的兴起完全缘于其独特的水运便利：唐天宝年间，吴淞江下游河口宽达20里，位于吴淞江南岸的青龙港扼守河流的出海口，为苏州及太湖流域海船出海、进江的必经之地，遂逐渐发展成为上海地区最早的对外贸易集镇，并最终发展成太湖流域重要的转口贸易港和浙江沿海最早的外贸港口之一。当时的青龙镇分为东市和西市，东市沿青龙浦（后称青龙江、通波塘）两岸展开南北长约3公里，西市则主要分布于菘子浦（后称菘泽塘）两岸，南北长约1公里，两市在北部相连，共有36坊（当时的华亭县城仅有7坊），镇内有镇学、管仓、酒务、茶场，街道格局完整，共有3亭、7塔、13寺、22桥，远胜江南的一般县城。

随着海岸线东移，海口与青龙镇距离日远，吴淞江上游日益淤浅，下游日渐缩狭，往来海船已不能溯沪渎驶入青龙镇港口。北宋熙宁十年（1077年），原名为"上海浦"的渔村成为"上海务"，海上贸易和航运开始逐渐向"上海浦"一带集中。南宋咸淳年间（1265~1274年），又获准设立上海市舶提举分司[②]，南宋咸淳三年（1267年），上海浦正式设立镇制，属于华亭县。元至元二十八年（1291年），因上海镇区域经济发展较快，元朝中央政府批准将原华亭县东部5乡划出，设立上海县，属松江府管辖，凭借着得天独厚的港口优势，上海县迅速崛起为与华亭县齐名的"江南重镇"。至清末，上海老城厢内外商号还自发建立了一种联保联防的"铺"，各铺负责铺内治安，共同承担铺内各商号的公事。这些铺原计划有27个，后实际形成16个铺（从头铺到十六铺）（图3-1-1），以清初东城最繁华的姚家弄一带为"头铺"，大东门里一带为"十五铺"，城外至黄浦江、南北以小东门大街和董家渡大街为界的地段为"十六铺"。

松江仓城兴起缘于漕运。在明清时期，仓城承担着松江府及东南数省的漕粮北运任务，拥有庞大的仓储、码头空间，也有规模可观的商业街坊。清晚期，因漕运改为海运，占据地利的上海县承担了漕粮海运的任务，仓城开始衰落。

### 一、帆樯林立的码头商铺

作为"控江而淮浙辐辏，连海而闽楚交通"的航运重镇，港口码头是必不可少的。一般来说，码头区域会设有仓储库房，以方便货物储存、转运，当然，在一些商贸活动特别发达的城镇，码头区域会衍生出供初级交易的连绵商铺。

作为港口重镇，青龙镇自然有规模不小的码头区域，如西市来远坊的渡头铺一带即为当时的码头区域[③]，而来远坊成了招徕海内外客商停留、卸货的居留地。

上海老城厢东门外的十六铺区域，在清乾隆年间海禁被取消以后，航运商贸空前发展，码头外"帆樯如林，蔚为奇观"，码头内各种南北货在这里集散、转运，码头和街市连成一体（图3-1-2），那些聚集在岸边的渔民、盐民、农民等常在此处交换商品，搬运货物。当时，上海老城厢东门外的十六铺是中国和东亚最大的码头（图3-1-3、图3-1-4），在大、小东门和大、小南门外沿黄浦江的二、三公里岸线上，从北向南依次分布着会馆码头、老太平码头、杨家渡码头、盐码头、洞庭山码头、竹行码头、王家码头、万裕码头、公义码头、董家渡码头、徽宁码头、三泰码头、新泰码头、丰记码头、油车码头和南码头等20余座码头（图3-1-5）。

---

① 青龙镇现名旧青浦镇，今属于上海青浦白鹤镇。
② 南宋咸淳年间（1265~1274年），上海市舶提举分司设立。
③ 王辉.宋元青龙镇市镇布局初探（下）[M]//上海历史博物馆.沪城往昔追忆.上海：上海书画出版社，2011：7-11.

图3-1-1 上海县城厢分铺图(来源:《上海百年建筑史1840-1949》)

图3-1-2 帆樯林立的上海县城外十六铺一带(来源:《上海百年掠影:1840s-1940s》)

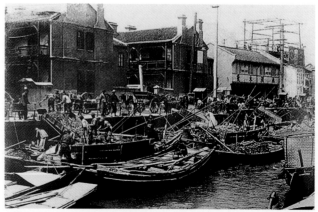

图3-1-3 早期的十六铺码头(来源:http://bbs.voc.com.cn/viewthread.php?tid=5556677)

图3-1-4 1930年的十六铺大达码头（来源：http://bbs.voc.com.cn/viewthread.php?tid=5556677）

码头西面至城墙下，分布着按行业集中的市街。如大东门外的"内篾竹街"、"外篾竹街"专营竹木器，专卖从广东、福建转运而来的洋货的是里、外洋货街，专售米豆杂粮等北货的是豆市街，专做棉布生意的是花衣街，咸鱼、腌腊行集中的是里、外咸瓜弄，桐油、芝麻商号集中的是老太平弄，另有芦席弄街、筷竹弄、面筋弄、火腿弄、硝皮弄、洗帚弄、杀猪弄（今萨珠弄）、汤罐弄（今汤管弄）等，各种商品相对集中，成街成片逐步发展起来，使该片区成为一个商业中心。

## 二、五方杂处的街坊市镇

襟江带海的地理位置，造就了上海"江海通津，东南都会"的显要地位，也给上海带来了"海舶辐辏，商贩积聚"的面貌。元初由海运漕粮兴起的沙船业，沟通了南北航线和长江、内河、远洋航线，促进了上海地区贸易和旧式金融业——钱庄的发展。

北宋淳化年间的青龙镇有坊三十六，商贸繁华，"海舶百货交集，梵宇亭台极其壮丽，龙舟嬉水冠江南，论者比之杭州"，东市的商业街北至隆平寺，南至隆福寺，长约3里，西市的商业集中于亨衢坊一带，"市廛杂夷夏之人，宝货富东南之物"[①]；上海县城的方浜两岸，在北宋年间就聚集了管理贸易的市舶司及栈货场、米仓、巡检司、广福寺、衙署、童涵春堂药店、万有全南货店、老天宝银楼等场所。宋后期，上海县城"有市舶、有榷场、有酒肆、有军隘、官署、儒塾、佛宫仙馆、甿廛贾肆，鳞次而栉比"。在明

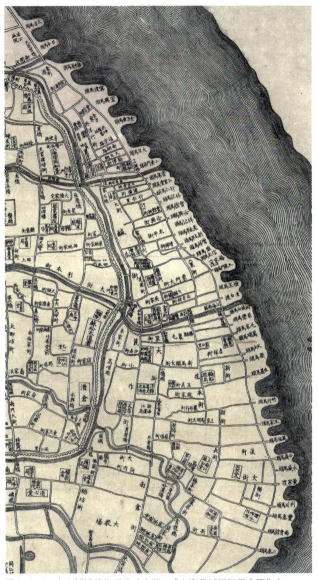

图3-1-5 十六铺沿线的码头（来源：《上海县城厢租界全图》）

---

① 引自南宋绍熙《云间志》下，应熙《青龙赋》。

图3-1-6 上海县城厢地图（来源：《上海县城厢租界图》）

图3-1-7 上海老城厢街景（来源：《上海旧影》）

弘治（1488～1505年）年间，上海县"人物之盛，财赋之多，盖可当江北数郡，蔚然为东南名邑"，并已有了"新衙巷"、"新路巷"、"薛巷"、"康衢巷"及"梅家巷"。至明嘉靖年间（1522～1566年），上海县城厢内街巷道路系统已经形成，街坊已达61个①（图3-1-6、图3-1-7）；在清代的松江，米商云集松江秀野桥、仓桥、跨塘桥"三滩"和北门外、白龙潭畔等地，粮食年上市量五、六万吨。镇上商业、服务业繁荣，十里长街银楼、茶馆、酒肆、百货店、烟糖店、南北杂货店鳞次栉比。余天成药店、鼎泰丰纸店、祥泰烛店、阜成西菸店等名特大店在上海及江浙邻近地

---

① 参见明弘治《上海县志》卷一，疆域志。

作为航运重镇的城镇，其城厢内街巷规模一般较大，容纳的人员、功能业态比较杂，商业活力比较强。在上海老城厢及其周围，各地的客商操持着不同的行业：山东人做杂粮、生茧；徽州人做竹、茶、墨、纸；江西人做瓷、布、药；无锡人做铁工、棉织、丝织；绍兴人做酒和钱庄；杭州人做绸缎；宁波人做煤、钱、鱼、药等；福建人做米、糖、木、漆器和烟土；广东人做烟土杂货等[①]。南来北往的商贸人流，滋养了当地民众，也带来了各地的货物、文化，往来各地的客商与上海当地人和谐相处，处于五方杂处之状态。

图3-1-8 从大仓桥拱看老城厢（来源：宾慧中 摄）

区享有盛誉（图3-1-8）。

清中叶康熙年间，海禁解除，上海设海关，上海的商贸行业快速崛起，各地商人来沪经商者日益增多。飞速发展的航海商贸一方面提升了上海的经济实力，另一方面也给上海带来了大量的外来人口，他们来自全国各地，甚至来自海外，从事着不同的职业。清乾隆年间，潮州人便在上海县城小东门一带购置房产，以占据邻近黄浦江的地利，漳州、泉州客商则捐资置买大东门外的浜浦房地，并创立同乡会馆。19世纪中叶的小刀会起义结束后，上海的闽粤客商数量锐减，江浙籍的移民、客商剧增。

## 第二节 多元的建筑空间特征

上海虽处江南之地，但是襟江带海、控扼海外的地利使其既享苏湖之熟，又有市舶之饶。因农业已达到了自给自足的阶段，大量农民开始转为手工业者、商人、船民。航运商贸的发展，给上海地区的主要城镇带来了五方杂处的格局，也催生了大量特征多元的传统建筑。

### 一、中胎西体的石库门里弄民居

上海开埠形成租界。1853年，小刀会起义所引发的难民涌入，促使租界内出现了大量快速建造的简易木板房。这些建筑采用欧式联排方式，并常以某某"里"冠名。1870年以后，因联排的木板房易燃、不安全，逐渐被租界当局取缔，取而代之的是以砖墙砌筑、入口大门为石库门的联排里弄，即石库门里弄民居。

石库门里弄民居具有浓郁江南传统民居空间特征，其平面布局脱胎于传统江南民居中的三合院或四合院，一般为三开间或五开间，呈中轴线对称形式，主体为二层楼，单元之间有高起的封火山墙，结构形式为中国传统的立帖式砖木结构。早期石库门民居的空间组织完全可以满足一个中式传

---

[①] 桂琳，王黎东，嫈宁，高翀骅. 风情上海滩[M]. 上海三联书店，2005，38.

统家庭的居住模式，且紧凑、集约，适应租界用地紧张的局面，其前后天井主次有别，分别承担了生活起居和后勤服务的功能，且兼顾了采光通风与空间节约、高效。如建于1872年的兴仁里，主弄长逾100米，由24个三开间或五开间的单元组成（图3-2-1），平面和空间接近于江南传统二层楼的三合院形式（图3-2-2），结构为立帖式砖木结构（图3-2-3）。

石库门里弄民居的建筑外立面形式部分来源于江南传统民居，部分则直接搬用了西式建筑的装饰。如早期石库门民居的山墙多为马头墙形式或观音兜式山墙（图3-2-4、图3-2-5），其朝向内院的木制格子门、支撑窗、漏窗、木栏杆等皆为中式，而正立面上的"石库门"则受西方建筑影响，有西式门楣及半圆形或三角形山花，有的门头还有西式砖雕或石雕，砖券、柱头等处也有西式装饰（图3-2-6、图3-2-7）。石库门里弄的弄堂口、过街楼等处也常有较为西式的装饰细节和造型语言（图3-2-8），弄口会有漂亮的牌楼，标有弄堂名和建造年代的字符周围常有漂亮的图案装饰（图3-2-9）。

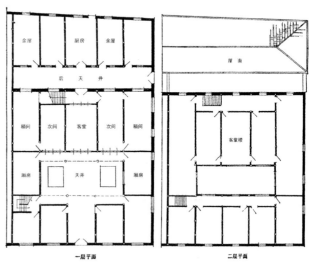

图3-2-2 兴仁里单元平面图（来源：《里弄建筑》）

图3-2-1 兴仁里总平面图（来源：《上海市行号路图录》）

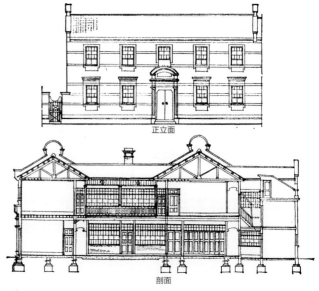

图3-2-3 兴仁里单元正立面图、剖面图（来源：《里弄建筑》）

图3-2-4 建业里的马头山墙（来源：http://news.ifeng.com/a/20160519/48804864_0.shtml）

图3-2-5 类似观音兜山墙的石库门里弄（张园）（来源：《上海石库门》）

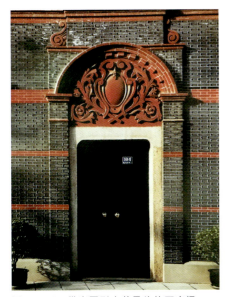

图3-2-6 带半圆形山花马头的石库门（树德里）（来源：《上海石库门》）

图3-2-7 带三角形山花的石库门（吉庆里）（来源：《上海石库门》）

图3-2-8 石库门里弄的弄口（新渔阳里）（来源：《上海石库门》）

## 二、中西混合的宗教建筑

上海老城厢还是上海地区宗教建筑的集中地，天主教、基督教、伊斯兰教、佛教、道教齐全。老城厢里有上海最早的佛教寺庙广福寺[①]，建于五代后晋天福年间（公元936~943年）；最早的道教宫观天后宫，建于南宋咸淳七年（1271年）；第一座天主堂敬一堂，建于明崇祯十三年（1640年）。此外还有初创于明万历年间（1573~1620年）的沉香阁，建于1847年的董家渡天主堂，创建于1852年的草鞋湾清真寺，创建于1870年的基督教城中堂，创建于1870年的福佑路清真寺，以及创建于1882年的海上白云观等各类型宗教场所。

航运商贸的发达，使上海地区接受外来宗教的辐射较早、较多。伊斯兰教、天主教的传入催生了上海早期的清真寺、天主堂。上海早期的清真寺、天主堂或直接寄居于中式民宅之中，只在其内部或外部略作装饰，或将中式建筑形制

---

① 位于现上海老城厢内，现仅剩原广福寺前小路"广福弄"。

作些改动，向西方建筑形式靠拢。这2种选择，都导致了建筑风格呈混合、杂糅的状态。

### （一）清真寺

上海地区的伊斯兰教活动始于元末。公元13世纪初，被编入元朝大军的中亚穆斯林随元军进入了松江，也带来了伊斯兰教。元至正年间（1341~1368年），上海松江城内就有了1座清真寺，它与我国泉州的清真寺同为中国留存最古老的伊斯兰建筑。松江清真寺[①]的创建始于元代军队在松江地区的屯田聚居。当时，因军士信奉伊斯兰教，松江府达鲁花赤纳速剌丁·灭里在穆斯林众多的景家堰地方(即今缸甏行)建造了清真寺，其中的窑殿建筑留存至今。明洪武至永乐年间清真寺得以重修，并建有礼拜殿。明嘉靖十四年（1535年）清真寺又建邦克楼。

松江清真寺的布局保持了元、明时期伊斯兰教寺、墓合一的传统风格。为了使信徒礼拜的方向朝向胜地麦加，上海松江清真寺礼拜大殿坐西向东，寺内主要建筑群沿东西轴线布置，有邦克楼、礼拜殿、窑殿、南北讲经堂等建筑，呈中国传统的合院形制。松江清真寺的诸单体建筑中，中西混合特征比较明显的要数窑殿、邦克楼。

松江清真寺的窑殿外部为中式的重檐歇山十字脊屋顶（也称"四面歇山顶"），高约8米，内部则由砖叠涩而成穹顶（也被称为无梁殿），具明显的伊斯兰建筑特征（图3-2-10）。窑殿的平面为方形，主体为砖结构，墙为空斗，东、北、南三面辟拱形门洞，南北两侧拱门外筑有披屋。窑殿内部四角以平砖和菱角牙子交替层叠砌挑成三角形穹隅，叠涩而成半圆形的穹顶。此种做法与汉墓中仅以平砖出挑形成穹顶的做法不同[②]，呈阿拉伯式建筑风格。

邦克楼的屋顶采用中式重檐歇山十字脊顶，飞檐翘角，十分美观，但其立面为砖砌仿木结构，外墙有砖砌斗栱结构，且

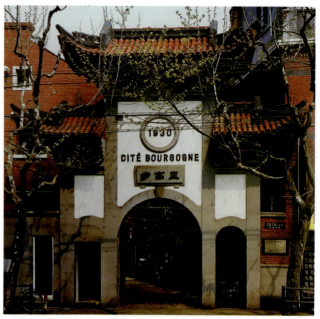

图3-2-9 步高里的入口牌楼（来源：《上海石库门》）

图3-2-10 松江清真寺窑殿内四角砖砌叠涩（来源：李东禧 摄）

其柱梁枋椽皆模仿木结构，犹存"卷杀"[③]（图3-2-11）。

### （二）教堂

基督教（天主教、基督新教、东正教）在中国传播的历史非常悠久。唐代基督教被称为景教。元代景教与罗马天主

---

① 松江清真寺位于上海松江区岳阳街道缸甏巷75号，又名松江真教寺、清教寺、云间白鹤寺，始建于元至正年间（1341~1367年），是上海地区现存最古老的伊斯兰教建筑。
② 汉墓中的穹顶以平砖出挑实现方圆过渡，不用菱角牙子转叠涩。
③ 卷杀是中国古人在做建筑时，将构件或部位的端部做成缓和的曲线或折线形式，使得构件或部位的外观显得丰满柔和，此为卷杀。

教相混合，被称为也里可温教（Erkeun）。在上海，明万历三十六年（1608年）徐光启引入了天主教传教士郭居静，并在其居所西侧（今乔家路九间楼附近）创办了祈祷所，这是上海最早的私宅小堂，也是上海第一个传播天主教的场所。明天启七年（1627年），为了方便女教徒集会祈祷，徐光启又在其住所附近另建了一所"圣母堂"（圣母玛利亚祈祷所）。明崇祯十年（1637年），另一个意大利传教士潘国光来上海。他见小堂已不敷应用，便筹建新堂。1640年，徐光启孙女便购下世春堂，并将之交予潘国光，改建为天主教堂，命名为"敬一堂"，取"崇敬一主"的意思。该建筑原为创建上海豫园的明代刑部尚书潘恩旧宅世春堂，为中国传统式建筑，故敬一堂又是上海现存唯一中式建筑风格的早期天主教建筑。这座由意大利传教士潘国光（Francesco Brancati）兴建的天主教"敬一堂"，将主立面设于东向山墙面的同时，还将主立面入口建为3间如牌坊似门楼，飞檐翘角极具特色（图3-2-12）。

上海开埠后，天主教的传教活动得以复活，1847年，法国耶稣会教士南格禄（Gotteland Claude）在靠近徐光启墓及信奉天主教的徐氏子孙的地段，即买地建造教堂、住所。当时所建的徐家汇天主堂（旧堂）[1]仍以中式江南民居为基础，隐约可见十字交叉的屋脊及山墙上的玫瑰圆窗及十字架（图3-2-13）。

图3-2-12 "敬一堂"旧影（来源：侯燕军《上海旧影》）

图3-2-11 松江清真寺邦克楼的中式屋顶（来源：邹严 摄）

图3-2-13 徐家汇老天主堂（来源：李琼《上海开埠早期时事画》）

---

[1] 徐家汇天主堂旧堂位于蒲西路路158号，由当时的上海地方耶稣会会长南格禄（Gotteland Claude）、教士梅德尔（Lemaitre Malhunin）创建于清道光二十七年（1847年）。后1851年又建"依纳爵堂"（老堂）。现存的徐家汇天主堂是建成于1910年的新堂．

## 三、西风渐进的近代园林

1868年，苏州河黄浦江交界处的滩地上出现了一座西洋风格的公共园林——公家花园（又称"黄浦滩公园"，今为黄浦公园）。这是中国历史上第一座具现代特征的公共园林。随后，上海又出现了一些中西合璧、向公众开放营业的私家园林，如张园、愚园、半淞园等。这些园林既有中式的亭台楼阁、小桥流水，又有西洋建筑及大草坪，还有球场、弹子房、餐饮店、动物园等娱乐服务设施，颇符合上海商业发展的需求。

公家花园位于苏州河黄浦江交界处，由当时的英租界建于1868年。虽然公园内有修剪得惟妙惟肖的"中国十二生肖"植物，但总体是一座欧式园林。公园内曾有一座漂亮的六角凉亭，因常被用作音乐演出之用，故又被称为"音乐亭"[①]。音乐亭后有喷水池，左右还各有一茅亭（图3-2-14、图3-2-15）。

张园[②]不似中国传统园林的小巧、封闭，仿照西洋园林的风格，以大草坪、绿树、曲池、荷沼、建筑为筑园要素，开敞疏朗，且向社会公众售门票开放[③]，游客的马车可以直接进入园门（图3-2-16），是一座具现代意义的综合性游

图3-2-14　公家花园鸟瞰图（1918年）（来源：http://sh.eastday.comm20131002u1a7692946.html）

图3-2-15　公家花园（来源：《沧桑：上海房地产150年》）

图3-2-16　张园入口（来源：《风华张园》）

---

① 音乐亭初建于1870年，为简易的木结构建筑，是花园里最高的建筑物。后于1892年翻建为六角形钢结构，外形好似一顶英式礼帽，台下还设有地下室。可惜后来在战争中被毁弃。
② 张园位于上海南京西路以南的泰兴路南端，初由英国商人格龙（Groome）造园于1878年，占地约20余亩。清光绪八年（1882年），中国商人张叔和从和记洋行手中购得此园，更名为"张氏味莼园"（简称张园）。后张园又屡获增修，至1894年，全园面积已达60余亩。
③ 清光绪十一年（1885年）4月13日，张园在《申报》刊登开园布告，申明三月初三正式开园，每人收门票一角银洋，儿童免票.

乐公园,颇具海派新潮的特征。张园内除了拥有奇花异木、荷塘假山之外,还有弹子房、点膳铺、抛球场、茶座、照相馆、旅馆、戏院、动物园等。各式中西风俗的活动在园内皆可见到：春秋两季的跑马赛、四季常有的赏花会、春季的风筝会（图3-2-17）及夏季的焰火晚会。1892年,张园内出现了一幢高大洋房——"安垲第"（Arcadia Hall）（图3-2-18）。此建筑由英国工程师景斯美、庵景生二人设计,当中为大厅,可容纳50余桌宴席,四周为两层,如戏院之看楼。内有高览台、佛兰台、朴处阁等,二楼西北角有望楼,为当时上海最高点,登楼可览全上海之景。20世纪初以后,随着上海其他新建游乐场所的建成（如哈同花园、大世界等）,张园逐渐衰落。

愚园的前身为沪上最早的游艺型园林"申园"和西园[①],位于静安寺东北半里许,初名后被四明张氏于清光绪十六年（1890年）购得,扩建后改名为愚园[②]。后几经易手,终因地价飞涨而废园改建其他建筑,仅剩愚园路名。当时的愚园占地约30亩,内部景点甚多,小桥、水池、假山俱备,园中水池的东、西、南三面,均筑有亭、榭（倚作轩、湖心亭）,假山上为花神阁（图3-2-19）。园之西北设有球场、弹子房等,还蓄有珍禽异兽,如虎、豹、猩猩、孔雀、仙鹤等,可供人观赏。愚园既有传统园林的景致,又有从西方引入的球场、弹子房等娱乐设施,还饲养动物供游客观赏,且能为游客提供茶点酒肴,是个综合性的公共园林,其规模虽不及张园,但更清净、雅致。

1890年,租界当局又在苏州河涨滩附近（今四川中路、虎丘路之间的苏州河南岸地带,近乍浦路桥）新造了一座占地

图3-2-17 张园内的风筝会（来源：《风华张园》）

图3-2-18 张园内的"安垲第"（来源：蔡育天.沧海《上海房地产150年》）

图3-2-19 愚园（来源：《申江胜景图》）

---

① 清光绪初年,有人在静安寺附近的涌泉旁建有"品泉楼",以涌泉的水煮茶招徕顾客。后又于茶楼旁修亭筑轩,名为西园。（资料来源：王焘,吴振千,陆定国.上海园林史话［M］.上海：上海百家出版社,2009.35.）
② 清代《光绪上海县续志》中记载："愚园,光绪十六年四明张氏创葺,二十余年来已五易其主。"

仅6亩多的华人公园①，专向华人开放。该园用地为长方形，地形较为狭小，南向有3处园门。园内建有茅亭4座、花径数条，园正中有石刻飞龙托日晷的雕塑，形态中西合璧（图3-2-20）。

## 四、新兴功能的公所会馆

早在开埠前，由于商业贸易的繁荣，中国其他各地的商人、船主和海员等，或客居，或短期停留于上海，形成各种旅沪商帮。定居在上海的各地、各行业的商人为了联系同乡、同行，开始建造"以敦乡谊，以辑同帮"为宗旨的会馆公所建筑。通常，会馆为联络乡谊、维护同乡利益、供同乡相聚的场所，公所为规范行业权益、管理行业事务之处。据统计，上海在1949年以前有行业会馆公所349处，同乡会馆公所53处，总计402处。

据统计，清代和民国年间，老城厢地区有100多所会馆和同业会所，按地域分有宁波、绍兴、山东、泉州、广东、潮州、四明、三山、苏州、徽宁、江阴等30余馆，按行业分有沙船业、钱庄、镌刻、米豆、渔业、棉花、布业、药业、木商、油麻、珠宝、梨园等100多所同业公所，有的初为同乡会馆，后又演化为行业公所。如豫园点春堂，最初是闽商会馆，由福建汀洲、泉州、漳州3府商人集资建立，后逐渐发展成为海味业、糖商业、洋什货业的同业会所。

豫园内就有各种会馆公所近30个，其中例如商船会馆（1715年）、钱业公所（1776年）、丝业会馆（1860年）、木商公所（1858年）等，以及徽宁会馆（1754年）、泉漳会馆（1757年始建）、潮州会馆（1783年始建）、潮惠会馆（1839年）、江西会馆（1841年）、浙宁会馆（1859年）、东山会馆（1867年）、湖南会馆（1886年）、三山会馆（1913年）等。

会馆公所建筑一般都比较考究、精美，且常带有各地、各行业的风格特征，如原位于生义码头街的木商会馆内部多精致的木雕装饰（图3-2-21），汇集旅沪福建人的三山会馆少不了"观音兜"的山墙形式（图3-2-22），浙宁会馆、钱业会馆等建筑有许多精致的石雕（图3-2-23），商船会馆的门头墙面斜贴方砖，正门为拱形，门额与门洞的比例协调，檐口下饰有砖雕，极为精致（图3-2-24）。许多会馆建筑内还配建有戏台、看楼等，如钱业会馆②、商船会馆、三山会馆等。

位于城外董家渡会馆街38号的商船会馆崇奉天后圣母，始建于1715年，属于上海最早建馆的会馆。商船会馆历史上经过多次重修和扩建，根据记载，1844年是规模极盛的年代，现存的商船会馆重建于1891年。据《重修商船会馆碑记》所载，1715年建大殿和戏台，1764年重修，建南北两厅，1814年建两面看楼，1844年建祭祀厅、钟鼓楼、后厅及内台等，当时誉为"极缔造之巨观"。商船会馆精致的入口砖门楼、二层戏台独具特色，戏台古朴高大，柱为方形石柱，顶面为"斗八藻井"，由8块木板拼成，呈八角形，且施有彩绘（图3-2-25）。大殿面阔五间，明间出抱厦，因建筑进深大，屋面前为单檐歇山顶，后为硬山双坡顶拼合而成，且屋脊甚高，正脊上有"国泰民安"4字，垂脊上装饰有

图3-2-20 华人公园中的日晷（来源：http://difang.kaiwind.comshanghaikfplsy20140821t20140821_1864784.shtml）

---

① 该公园初名"新公共花园"，又称新大桥公园，后改名为"华人公园"（Chinese Garden）。
② 塘沽路钱业会馆内的古戏台后迁入豫园中。

图3-2-21 木商会馆内的木雕装饰（来源：《上海老城厢》）

图3-2-22 三山会馆的观音兜山墙（来源：《上海老城厢》）

图3-2-23 浙宁会馆的石雕（来源：《上海老城厢》）

图3-2-25 商船会馆戏台（来源：蔡育天.沧海《上海房地产150年》）

图3-2-24 商船会馆旧影（来源：《上海老城厢》）

文臣武将，颇为精致。

位于原小南门附近的浙宁会馆是旅沪宁波商人的同业公所，建于1819年，初名天后行宫，1853年毁于战火，1859年重建。1881～1884年扩建，重建大殿、戏台、看楼等，占地9亩多。从吴友如画的《申江胜景图》中可见会馆建筑雕梁画栋，十分壮观。建于1898年的木商会馆的正门墙上、馆内神龛、殿堂和戏台上都有精致的木雕装饰。大量外来人员带来各地的民俗习惯，汇聚于上海，形成"五方杂处"的局面。这种兼容性为上海开埠后迅速吸收外来地域文化和西方文化提供了可能。

图3-2-26 四明公所门头背面（来源：李东禧 摄）

图3-2-28 砖雕"和合二仙"（来源：李东禧 摄）

图3-2-27 沪南钱业公所门楼（来源：李东禧 摄）

图3-2-29 门楼砖雕（来源：李东禧 摄）

位于原老城厢北门外的四明公所①建成时，建筑面积约为800平方米。占地30多亩。其中，砖木结构的硬山房屋20间为在沪甬人寄柩之场所，五楹歇山顶正殿及部分硬山顶廊庑房屋被用来供奉关帝，其入口为西式红砖门头（图3-2-26）。

始建于清光绪九年（1883年）的沪南钱业公所②，为申城钱业界议事场所，也是沪上早期金融发展史的实物遗存。该建筑为三进院落式，占地800平方米，前为三脊式牌坊砖雕门楼（图3-2-27），两边影壁刻有"福在眼前""和合二仙"、"刘海金蟾"等图（图3-2-28、图3-2-29）。

## 第三节 营造技艺及材料特征

便利的航运条件带来了频繁的贸易机会，充裕的资本条件为建造提供了基础，人口与物资的流入对建筑产生了需求，

---

① 四明公所现位于黄浦区人民路858号中国人寿大厦边上，因其是浙江宁波籍商人发起建造，故又被称为宁波会馆。
② 沪南钱业公所原位于上海老城厢大东门外北施家弄133号，后被测绘、重建于人民路安仁街"古城公园"里。

于是各地商贩聚居上海，为上海传统建筑的发展提供了动力。作为商贾云集的城市，大量的就业机会吸引了附近地区的人来上海发展，来自江苏、浙江、安徽、福建、广东、山东等地区的商人带来了家乡的货物、食物、文化，也带来了家乡的建筑文化甚至工匠。

偏安一隅、五方杂处的地域特征使上海地区接受新技术、新材料的顾虑较少，商贸繁荣的经济特征使上海地区居民在商业气息的浸润下变得较为务实、精明，温润的气候特征也赋予了江南地区工匠追求精致的传统，因此，来自各地的匠人比较敢于吸收各种营造技艺，在注重经济、实用的基础上，创造了许多体现多元营造技艺的传统建筑。

图3-3-1　松江清真寺礼拜殿室内铺地板（来源：李东禧 摄）

## 一、多元的营造技艺

因为航运商贸发达，上海很早就接纳了南来北往的客商。穿梭往来的各地人流带来了各地的商品和文化知识，也带来了各地的建筑工匠、营造材料。上海传统建筑的营造技艺颇为混杂，其主流营造技术与苏、浙、皖等地相似，部分建筑吸收了闽、粤等地传统建筑的营造方法，有的甚至体现出受海外建筑文化的影响，具有中西混合的风格特征。

在上海的各帮工匠中，影响力最大的当属"香山帮"，他们源于苏州，影响遍及江南环太湖流域的"八府一州"，素有"江南木工巧匠皆出于香山"的美誉。上海的许多著名园林、宅院如豫园、露香园、日涉园（书隐楼）等皆出自香山帮工匠之手；除了香山帮以外，被称为"本帮"的上海本地工匠也占据了相当的地位，他们多数出自浦东川沙地区，活跃于上海城乡各地。较具典型意义的"绞圈房子"是本帮工匠的代表之作；发源于婺州（今金华）东阳地区的"东阳帮"，在上海地区也较有影响，其最显著的特征是清水木雕装饰；代表宁波和绍兴的"宁绍帮"也是上海建筑界的一大帮派，其主要绝活是朱漆描金；当然，从星罗棋布的马头山墙、观音兜山墙传统民居中，我们还可看到徽派、闽派工匠的影子。各匠帮工匠在上海切磋交流，将各自的营造技术与上海本地需求相结合，创造出了具有多元特色的上海传统建筑。从各地商人在上海兴建的会馆公所建筑中，我们也可以清晰地看到各地工匠的营造技艺，如沪南三山会馆、四明公所、泉漳会馆、钱业公所、商船会馆等。

开埠以后，最初来上海的外国人虽然可以自己绘制建筑图纸，但要实际建造起来必须雇佣中国建筑工匠，这就必然导致中国工匠把中国传统建筑中的许多建造方法和细部特征用到西式房屋的建造中。同时，早期的西式建筑也必须采用上海本地的建筑材料和施工技术条件，这样又在材料和施工方法上，将早期西式建筑与上海传统文化相融合，开埠初期的很多西式建筑的屋面都采用中式小青瓦屋面，墙壁也使用本地砖，而上海本地的建筑工匠则在承建西式建筑时开始了解西式建筑的结构方法和美学标准。在19世纪60年代，一些西方营造机构开始进入上海，在他们的影响下，传统的中国工匠们也纷纷转型。

西方建筑技术跟中国当地建筑技术的结合，最初呈现混合状态，比如结构采用中国传统木构架，而维护体系以及室内外装修则掺入西式做法，或采用西式建筑结构体系如砖、石墙承重，而屋面、墙身的装修做法或构造处理则采用本土做法。如松江清真寺的礼拜殿为三开间的扁作厅，其正殿采用抬梁式结构，是典型的中式传统建筑，但其殿内却满铺木地板，柱础隐于其下，以便穆斯林教徒沐浴后，脱鞋进入礼拜，且可冬铺地毯，夏铺凉席(图3-3-1)。

## 二、丰富的建筑用材

处于江南一隅，粉墙黛瓦是上海传统民居的基本用材，作为商品与货物的中转地，上海在古代就是各种新颖材料的流通地，各种功能新颖的建材总能较早地在上海觅得踪迹。宋元时期，江南出现了"明瓦"[①]，马上就在上海的富商宅邸中盛行一时，如建于元末明初的咸宜堂（位于黄浦区中华路），其堂前长窗就嵌有透明蛤蜊壳；明代造园名家张南阳建造豫园大假山，需要"武康石"，就派人至浙江武康开采后由水路运来；1853年，上海租界出现了第一家大型英商建材厂——上海砖瓦锯木厂，上海开始自行生产和普及红砖，具有中国传统特征的小青砖开始慢慢被欧式红砖所替代；1860年以后，上海陆续出现了玻璃厂、家具厂等，很快玻璃就在上海得到广泛使用。在物流汇聚的上海，各式材料的存在和新材料的出现，为营造技艺的革新提供了可能性。

上海开埠后，外国人在上海兴建的最早一批建筑是由传统的中国建筑工匠完成的。虽然租界洋行的建筑形式完全模仿西方建筑，但是最初的西式建筑多用本土建材，如用土坯砖砌筑，外面覆以白色的灰泥或粉刷，屋顶为木屋架，覆以中国式小青瓦。机制砖瓦出现后，上海石库门建筑的屋面开始用机制瓦代替小青瓦，其外墙面亦开始出现清水青砖、红砖或青红砖混用（图3-3-2），结构体系由原来的木构立帖式变为砖墙承重和木屋架屋顶，有的里弄建筑在弄口、过街楼以及门窗部位大量出现砖砌发券，亭子间及晒台等部位出现钢筋混凝土楼板。

图3-3-2 青砖和红砖混用的石库门（丰乐里）（来源：《上海石库门》）

图3-3-3 不同粗细的汰石子墙面（来源：https://www.douban.com/note/145842217/）

图3-3-4 用汰石子做的装饰线脚（龙门里）（来源：《上海石库门》）

---

[①] 明瓦，指以贝壳、羊角、云母片等做成的玻璃替代品。

汰石子（水刷石、洗石子）技术也是开埠以后从海外传入，在上海得到广泛应用的一种独特新技术。20世纪初，一些中国工匠在外国人主持的施工现场自学了汰石子技术，并在中国同行中传开[①]。这是一种利用不同粗细的石子形成的仿石材墙面（图3-3-3），有"平面洗石""泥塑洗石""开模洗石"等方法，被广泛应用于公共建筑、石库门里弄等建筑类型，如位于外滩的"有利大楼"（Union Building）、位于南京路的永安公司大楼都是大面积运用汰石子技术的公共建筑，一些石库门里弄建筑的局部也常用此饰面，如四明村、慎余里、龙门村等里弄建筑的石库门门框、窗套、窗下槛和墙面线脚等处（图3-3-4）。

中国工匠们在对新材料和新技术不断尝试和探索的过程中，在西方新的建筑类型和时代的挑战面前，展现出很强的适应力和创新精神。

## 第四节　建筑文化及符号特征

### 一、多元交融的建筑文化

因为远离政治中心，商人云集，且有相当的工商业文明与城市市民文化，上海传统建筑的形式较少受约束，对多元文化具有开放、包容的态度。作为重要的海上门户，上海地区的青龙镇很早就吸引了入唐求法的日本僧人出入[②]，也接纳了日本遣唐使的数度进出，初步形成了"海纳百川"的格局，成为了"海上丝绸之路"中的重要港口。宋元以后，因海岸线的东移、吴淞江的淤塞，上海地区的港口贸易重心逐渐东移至离海更近的上海县一带。上海镇、上海县的发展壮大，更强化了航运商贸对上海的影响。明清以后，上海老城厢、松江、嘉定、宝山、崇明等地的城乡发展共同构成了上海地区传统建筑的面貌。太湖流域的本土农耕文明与由航运商贸带来的外来文明杂糅共生，培育了上海人对混杂、多元的包容，对新知识、新技术的敏感和追求。

除了国内各地建筑文化的输入外，上海地区很早就接受了海外建筑文化的影响。13世纪初，元朝大军征服了大片中亚疆土，一些穆斯林被编入元军来到了中国。1275年，元朝大军开始进驻松江，元军中信奉伊斯兰教的色目人促成了上海地区第一座清真寺"松江真教寺"的诞生。建于元代的松江清真寺，融合了中国传统建筑形式与伊斯兰建筑形式，呈混合式风格。明代徐光启是上海知识分子中包容外来文化、学贯中西的典型。作为朝廷重臣，他既把世界近代科学引入中国，还把天主教引入中国。作为一位虔诚的天主教的信徒，他催生了上海最早的天主堂敬一堂[③]。

开埠之后，进入上海的西方人越来越多，他们带来了各个所在国家、地区的传统建筑形式。经过一段时间的实践检验，一些"适者生存"的建筑存活了下来，一些不适合上海气候条件、环境的建筑形式逐渐被淘汰。例如，建于19世纪50年代的旗昌洋行（北栋）是一座典型的外廊式建筑，它在建筑单侧或几个侧面设置带有屋顶的廊道，用以遮阳[④]。这在外滩早期颇为常见，多是由一些英国人从印度等南亚殖民地直接带入的，比较适应南亚地区靠近赤道的炎热天气。然而，因上海地区既要求夏季防暑，又需要冬季保暖，外廊式显然只能适应上海气候条件的一个方面，难以长久生存。在使用过程中，为提高建筑舒适性，旗昌洋行（北栋）外廊被封闭。

### 二、中西混合的符号特征

上海传统建筑中，中西合璧的现象非常多见。开埠以前，许多西式教堂往往生存于中式传统建筑中，只在一些细节处体现西式符号。开埠以后，教堂大多采用西方建筑形式，传教士

---

① 何重建.上海近代营造业的形成与特征. 第三次中国近代建筑史研究讨论会论文专辑[M]. 北京：中国建筑工业出版社，1991，118.
② 《入唐求法巡礼行记》曾记载了日僧圆仁及其弟子惟正等44人出入青龙港的事迹。
③ 上海最早的天主堂敬一堂创建于明崇祯十三年（1640年）。
④ 郑时龄.上海近代建筑风格[M]. 上海教育出版社，1995：76-78.

为了获得中国人的认同感，也有意识地在一些细节上融入"中国本土式"风格。而一些中国富商在营建中式建筑时，也会糅入一些西式建筑细部。

如江南最早的天主教堂"敬一堂"坐落于一座中式大屋顶建筑内。从老照片中，我们可以发现敬一堂原来的入口设在朝东的山墙面，且屋顶矗立十字架，其门窗玻璃分隔形式颇具西式教堂风格（图3-4-1），大殿内戏台上部的藻井（图3-4-2）有保存完好的彩色玻璃装饰。类似中西混合风格的天主堂还有徐家汇老天主堂。建于开埠初期的徐家汇天主堂（旧堂）[①]也以中式江南民居为基础，屋脊上悬十字架，山墙上有玫瑰花窗。建于1853年的董家渡天主堂在内外立面的装饰上融入了很多中国元素，其主立面的双壁柱间有砖砌的中国式楹联，大厅内的装饰浮雕也采用了典型的中国吉祥图案，如莲、鹤、蝙蝠、葫芦、宝剑、双钱等（图3-4-3）。

松江清真寺的窑殿、邦克楼外部为中式重檐十字脊屋顶，内部却为砖砌穹顶，呈明显的中西混合特征。其中，窑殿墙为空斗，顶部以叠涩砖以菱角牙子间砌成穹顶，共有24皮砖，单砖尺寸为32.5厘米×6厘米×5.5厘米；邦克楼平面为长方形，以砖砌来模仿木结构的梁枋椽，额枋合平板枋呈T形，前者出头作斜向曲线，后者出头作海棠曲线，有斗栱卷杀、飞椽及雀替、花纹雕刻等。邦克楼的内墙为实砌，顶部四角有叠涩砖10皮成拱，其单砖尺寸为23厘米×8厘米×3厘米，拱四周有线脚。

受西方建筑风格的影响，上海区域内各地传统建筑中，有中西混合符号特征的也较常见：如松江的杜氏雕花楼[②]，其第三进为主楼，门窗隔扇及柱、檐、枋等处均有精细的中西式图案花纹雕刻（图3-4-4），是中西建筑装饰糅合的典型；位于枫泾古镇的东区火政会完全是一座中式坡屋顶建筑，却在入口处做了一个西式门头（图3-4-5）；新场洪东街的奚家东厅，一层入口及两侧窗洞为西式样式，其余部位皆为中式做法（图3-4-6、图3-4-7）；紧邻新场后市河沿岸的张氏宅第也是一座中西合璧的民居（图3-4-8），其临街入口的门头背面初看是一座中式仪门，仔细一辨，发现其中居然镶嵌了2根西式柱子（图3-4-9）。

图3-4-1　敬一堂旧影（来源：侯燕军《上海旧影》）

图3-4-2　敬一堂戏台藻井的彩印玻璃（来源：李东禧 摄）

---

① 徐家汇天主堂旧堂位于蒲西路路158号，由当时的上海地方耶稣会会长南格禄（Gotteland Claude）、教士梅德尔（Lemaitre Malhunin）创建于清道光二十七年（1847年）。后1851年又建"依纳爵堂"（老堂）。现存的徐家汇天主堂是建成于1910年的新堂。
② 杜氏雕花楼，位于松江镇中山西路266号，建于清嘉庆年间，民国期间又有翻修。

图3-4-3 董家渡天主堂室内（来源：李东禧 摄）

图3-4-4 杜氏雕花楼的第三进主楼（来源：李东禧 摄）

图3-4-5 贴了一个西式门头的枫泾东区火政会建筑（来源：王海松 摄）

图3-4-6 新场洪东街奚家东厅(来源:王海松 摄)

图3-4-7 奚家东厅一楼窗洞的柱式(来源:王海松 摄)

图3-4-8 新场张氏宅第(来源:王海松 摄)

图3-4-9 新场张氏宅第仪门背面(来源:王海松 摄)

# 第四章　上海传统建筑特征解析

前两章的梳理，我们厘清了上海传统建筑的两面性：一方面，上海在历史上一直是江南的一部分，其传统建筑体现着江南传统建筑的特征；另一方面，"襟江带海"的地理格局，使上海的航运商贸快速发展，连通四海八方的便利给上海带来了外来文明，其建造技术、风格元素等方面的变化也显而易见。独特的发展历程，催生了具地域文化烙印的建筑形式、空间特征和营造技术，也孕育了上海的建筑文化，理解、掌握其中的要点，对于我们准确地把握上海传统建筑至关重要。

# 第一节　上海地域建筑文化的养成

上海传统建筑文化根植于江南地区的吴越建筑文化，其建筑类型、建筑形制、建筑材料及营造技艺等都与江南传统建筑具有同源相似性。追求雅致精巧的江南文化赋予了上海传统建筑精细、素朴的特质。

按照罗小未先生的分析，上海建筑文化的形成还与其文化上的"边缘性"[①]有关。因长期处于江南的偏僻之地，上海从来没有成为过政治中心，处于吴越文化的边缘，受正统的儒家文化约束也较弱；因连通海外，上海又长期处于西方文化的边缘。在几种文化的夹缝中，使上海人可以有很大的自由度去观察、比较、选择各种文化中的优势。不同文化的碰撞、冲突给上海地区带来了多元文化和创新意识，使上海人比较敢于接受各方新事物、新做法，也很早就养成了精打细算、讲求实惠的文化传统。

因此，多元共生、理性务实、精益求精和演进创新是上海传统建筑文化的内涵，它们之间相互作用、互为促进，其中多元共生是上海传统建筑文化的最鲜明和最基础的特征，它促进了融合，造就了开放，鼓励了竞争，而竞争簇生了精益求精和创新，使睿智务实、追求品质的上海人塑造出具有鲜明文化特征的建筑和城市。

## 一、多元共生

多元、开放和包容是上海从古至今最鲜明的特征。

古代上海位于地理上的偏僻之地，在行政上也处于政权管制的边缘地带，长期疏离中国正统文化（以儒家文化为主），受正统文化的制约较其他地方而言要小很多。清代王韬在《瀛壖杂志》曾有"沪自西人未来之前，其礼已亡……虽有一二守礼之儒，亦难救正"[②]，说的正是上海在西方人大量进入以前，已经处于"礼亡"之态。处于疏离中央的边缘文化中，上海人可以用更加包容的心态对待不同的文化，取长补短，相互兼容，共存共生。作为一座商贸集镇和移民城市，上海的建筑文化具兼容并蓄之特点。开埠前，上海接纳了来自各地的本国移民，开埠后，上海吸收了大量来自西方的文化。这些文化融合体现在民居、寺观、园林、公园、会馆公所等建筑形式上，反映出上海始终以开放的胸怀接纳新的理念、技术和建筑文化，并与其自身的地域人文环境相融合。

## 二、理性务实

受商业文化的熏陶，精打细算、讲求实惠的文化在上海深入人心，这也深刻影响着上海的传统建筑。

法国学者白吉尔曾指出，上海文化中"中华文明与西方现代性的相撞是以实用主义的方式来达到平衡的"。罗小未先生也曾总结："从实际出发，精打细算……精心设计，认真施工"是上海建筑的特点。在这里，"实用主义"就是一种理性务实，它体现在对自然的尊重和适应，也体现在建筑活动中的不铺张、求实惠。实用主义盛行的上海传统建筑具理性务实的文化特征，大多不固守形制，也不过分奢华，常常在"面子"上做得气派一点的同时，还兼顾着"里子"的实惠。如上海许多古寺，在中轴线上放置高大恢宏的殿阁，在两侧的次要位置则只是设置普通硬山屋顶的厢房，在主要立面做重点营造，在次要立面则作简化处理；上海的许多会馆公所建筑，看起来豪华、气派，但它们大多只是在小面积的重点部位用精美雕刻、描金来装饰，不会做大面积的复杂装饰，在显露奢华的同时又不过分耗费造价。理性务实的文化让上海传统建筑在节约用地、适应环境方面也有独特的表现，许多建筑会顺应用地形状做灵活调整，不死守规整的平面，建筑之间的院落也可大可小，建筑屋顶的组合也较随机。

---

① 罗小未. 上海建筑风格与上海文化[J]. 建筑学报，1989（10）：7-13.
② （清）王韬.瀛壖杂志[M]. 上海：上海古籍出版社，1989：9.

## 三、精益求精

温润的性情、开阔的眼界、士大夫唯美心理传统的影响，使精益求精成了上海社会大众普遍接受的文化。

江南温润的气候、殷实的经济基础，赋予了上海人平和、追求精细的性情；港口贸易的发展，给上海带来了最先进的技术、最新的材料，也给上海带来了各地的能工巧匠，他们吸收各地之长，讲究精致；明清以来的经济富庶，也使上海地区聚集了相当数量的文人骚客，他们大多具有较高的文化素养，对精致、细腻的建筑品质有着执着的追求。在上海，从士大夫、富商、手工业者到市侩，各阶层人士都养成了追求精细品质的习惯。这种"精益求精"的文化反映在建筑上，是对环境与空间的充分利用，对建筑细节的精心雕琢，对建筑用材的精心挑选。受商业文化的影响，上海人的"精益求精"不是迂腐的"钻牛角尖"，而是将"理性务实"与"精益求精"高度综合，兼顾"面子"与"里子"，将看似冲突的两者和谐地融合在一起。

## 四、演进创新

处在传统儒家正统文化边缘的古代上海，受儒家文化的约束更少一些，接受各方新事物、新做法、新思想的障碍要小很多，这为上海接纳新的建筑形式、做法提供了内在可能；地缘港口和商业贸易发展带来了大量的各地移民，也带来了各种文化的碰撞，造就了多元的生存环境，这为上海建筑的变化和创新提供了外在动力。内力与外力的相互作用，是上海建筑时常演进、创新的主要原因。

# 第二节 上海传统建筑的形式转化

## 一、江南风格及其转化

直到开埠以前，上海传统建筑的基因主要来源于江南建筑，其基本形制与苏南、浙北地区的传统建筑并无区别，只是因地隘人稠、商人气息浓重，其形态较自在、实用。开埠初期，中国人的建筑仍继续以传统的方式建造，并没有因为西方势力的入侵而改变。一方面是由于清代闭关锁国的影响，一直具有鄙夷轻狄的传统，对随着枪炮进来的西方人与西方文化持抗拒态度。另一方面，西方人早期在租界所建的房屋，无论从功能、形式及建造质量等方面，都远远不及上海本地的建筑，因此中国人仍然沿袭传统，继续采用中国传统的建筑样式。如建于1856年的上海县文庙和建于1857年的江海北关是当时官方建筑的两个例子，很明显地反映了这种状况。上海县文庙最初建于北宋熙宁七年（1074年），清咸丰三年（1853年）毁于兵燹，迁址于文庙街重建。占地17亩，坐南朝北，分为东西两路，均有明显的轴线对称关系。西路轴线上布置双道棂星门、大成门和大成殿，大成殿为重檐歇山顶，显然是依照文庙形制而布局（图4-2-1）。早期江海关，虽然位于英租界外滩，但在建筑布局和形式上与外滩其他西式建筑截然不同，木结构的墙身和起翘的重檐屋顶在外滩的立面中十分醒目（图4-2-2）。

传统建筑的优势在华洋杂居局面形成以后，仍然保持和发展了相当长的时间，中国人的住宅与店铺仍然采用中国传统建筑样式，在城内和租界都是如此，如南京路、河南路和福州路上，仍然是洋溢着中国风的街道（图4-2-3、图4-2-4）。虽然西式建筑在不断增加，但中国传统建筑风格的店铺

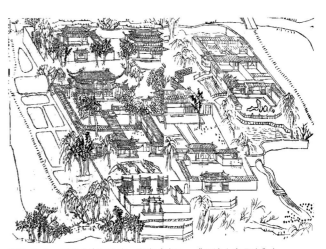

图4-2-1 清代上海县文庙、学宫（来源：《同治上海县志》）

图4-2-2　建于1857年的江海北关（来源：《上海百年建筑史1840-1949》）

图4-2-3　1900年左右的南京路（来源：《上海旧影》）

图4-2-4　早期河南路街景（来源：《上海旧影》）

数量更多，根据1863年11月28日工部局董事会会议记录，提及租界测量事宜，当时大约有250幢西人房屋与7782幢华人房屋。

图4-2-5　具中国传统建筑风格的钱业会馆（北馆）（来源：《沧桑：上海房地产150年》）

19世纪中叶，受战乱影响，江南富户巨贾纷纷举家迁入租界，上海县城及江南各地的名家老店也迁入租界或设立分店，华资大大促进了租界内商业的繁荣。在19世纪末，南京路上的京广杂货铺、绒绸缎庄、火腿熏腊店、药房、银楼、茶馆酒店等旧式商业店铺十分繁盛，建筑完全采用中国传统风格，层叠的马头山墙、起翘的檐角、镂空的挂落和木雕栏杆等特征十分明显，门面装饰趋于华丽细腻，大量使用木雕装修构件。19世纪末租界内的老字号郁良心药房立面完全用木雕装修，虽精雕细镂，却已显出烦琐堆砌的特征。清咸丰三年（1853年）创设于宁波的邵万生南货店于19世纪末迁到南京路，采用江南民居的形式，沿街以实墙面为主，粉墙黛瓦，石库门入口上方有牌楼形式的大面积砖雕，入口内为天井，再内为柜台，这种布局与后来的新式商店有明显的差异。沪北钱业会馆始建于清光绪十五年（1889年），位于今塘沽路、河南北路口，又名武圣宫。入口上方重檐牌楼形式及屋顶的起翘十分突出，带有传统道观风格特征（图4-2-5）。

随着地域生活方式的转变、西方营造机构的进入，传统建筑及传统工匠也开始转型。将江南传统住宅的平面更加紧凑地置入西洋联排式住宅的构架当中，便发展出了独特的石库门里弄民居。上海许多会馆公所建筑的主体仍是江南传统建筑的形制，但其部分细节、装饰已掺入西式建筑语言。如由福建商人兴建的三山会馆，主体部分为中式传统建筑，但其前院入口却有欧式山花，主入口墙面虽为江南的马头山墙造型，但顶部的收头线脚却俨然是西式压顶做法。到19世纪末，开埠之初城内繁华而租界萧条的局面完全逆转，随着大量西方投资进入上海而兴起的新一轮建设中，无论在中国人还是西方人的建筑中，中国传统样式的主导地位被各种西方建筑风格所取代。

## 二、多元符号及其共生

早在明朝徐光启的年代，上海已经出现了天主教堂，当时这些和西方文化传播有关的活动大多在中国传统建筑中进行。开埠以后，由于客观因素限制，一些早期来华的外国人并没有立即建造西式房屋，而是借住旧有的中国式房屋。如最早的法国领事馆，是在洋泾浜和县城之间租了一所房屋，略做修补后当作领署。生活在中国式房屋中的外国人，除了被动地接受中国传统文化影响之外，也开始认同和接受中国传统社会与传统文化，有些教士为了获得中国人的认同感，也有意识地在一些细节上融入"中国本土式"风格。如建成于1853年的董家渡教堂虽然平面布局和立面形式均为正规的欧洲教堂风格，但在内外立面的装饰上融入了很多中国元素。

开埠初期，根据《租地章程》的规定，中国人和外国人的生活分别在各自的范围内互不相干，中西建筑文化处于隔绝、对立的状态，但是，即使是在隔绝与对立的状态下，两种异质建筑文化的相遇也不可避免地发生碰撞，产生交流与相互影响。西方建筑文化对中国建筑的广泛影响是在上海的西方物质文明发达到一定程度之后才表现出来的。随着租界的繁荣，中国人深入接触西方文明后，在心理上对西方文化开始认同和主动接受。大量旧有的中国传统建筑类型在西方社会、文化、生活方式影响下逐渐演变成为一些新的建筑类型，一些移植来的功能开始被纳入中国传统建筑中，形成一些西式建筑功能与中国建筑形式相结合的实例，如茶园式戏院、近代学校、大型百

图4-2-6 多种建筑语汇共生的南京路（1900~1920年）（来源：Building Shanghai）

货商店等。虽然19世纪后期在上海出现的这些由西方建筑师引用中国传统建筑语汇设计的建筑，只能算西方人理解的中国建筑，并不能被视为中国传统建筑的延续，但是它们"对20世纪二三十年代中国建筑师研究中国古典建筑，探求'中国固有形式'产生了一种刺激作用"[1]。

开埠后半个多世纪的时间里，租界在经济、市政及都市生活方面的巨大变化使中国人对待西方文化的态度由鄙视转为羡慕，上海近代建筑进入了中西融合的时期。普通中国人在建造房屋时开始模仿西式建筑，大量的西式建筑语汇融入建筑，在民间产生了大批中西混合的折中建筑（图4-2-6）。

---

[1] 郑时龄. 上海近代建筑风格[M]. 上海：上海教育出版社，1999，144.

# 第三节 上海传统建筑的空间策略

## 一、节约用地

航运商贸、农业、手工业的同步发展，使上海渐渐成为江南地区人口最为稠密的区域之一。日趋紧张的生存空间使得上海传统建筑趋向紧凑、节地的建筑布局，推崇占地较"小"的建筑形式。为了追求高效、省地，上海传统住宅多采用灵活的开间模数和进深模数（一般以"豁"为开间模数，通常可从11豁至25豁不等，以"路"为进深模数，进深可为五路、七路或九路头[①]）。统一、灵活的模数，使民居平面可以紧凑、节约，与用地相匹配，施工备料也较简单。为了节约用地，上海传统民居的院落尺寸也多因地制宜，有的宽大、开畅，有的则窄而高，其周围三面或四面围合，且多建两层房屋，以节约用地。

## 二、顺应环境

建筑作为供人类居住使用的物质空间，其布局和形式必然受到地理气候环境的影响制约。上海地处地势平坦、水网交织的长江下游平原。在顺应地理气候的方面，更多体现了和江南地区建筑相同或相似的做法，这些做法并非"形式主义"的做作造型，而是为解决江南地区所特有的气候、环境问题，对于解决建筑的采光、通风、防潮，顺应自然环境具有重要意义。如古镇朱家角的民居、街坊排列皆顺应河流曲折，或逼仄或开敞，都取顺势而为之道；上海的绞圈房子空间组织灵活，可根据环境条件，或东西相拼，或南北相叠。

## 三、利用院落

与江南传统民居相似，上海古代民居的群体组织以院落为核心，这些院落可大可小，可多可少，可东西并列，也可南北组合，如松江城中的许嘉德宅、张祥河宅、许威宅原来都有"十埭九庭心"的格局，现存的浦东高行镇杨氏古宅和闵行浦江镇的梅园十九间奚氏宅也有数进院落。有些民居院落中还设庭园，中有树木、假山石、水池等，如上海县老城厢中的书隐楼共有五进宅院，其第一至三进院落内为花园，布置有假山、池沼、轿厅、花厅（话雨厅）、船厅和戏台，第四、五进为两层走马廊建筑，中间有庭院，四周有高12米、厚0.6米的封火墙。其中第四进为藏书楼，第五进为"口"字形居住建筑。

围绕"庭心"而建的"绞圈房子"也是一种合院式民居，极具传统江南民居的特色。在绞圈房子中，被称为"庭心"的院子是整个建筑的精华。满铺青砖的庭心，虽然不大，但可以承载人们晒洗衣物、晾晒果蔬、乘凉歇息等活动，也是大家庭中小孩子们嬉戏玩耍的好地方（图4-3-1），容纳了一家人的户外活动。日照充分，生机盎然的庭心非常适合绿植生长、晾晒衣物、休憩交往，也有利于前后埭堂屋之间、东西厢之间的通风，这对于冬天阴冷、夏天湿热的江南地区极为重要。

图4-3-1　浦东艾氏民宅内院（来源：李东禧 摄）

---

[①] "豁"为椽子之间的间距，"路"为立帖式木构的柱头数。

## 四、追求意境

受江南文化的影响，上海传统建筑中的园林建筑，多继承江南园林的精华，或似山林，或若深潭，亭台楼阁点缀其间，又不失山间野趣。追求源于自然而又高于自然的意境。

如位于松江仓城秀南桥西的颐园[①]，自明代至今，数易其主，现仅剩数亩，但整体格局仍完整呈现江南园林意趣之美。园内空间整体由3部分组成：南部观稼楼及配楼自成一体，三面由假山湖石古藤环绕，形成一个相对独立的园区（图4-3-2）；中部为列岫楼与半亭长廊，向北蜿蜒曲折延伸，至北部的书房画舫，一圈建筑包绕一泓湖水形成主景区，列岫楼前有松江籍叠石名匠张南垣所作的黄石叠山（图4-3-3），老树阴郁，楼台掩映，山池俊逸。颐园之意趣，可概括为一幽、一雅、一闲、一趣。幽者，在乎山池古树；雅者，在乎书房画舫；闲者，在乎半亭长廊；趣者，则在乎观稼、列岫。一花一木，一景一物，一山一石，一亭一阁，虽由人作，宛自天开。园中池水迂回，石桥卧波，山石洞穴曲径通幽，花木屋宇摇曳掩映，全园清静幽深，纳千顷之汪洋于池中，收四时之烂漫入园内，步移景异，意趣无穷。

图4-3-2　颐园——舫榭回廊环绕水池（来源：李东禧 摄）

---

① 颐园位于松江区永丰街道松汇西路480号现上海市第四社会福利院内（原松江东门外秀南街陈家弄东侧）。

图4-3-3 颐园——形似悬崖的黄石假山（来源：李东禧 摄）

图4-4-1 松江望仙桥（来源：李东禧 摄）

## 第四节 上海传统建筑的营造技艺

### 一、小而美

与江南地区的其他都会城市（如苏州、杭州、扬州等）相比，古代上海地区的传统建筑在规模、形制、装饰上都要略逊一筹，较少出现大型的厅堂、宫观，许多宅院、寺庙、园林往往并不宏大，透着一种"小而美"的智慧。究其原因，一方面可能是因为地理的"边缘性"、"偏僻性"使然，另一方面也源于强调"隐逸"、不事张扬的独特地域文化。如上海老城厢内书隐楼的户主就曾将家中的藏书楼命名为"淞南小隐"[①]。当然，上海后期经济急剧发展而导致人稠地隘，也是上海人只能接受"小而美"的客观原因之一。

建于南宋绍兴年间(1131~1162年)的松江望仙桥非常小，仅长7米，整个桥体仅由4块武康石板铺就，跨越在原松江府的古市河之上（图4-4-1）。松江望仙桥体量小巧玲珑、形体简单质朴，但其"木肋石板梁"的营造技艺之精美令人赞叹，体现出我国古代工匠对"大梁"构件不同部位受力性能的精准掌握，也反映当时匠人对不同种类建筑材料的驾驭能力。

图4-4-2 1964年修缮的真如寺大殿（单檐歇山顶）（来源：《共同的遗产——上海现代建筑设计集团历史建筑保护工程实录》）

建于元代的真如寺大殿，仅有面阔三间、进深十架椽（面积158平方米），体量虽小但结构严谨，形态素朴，其独特的结构与简单的装饰浑然一体，展现出斗栱受力合理、举折平缓、出檐深远的优美形态（图4-4-2~图4-4-4），具有江南木结构建筑典雅得体之传神风韵。

颐园占地仅数亩（图4-4-5），园内空间布局疏密有致，收放自如，山、池、桥、楼、阁、斋、舫、榭、廊、古树、翠竹等要素齐具，虽由人作，宛自天开，呈园林之意趣美。

---

[①] "淞南小隐"原为明代上海画家杨基的一幅画，后乾隆皇帝在画上题诗并赐予书隐楼的主人陆锡熊。

## 二、巧而精

上海传统建筑中还有一些结构与造型结合完美的例子。如上海文庙魁星阁的木结构独特完美，金泽迎祥桥的六柱五孔梁架形式是"连续简支梁"，且其石梁与青砖桥面的构造结合精巧，形态优美。上海地区许多传统民居结构巧妙、精致，体现出极高的营造技艺。如泗泾马家厅[①]，楼下正厅室内不见平顶楼板，只见屋架坡顶，后楼为上下双草架结构，南北有两列翻轩，南面叠斗加双胫翻轩，北面轩较窄且无胫，这种做法可以使有限的底层高度显得更高一些。楼上南侧也做成双胫翻轩，顶部也是草架顶，仪门为木架结构，突出于南面廊，顶部有木斗拱承托门楼檐盖（图4-4-6、图4-4-7）。又如松江

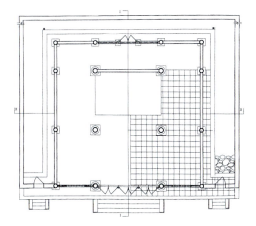

图4-4-3 真如寺大殿平面图（来源：《共同的遗产——上海现代建筑设计集团历史建筑保护工程实录》）

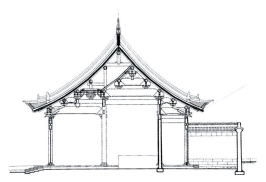

图4-4-4 真如寺大殿剖面（来源：《共同的遗产——上海现代建筑设计集团历史建筑保护工程实录》）

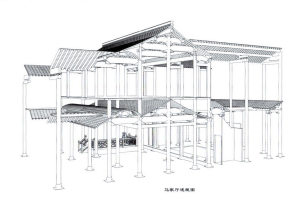

图4-4-6 泗泾马家厅构架透视（来源：上海大学建筑系集体测绘）

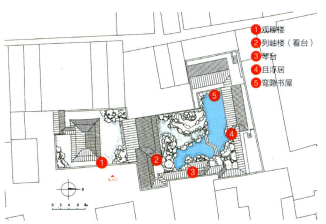

图4-4-5 颐园总平面图（来源：上海大学建筑系集体测绘）

1 观稼楼
2 列岫楼（看台）
3 琴台
4 且浮居
5 鸾隐书屋

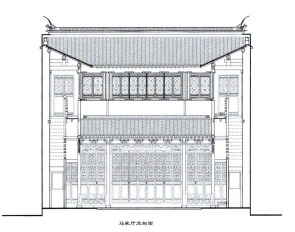

图4-4-7 泗泾马家厅剖面（来源：上海大学建筑系集体测绘）

---

① 泗泾马家厅，位于泗泾镇开江中路312号，原名"泗泾草堂"，建于清代。

葆素堂①大厅结构复杂，屋顶采用江南特有的草架顶（图4-4-8），前半部是两层屋面，冬暖夏凉，柱头有云板，月梁厚实，桁、枋之间支以补间斗栱，斗栱较为繁复。梁枋间的山雾云、棹木、垫拱板的雕刻精细，分别为云鹤、荷、竹等图案，枋桁上施彩绘，柱础为青石覆盆式，柱子披麻作灰，施黑漆。

此外，精巧的木构与内部空间、整体造型完美匹配的例子也不鲜见。如真如寺大殿内四根金柱与一圈檐柱，一起支撑起屋面结构吊顶下的明栿构架与吊顶上的草栿构架，使得大殿前面的礼佛空间装饰精美大气，四根金柱之间的空间尺度近人，金柱与一圈檐柱之间的回闭礼佛空间气氛适宜。大殿为单檐歇山顶，歇山收山较小，屋顶较为陡峭，因斗栱在外檐仅出一跳，导致出檐尺度不大。大殿翼角角梁做嫩戗发戗，角梁端部翘起，使得屋面檐口形成缓缓升起的柔美曲线，4个翼角舒缓展开，呈现出结构之美（图4-4-9）。

图4-4-8　葆素堂顶部木构（来源：李东禧 摄）

图4-4-9　结构精巧的真如寺大殿（来源：李东禧 摄）

---

① 葆素堂，位于松江镇中山西路150号永丰幼儿园内，建于明代，清代曾为许嘉德住宅，据传原有"十埭九庭心"，现仅剩1座大厅（俗称许家厅）。

## 三、素而朴

上海传统建筑在用材、装饰细节和空间塑造上崇尚素朴，常有不事雕琢而居自然之美。如采用小青砖砌筑的绞圈房子，檐口低矮，其木梁、柱仅刷桐油，屋顶覆小青瓦，脊饰简单，墙面或为清水砖裸露，或覆以竹片或芦苇秆编制的"枪篱笆"，不做抹灰（图4-4-10），其内院空间相对较小，没有假山水池、穿廊小径，只有水井、小型绿植，简单朴素，但空间经济合理，功能适宜。如浦东艾氏民宅，其屋主虽为官宦之后，但其住宅极其朴素：建筑体量低矮，双坡屋顶四合交圈，房屋结构为朴素的立帖式砖木结构，木门窗刷桐油，保持原木色（图4-4-11）。后人仅能从两侧保存完好的木板支摘窗、镶嵌蛤蜊壳的落地长门窗、有精致雕刻的东门走廊门臼等处感受建筑细节上的讲究。

一些民居厅堂，虽用料不惜代价，却素面朝天，少有彩绘、雕饰。如松江兰瑞堂[①]，面阔五间，进深9架，部分柱及梁枋采用楠木，堪称大宅（图4-4-12），但其梁枋全为素面，素雅简洁，风格独特（图4-4-13）。

图4-4-10 砖墙外覆竹篱笆——南汇新场镇仁义村金沈家宅的绞圈房子（来源：王海松 摄）

图4-4-12 兰瑞堂（来源：李东禧 摄）

图4-4-11 浦东艾氏民宅室内（来源：李东禧 摄）

图4-4-13 兰瑞堂的素面木构（来源：李东禧 摄）

---

[①] 兰瑞堂，原位于松江镇中山西路包家桥东逸，现位于松江方塔园内，据传为明代建筑，清初曾为朱椿住宅。

## 四、糅而谐

上海传统建筑中，一些中西合璧的清真寺、天主堂内充满了糅合、交汇的建筑语言，不少领风气之先的传统民居也大胆吸收新式装饰、做法，许多公共建筑如学校、会馆工所等更喜将建筑符号、细部兼容并蓄。

松江清真寺的窑殿外部为中式的重檐歇山十字脊屋顶，内部则由砖叠涩而成穹顶；董家渡天主堂建筑平面为拉丁十字，结构采用砖木混合结构，正立面具有西班牙巴洛克建筑风格的三段式，内装饰则采用了中国式对联、莲、鹤、葫芦、宝剑、双钱等中国传统吉祥符号及青绿藻井图案构成天花。

位于浦东陆家嘴的颍川小筑（陈桂春宅）建于1914～1917年，布局上仍然属于传统的院落式住宅，风格上则是中西合璧。陈桂春是会德丰驳船行的买办，原籍河南，因而取名"颍川"。四进三院布局，占地约3.5亩，建筑均为二层，原有建筑面积2423.25平方米，现存1786平方米。砖木结构，小青瓦屋面，有大小房间共70间，其中58间位于中轴线上。原房主陈桂春靠为外商驳运货物而发迹，其背景虽与早期买办不尽相同，但住宅中也反映出中西文化的双重影响。整座住宅是四进三院的典型传统大宅（现只保留中央部分），轴线对称，层层深入，秩序分明。第3进是正房，五开间，带有近似方形的院子，两侧为3开间的厢房，从正对院子的立面看是典型的中式四合院建筑，但正房两端被厢房挡住的2个开间则完全是西式风格。同样，厢房正中开间为中式，两端开间为西式，带有西式的天花、铺地和百叶门。建筑正面外观是5开间硬山式，小青瓦屋面，完全为中国传统风格，但各进两侧封火山墙却是地道的西式作法。这座建筑将中西建筑风格合于一体，又布置得极具特色，显示出亦中亦西的特征为指导思想（图4-4-14～图4-4-16）。

图4-4-14　颍川小筑外观（来源：庄哲 摄）

图4-4-15 颍川小筑封火山墙(来源:庄哲 摄)

图4-4-16 颍川小筑细节(来源:庄哲 摄)

下篇：上海现当代建筑传承策略

# 第五章　近代都市发展中上海传统建筑传承的背景与特点[①]

　　开埠以前，上海的城市和建筑基本遵循中国古代传统法式营建，同时也因地处边缘而具有开放包容，讲求实效，善于变通兼容的特点。1843年开埠以后，近代上海城市和建筑则主要是在东西文化的碰撞与冲突中逐渐形成。在这一过程中，对多种文化进行"观察、比较、选择、综合与应变"不仅成为可能，更"成为上海人生死沉浮的关键"[②]。从开埠之初的华洋分居和中西对立，到因世界战争和国内局势动荡造成华洋混居和中西合璧，乃至在整体形式风格、材料技术、思想体制上不断创新，追求时尚的现代化发展，上海近代城市和建筑的发展可谓是中国近代城市和建筑从传统向现代发展的浓缩样板。多元共生、兼容并蓄、理性务实、精益求精的地域文化特征在这百余年的高速发展中进一步明晰和强化起来。

---

[①] 本章建筑名均采用近代通用的历史旧名。
[②] 同济大学建筑与城市学院编. 罗小未文集[M]. 上海：同济大学出版社，2015：266.（上海建筑风格与上海文化）。

## 第一节 开埠初期传统建筑的延续（1843~1899年）

上海近代城市和建筑的高速发展缘起于1843年的开埠以及由此而来的现代化市政管理和房地产业的兴起。

### 一、19世纪中后期上海的城市建设，建筑行业与思想发展的背景

1843年11月17日，第一任英国领事巴富尔（George Balfour）宣布上海开埠。11月29日，巴富尔与时任上海道台宫慕久磋商后公布《上海土地章程》（Shanghai Land Regulations），正式确定了第一块租界（Settlement）的范围，便于外国人在有限的区域内建屋居留，实行华洋分居。美国虽未与道台签订正式协议，但也在1848年左右获得了虹口地区的实际控制权。1849年4月6日，第一块法租界（French Concession）也在英租界和县城之间建立起来。

1853年，小刀会起义使上海县城陷入瘫痪。华人纷纷涌入租界，形成华洋杂居的局面。为了更好地进行管制，租界的管理日趋复杂。1854年，英、美、法3国领事自行修改《土地章程》，并于西人会议上成立行政委员会，不久更名为市政委员会（Municipal Council）。其中文名为工部局，职能相当于独立于中国政府行政管辖的"租界政府"，而其中参与建筑活动管理的部门为工务处。1862年，法租界成立了与工部局相对应的行政管理机构——公董局（Conseil Municipal），其中专司市政建设和建筑管理的职能部门是公共工程处。与租界市政建设的迅速发展相比，中国官府管辖的华界的管理现代化进程则相对滞后。到1895年，华界才设立了南市马路工程局，并于1905年发展成为具有地方自治性质的近代市政机关"上海城厢内外总工程局"。

之于租界的建筑，最早一批在上海兴建的西式建筑，极少经过正规建筑师设计，一般都是外侨自己设计绘图。他们大多把殖民地式样的建筑照搬到上海来，就地取材，采用中国传统的建造技术，由传统的中国工匠加以修改、实施而完成的。

自"华洋分居"局面被打破后，大量华人涌入租界，租界人口剧增，房租巨大的利润把外商洋行的兴趣转移到房地产经营中。1854年，英、美、法三国领事更是自行修改《土地章程》，删去不得建屋租予华人的条例，使租界内的房地产经营"合法化"。1860年以后，随着上海房地产市场的发展，西方建筑师作为一种新兴职业开始出现在上海舞台上。其中不少人都是作为土木工程师开业，同时也承担建筑设计业务。尽管这些建筑师总体素质不高，但"这一时期的建筑，已经成为中国建筑史上第一次'有建筑师的建筑'时期。"[①]而最早的中国建筑师，多半是在外国建筑师事务所或工程建设机构工作过，未受过正规的学院式教育。他们从外国建筑师和工程师那里学到了设计绘图技能，通过实际工程获得了较为丰富的实践经验。其中一部分人后来还开办了自己的事务所，例如曾在英商地产公司供职过的周惠南（1872~1931年）所开设的"周惠南打样间"。早期中国建筑师的作品，在设计中模仿西洋风格，虽不大符合古典主义的章法，却很能迎合逐渐崛起的中国资本家和商界人士的口味。

19世纪50年代开始的房地产业的兴盛，对传统施工造成了很大的冲击，但同时也为本地的建造行业带来了巨大的市场。因为业主由原来的私人使用者转变为从事建筑投机买卖的房地产商人，其对建筑的设计、施工、设备、经济等各个方面都提出了更高的要求。传统工匠不仅需要熟悉和掌握陌生的西式建筑的建造方式，也需要掌握新的经营管理方法。在19世纪60年代，一些西方营造机构进入上海，在他们的影响下，传统的中国工匠们也纷纷告别传统的经营方式，投入到近代建筑市场的竞争中。

---

① 郑时龄. 上海近代建筑风格[M]. 上海：上海教育出版社，1999，65.

## 二、开埠初期上海传统建筑延续和传承的特点

### （一）中国工匠适应性地利用和发展本土建材和工艺建造西式建筑

开埠之初，与华洋分居情形相同的是，中西建筑也处于"相互对峙"[①]的局面——大家互相按照自己习惯的形式进行建造。但是，虽然租界洋行的建筑形式完全模仿西方建筑，其建造的材料和工匠却只能采用上海的本地资源。最初上海的西式建筑除了采用其惯常使用的木材和石材外，还会适当地采用本土建材，如用土坯砖砌筑，外面覆以白色的灰泥或粉刷，屋顶为木屋架，覆以中国式小青瓦。外滩第一、二代的建筑多采用这种混合的建筑模式，其他案例还包括汉口路126号洋行、福州路17、19号的旗昌洋行（北栋）。这一模式一直沿用至19世纪末。同时，西方建筑技术也同中国当地建筑的技术相结合。比如，结构采用中国传统木构架，而维护体系以及室内外装修则掺入西式做法；或采用西式建筑结构体系如砖、石墙承重，而屋面、墙身的装修做法或构造处理采用本土做法。

但随时间的推移，这种采用殖民地外廊式建筑样式、青砖砌筑、屋面铺覆小青瓦的建筑形制渐渐产生转变。殖民地外廊样式是英国商人从印度等南亚殖民地直接舶来的，最初它是租界公共建筑的主要风格。因为不适应上海冬冷夏热的气候特征，在往后的发展过程中，外廊逐渐被封闭。小青砖是中国传统的建筑材料，比欧洲式红砖要薄一些，表面常粉刷砂浆饰面，在早期租界洋行建造中经常使用。但在19世纪60年代上海引进并开始自行生产和普及红砖后，小青砖便不再作为主要建材。此时，西式建筑的影响才慢慢从样式扩展到整体的材料和建造技术。

从时间维度上，因为上海特殊的历史文化因素，当地的建筑样式不断融合西方不同历史时间段上的历时性文化艺术；从空间维度上，由于上海特定的地理环境因素，在本地的建造工艺上，不断吸收英、法、美等不同地域文化的共时性建构技术。在这一过程中，上海建筑积累和体现了多元融合，理性务实的建筑文化特点。

### （二）教堂和教会学校中引入中国古典建筑的风格形式和符号装饰

早在明朝徐光启的年代，上海已经出现了天主教堂。那时和西方文化传播有关的活动大多在中国传统建筑中进行。开埠以后，教堂大多采用西方建筑形式。而传教士为了获得中国人的认同感，更好地传播基督教文化，"有意识地在各自的建筑设计中，尽力去或多或少地表现'中国本土式'风格，而不是'西方式'风格……试图在建筑上奏响一个文化和谐的和弦。"[②]

建于1853年的董家渡天主堂（Francisco Xavier Church, 1847~1853年）是当时少数融合了中西形式的教堂。它由范廷佐修士（Jean Ferrand）仿照罗马耶稣会大学的圣·伊纳爵大教堂设计，平面布局和立面形式均为正规的巴洛克教堂形式，但设计中也融入了很多中国元素，比如主立面的双壁柱间有砖砌的中国式楹联，大厅内的装饰浮雕也采用了典型的中国吉祥图案，如莲、鹤、蝙蝠、葫芦、宝剑、双钱等[③]，体现出中西融合的地域性特点（图5-1-1~图5-1-5）。

除教堂外，其他教会建筑中也开始融入中国传统建筑的形式或装饰。建于1897年的徐家汇藏书楼共两层，由耶稣会教士设计。建筑仿梵蒂冈教廷藏书楼的风格，外观为清水砖墙，多窗。建筑下层的书库，仿照清乾隆时藏四库全书的文澜阁设计，古色古香，具有中国传统的文化韵味。

建于19世纪末的圣约翰大学，则更主动地在西式建筑中加入中国传统建筑语汇。它是中国第一所现代高等教会学

---

[①] 伍江. 上海百年建筑史（1840-1949）[M]（第二版）. 上海：同济大学出版社，2008，21.
[②] 郭伟杰. 谱写一首和谐的乐章——外国传教士和"中国风格"的建筑，1911-1949年[C]/刘东. 中国学术（第十三辑）. 北京：商务印书馆，2003：68.
[③] 周进. 上海教堂建筑地图[M]. 上海：同济大学出版社，2014，70-73.

图5-1-1 董家渡天主堂主立面（来源：上海市城市建设档案馆）

图5-1-2 董家渡天主堂主立面中国式楹联（来源：上海市城市建设档案馆 提供）

图5-1-3 董家渡天主堂拱顶（来源：上海市城市建设档案馆 提供）

图5-1-4 董家渡天主堂天花（来源：上海市城市建设档案馆 提供）

图5-1-5 董家渡天主堂室内细部（来源：上海市城市建设档案馆 提供）

府，也是最有影响的教会大学之一，其校园规划和建筑单体的风格、形式与特征都成为后来校园建筑的模板。圣约翰大学早期建筑表现为西方殖民地外廊式的连续半圆券立面和中国式大屋顶的简单叠加，以校园内现存最早的建筑怀施堂（今韬奋楼，通和洋行，1894年），为代表。该建筑正立面采用受安妮女王风格影响的殖民地外廊样式，清水砖墙，以青砖为主，局部以红砖线条和拱券装饰；栏杆采用中式木花板；屋顶仿中式歇山顶，不见举折，仅四角高高起翘，上铺中式蝴蝶瓦；位于构图中心的钟楼屋顶仿中式重檐庑殿顶（后改为单檐），飞檐起翘，传统建筑的山墙被处理成正立面，两侧由两个较矮的歇山顶（后改为双坡顶山墙面与钟楼直接搭接）建筑体量对称布局组合而成，可以看到明显的西式建筑体量组合与中式建筑元素拼贴的手法（图5-1-6~5-1-8）。与之风格相近的同样由通和洋行设计的还有格致楼

图5-1-6 圣约翰大学怀施堂鸟瞰（来源：寇善勤 摄）

图5-1-7 圣约翰大学怀施堂内庭院（来源：庄哲 摄）

图5-1-8 圣约翰大学怀施堂外廊及屋顶（来源：庄哲 摄）

（今科学馆，1899年）。

虽然19世纪后期在上海出现的这些由西方建筑师引用中国传统建筑语汇设计的建筑，只能算西方人理解的中国建筑，并不能被视为中国传统建筑的延续，但是它们"对20世纪二三十年代中国建筑师研究中国古典建筑，探求'中国固有形式'产生了一种刺激作用"。

## 第二节　东西文化碰撞下传统建筑的演进（1900~1926年）

第一次世界大战期间，上海成为近代中国的经济中心和贸易中心，城市地价飞涨，房地产业蓬勃发展，近代都市初步形成。

### 一、20世纪初上海的城市建设，建筑行业与思想发展的背景

1914~1918年，第一次世界大战期间，除美国和日本加强了在上海的经济投资外，英国、法国等其他西方国家因战争无暇顾及对上海的经济掌控，为当地民族主义资本工商业提供了良好的发展环境。因此，第一次世界大战期间，上海的民族主义经济得到了空前的发展，为上海的经济注入了极大的活力。第一次世界大战爆发前的38年中，上海共开设工厂153家；而1914~1928年的15年间，上海开设工厂的总数竟已达1229家之多。[①]随上海工业的蓬勃发展，上海的零售业也迅速发展。战争结束后，欧洲国家恢复并加强在上海的经济活动，但此时的上海已经在前期的资本积累中，逐渐发展成为远东最大的都市。

19世纪90年代开始，上海近代建筑业进入迅速发展时期，建筑业成为上海最重要的产业之一。1901年，英国人在沪投资达1亿美元，其中60%用于房地产开发；1910年，上海公共租界的房屋已经从20年前的1000栋猛增至约9000栋。[②]并且，在这一时期的设计水平和建造质量也较开埠初期的50年有了长足的进步。房地产的发展使上海城市的地价迅速提高。在20世纪的最初30年里，上海租界的地价增长近10倍，最多一块地增幅达993倍。[③]高涨的房地产业成了上海20世纪二三十年代建筑业繁荣的最重要的经济基础和最直接的原因。在这样的背景下，现代的建筑结构和材料得到了普遍的运用，新的施工技术、机械和设备同时得到了广泛的使用。

在上海的城市中心，陆续建造起各类商业和金融大楼：从开埠初期逐渐形成并不断翻建的外滩，也在一战结束的10年后完成了最后一次大规模的改造，其中近半数建筑被拆除重建，留下了一大批标志性建筑，使风格多样的外滩成为上海城市形象的标志[④]，并在其周边一带集中建造了上海大多数的银行大楼；南京路则聚集了闻名海内外的"四大公司"和大小数百家商店。房地产商则看中了城市西区地价较低、环境优美、交通方便的地段，在那里建造高级公寓和花园里弄，而工厂企业选择在地价低廉的市区外围建设。

随着上海建筑业的繁荣，加之欧洲第一次世界大战造成的局势动荡，因此，越来越多欧美的职业建筑师到上海淘金。其中最著名的有通和洋行、玛礼逊洋行、公和洋行、德和洋行、新瑞和洋行、安利洋行、倍高洋行、思九生洋行、马海洋行等。虽然说，这个时期的上海建筑界还主要是外国人的天下，中国建筑师尚未占据主要地位[⑤]，但是，还是有不少中国建筑师逐渐开始在上海建筑界崭露头角。他们中有的

---

① 罗志如. 统计表中之上海，1931，63. 转引自：伍江. 上海百年建筑史：1840-1949[M] 上海：同济大学出版社，2008：94.
② 赖德霖. 从上海公共租界看中国近代建筑制度的形成，中国近代建筑史研究，清华大学博士论文，1992，1-14，转引自：伍江. 上海百年建筑史：1840-1949[M] 上海：同济大学出版社，2008：96.
③ 郑龙清、薛永理. 解放前上海的高层建筑，旧上海的房地产经营[M]. 上海人民出版社，1990，204. 转引自：伍江. 上海百年建筑史：1840-1949[M]（第二版），上海：同济大学出版社，2008：96.
④ 伍江. 上海百年建筑史：1840-1949[M]（第二版），上海：同济大学出版社，2008：94-100.
⑤ 郑时龄. 上海近代建筑风格[M]. 上海：上海教育出版社，1999，66.

在外国事务所工作,有的刚刚毕业回国,或正在创业。其中颇具代表性的人物有:孙支厦、贝寿同、吕彦直、关颂声、柳士英、刘敦桢、范文照、赵深、李锦沛等。

## 二、东西文化碰撞中上海传统建筑延续和传承的特点

### (一)江南民居与现代城市生活融合形成石库门和里弄建筑类型和空间

　　江南,以吴越文化为核心,以太湖流域为地理范畴,是旧上海文化之本源。江南民居一般是以水系结构为主导的组团,依水而建的建筑单体以木结构承托青瓦、风火墙粉以白泥、细部中融入雕饰为主要特点。这种布局体现出用地的经济性、技术的安全性、交通的可达性,也突出了一种理想的邻里居住关系,与现代城市生活强调的民主有着特定的导存关系。

　　弄堂,是"近代上海地方文化最重要的组成部分",也是"最重要的建筑特色",构成了成千上万普通上海人的生活空间。最初,租界建造木板简房向华人出租,一般采用联排式布局,取名某某"里",它们是上海弄堂住宅的雏形。1870年后,木板简屋因易燃不安全被租界当局取缔,出现早期石库门弄堂,又称"老石库门弄堂"。早期石库门采用具有浓郁江南传统民居空间特征的单元,但按照西方联排住宅的组合方式进行总体布局,根据地形尽量多的建房屋而不太注重朝向,弄堂较窄,且没有总弄次弄之分。

　　从20世纪初开始,由于地价的上扬和汽车的发展,石库门住宅的总体布局有了明显的改进,弄堂规模增大,建筑排列更整齐,总弄和支弄差别更大,总弄宽度加大,以便于回车。建筑也向竖向空间方向发展,原来的两层变为三层,注重采光通风,并开始安装卫生设备,成为新式石库门住宅。较典型的案例包括淮海中路的宝康里(1914年,图5-2-1)、南京东路的大庆里(1915年)、北京西路的珠联里(1915年)、云南中路的老会乐里(1916年)、新闸路的斯文里(1916年,图5-2-2、图5-2-3)、淮海中路的老渔阳里(1918年)、尚贤坊(1924年,图5-2-4)等。新

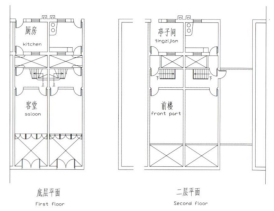

图5-2-1　宝康里平面图(来源:根据《上海里弄》12页图纸重新绘制)

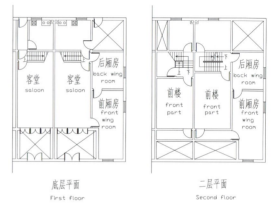

图5-2-2　斯文里平面图(来源:根据《上海里弄》11页图纸重新绘制)

图5-2-3　斯文里石库门细部装饰(来源:余儒文　摄)

图5-2-4　尚贤坊沿街立面（来源：上海市城市建设档案馆 提供）

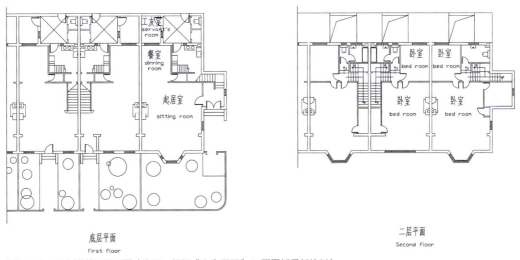

图5-2-5　凡尔登花园平面图（来源：根据《上海里弄》15页图纸重新绘制）

式石库门住宅在20世纪20年代达到兴盛。在单元布局上，三开间和五开间的平面减少，较多见的是双开间甚至单开间的平面。如斯文里的单元平面包括单开间和双开间两种单元，整个弄堂由600多个单元构成。住宅的中轴线被弱化，后部出现后厢房和亭子间。

在第一次世界大战后，石库门进一步演变为受西方生活方式影响更大的新式里弄。其中较为著名的包括凡尔登花园（1925年）（图5-2-5）、霞飞坊（1927年）、静安别墅（1929年）和涌泉坊（1936年）等。新式里弄的总平面一般均考虑通风停车的需要，房屋朝向受到重视，一般采用横向联立式。弄道宽度增加，多在5米以上。新式弄堂每家入口处石库门被铁栏栅门替代，围墙高度大大降低或用低矮栅栏代替，且用绿篱隔断。小天井被敞开或半敞开的绿化庭院代替。平面不再受单双开间限制，布置更为自由，出现起居室、卧室、厨房、卫生间等明确的功能分区，有的甚至安排了汽车间。

20世纪30年代以后，上海还发展演变出标准更高的花园里弄住宅。相比联排式布局的里弄住宅，花园里弄住宅演变为半独立式布局，且注重建筑间的绿化环境，建筑面积变得更大，高度也更高，一般为三层。除了像传统里弄成片局部外，其建筑单体更接近于独立式私人住宅，风格多为西班牙式或现代式。花园里弄的代表有新康花园、福履新村（1934年）、上方花园（1939年）、上海新村（1939年）、富民新村和裕华新村（1941）等。

## （二）中西合璧：建筑形式和结构的多元融合

上海近代建筑中西合璧的现象远不止于里弄住宅，在教堂、学校、医院、小住宅、办公楼、电影院等各种建筑类型都普遍存在着这种现象。

建成于1925年的颍川小筑（图5-2-6～图5-2-10），为四进三院式中轴对称的江南传统宅院。建筑正立面和屋顶均为中式，两侧风火山墙山花、门楣和窗楣则为巴洛克风格。

复旦大学在江湾初建校园时的校门和简公堂由美国建筑师亨利·墨菲（Henry Murphy）设计。校门为一中西合璧的牌坊式的建筑（图5-2-11、图5-2-12），中间为中国式屋顶，飞檐翘角，斗栱支撑，兽吻为饰，中悬校名，下为木门，中间为圆形的铜饰校徽，两侧则是覆盖屋檐的实墙照壁。复旦大学简公堂（图5-2-13）为二层砖木结构，内部为现代功能布局，上部的歇山屋顶分成3段，完全按照官式建

图5-2-6　颍川小筑整体外观（来源：上海市城市建设档案馆 提供）

图5-2-7 颖川小筑清水砖外墙（来源：上海市城市建设档案馆 提供）

图5-2-8 颖川小筑内部小弄（来源：上海市城市建设档案馆 提供）

图5-2-9 颖川小筑中西合璧的入口（来源：上海市城市建设档案馆 提供）

图5-2-10 颖川小筑巴洛克式样山花与中式屋顶（来源：上海市城市建设档案馆 提供）

筑风格建造，墙面的壁柱模仿传统木构，但采用了混凝土双壁柱的形式。

虹口的鸿德堂（图5-2-14～图5-2-17）是上海唯一一座具有中国宫殿式外形的教堂。整栋建筑中西合璧，是基督教

图5-2-11　复旦大学校园初建时期校门（系重建）（来源：金旖旎 摄）

图5-2-12　复旦大学校园初建时校门细部（系重建）（来源：金旖旎 摄）

图5-2-13　复旦大学简公堂立面（改建后）（来源：金旖旎 摄）

图5-2-14　鸿德堂正立面（来源：章佳骥 摄）

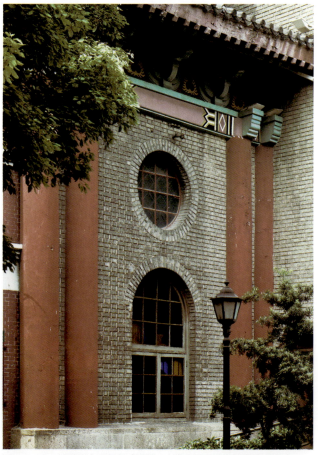

图5-2-15　鸿德堂立面细部（来源：上海市城市建设档案馆 提供）

中国化的产物。建筑共3层，1层为小礼拜堂，2层为主堂，两侧由成对的罗马双柱构成拱形走廊，3层为楼厅。建筑顶部是重檐灰筒瓦顶及飞檐斗栱的传统结构，外墙以青砖砌筑，并漆成红色的仿木结构混凝土圆柱，檐下绘有重彩画。

在鸿德堂的木构设计中，建筑师杨锡镠对传统木结构大胆创新，以木桁架结构解决了大空间的跨度问题。木桁架由截面为方形，漆涂成暗红色的木材与金属板条、圆钉链接而成，金属板条外包在木材的节点处，用圆钉嵌入木材固定。木桁架的各个节点以榫卯方式连接，不仅外观简洁，且各构件之间具有一定的变形能力，将刚接点转化为铰接点，从而有效地应对水平侧推力。建筑师以传统的木材创造出新的桁架结构形式，并将其与新材料配合使用，均匀地将大屋架的荷载分布在主梁上，再传至砖混屋身于基座中，完成整个受力系统。此类工程做法取消了传统建筑室内木柱的"回"字形分布，对传统木构建筑的传承进行了近代演绎和现代创新。

除了民用建筑外，20世纪初期及以前建造的工业建筑同样呈现中西融合的特点。比如1908年由英商设计建成的耶松船厂，其底层窗楣有弧券装饰，5层建筑上部3层退台均在窗口上做绿色琉璃瓦挑檐，西立面中部作塔楼造型，顶端塔亭为翘檐四方绿瓦锥顶，底层主入口雨棚亦为翘檐。[①]1913—1930年建造的福新面粉厂的办公楼正面中部为复合柱式门廊，中间檐部饰有巴洛克山花墙，内部却有1个中国式天井，木廊木柱木栏杆，采用中式纹样。由泰昌建筑公司设计的闸北水电公司水厂建筑群，建筑均采用中国民族风格。水塔为八角形5层宝塔建筑，钢筋混凝土结构，塔尖原为混凝土葫芦形。老办公楼为砖混结构，飞檐翘角，檐下饰有斗栱及仿和玺彩画。出水泵房则为中式民居式样，檐口有简易斗栱，窗上饰有回纹图案（图5-2-18~图5-2-23）。

图5-2-16　鸿德堂外墙青砖（来源：章佳骥 摄）

图5-2-17　鸿德堂屋檐细部（来源：章佳骥 摄）

图5-2-18　水塔建造时的状况（来源：上海市图书馆馆藏资料）

---

① 蔡育天. 回眸：上海优秀近代保护建筑[M]. 上海：上海人民出版社，2001：358.

图5-2-19 闸北水电公司水塔现状（来源：刘琦 摄）

图5-2-20 闸北水电公司水塔细部（来源：刘琦 摄）

图5-2-21 闸北水电公司建筑屋檐与山花（来源：刘琦 摄）

图5-2-22 闸北水电公司建筑回纹装饰（来源：刘琦 摄）

图5-2-23 闸北水电公司建筑转角屋檐斗栱和彩画（来源：刘琦 摄）

在建筑形式与结构中出现的中西合璧现象，取决于近代上海整个社会意识形态中东西方两种文化从对立逐渐走向认同[1]。如果包容可以消解对立，那么开放就能建构认同。

### (三)经济体面：建造材料和构造的适宜性发展

随着大量建设活动的发生，工匠对于材料建造的技艺也日趋成熟。在具体的施工过程中，上海的工匠发展出很多本土材料，以低技术实现精美而有效果的做法，充分体现了务实而体面，经济与精巧的地方文化特点。

石库门建筑的屋面大多用机制瓦代替小青瓦，外墙面亦多用石灰勾缝的清水青砖、红砖或青红砖混用。结构体系由原来的木构立帖式变为砖墙承重和木屋架屋顶。在弄口、过街楼以及门窗部位大量出现砖砌发券，亭子间及晒台等部位多出现钢筋混凝土楼板。同时，中国工匠在外国人主持的施工现场自学了汰石子技术，并在中国同行中传开[2]。石库门门框由石框门料变为多由清水砖砌或外粉水刷石面层，厢房间的窗槛和客堂楼、厢房楼窗槛下的窗肚墙处以汰石子或水泥磨石子饰面代替砖墙。例如：永安公司大楼外墙采用了汰石子饰面。

中国工匠们在对新材料和新技术不断尝试和探索的过程中，在西方新的建筑类型和时代的挑战面前，展现出很强的适应力和创新精神。

## 第三节　都市快速成长期传统建筑的现代化转型（1927～1948年）

1927年南京国民政府建立后颁布《特别市组织法》，宣布上海设立"特别市"，直隶于中央政府，"大上海"的格局正式形成。当时上海正值发展的黄金时期，彻底改变的行政区划属性，为上海未来的城市发展和建设提供了更大的权力和自由。

### 一、20世纪中叶上海的城市建设，建筑行业与思想发展的背景

第一次世界大战后，上海的经济活动得到恢复和加强，大批金融机构在上海设置总部。此外，民国政府颁布了法币政策，并发动国民经济建设运动，使上海新兴的中国民族工商业和金融业在爱国主义群众的反帝呼声中得到进一步壮大和发展。至20世纪二三十年代，上海已经成为远东最大的贸易中心、金融中心和工业中心[3]。飞速发展的经济与人口增长为房地产业提供了巨大的内生动力，并刺激了建筑业的繁荣。到20世纪30年代，上海经营房地产者已在300家以上，每年房地产成交额一般有数千万元[4]。房地产业的发展使上海地价迅速提高，城市密度增加。20世纪30年代后，上海大量兴建高层公寓，同时出现大量沙丁鱼罐头般拥挤的里弄出租房产。

与一片繁荣的租界相比，华界曾一度处于监管的边缘，政治局势动荡，城市建设与设施远落后于租界。为了统一华界，与市内租界相抗衡，市政府提出"大上海计划"，借由市府的搬迁有效连接闸北、上海县城等华界区域，并通过计划的推进，逐步解决华界所面临的种种城市落后与衰败的问题。它包括一系列的道路、市政府大楼及公共设施建设。由于国外势力控制的公共租界与法租界经常采用"越界筑路"的手段，变相扩大租界范围，于是"大上海计划"提出以修路来反制此行为。1928年，"中山路"开筑，联络起闸北和南市，同时包围租界不断向外扩展的界线。

20世纪30年代末，战日战争的动荡与破坏、人口激增以及租界用地分割等历史遗留问题，严重影响了上海的城市建设与发展。抗日战争胜利后，国民政府成立上海都市委员

---

① 伍江. 上海百年建筑史（1840-1949）[M] (第二版). 上海：同济大学出版社，2008，188.
② 何重建. 上海近代营造业的形成与特征. 第三次中国近代建筑史研究讨讨论会论文专辑. 中国建筑工业出版社，1991，118.
③ 伍江. 上海百年建筑史（1840-1949）[M] (第二版). 上海：同济大学出版社，2008，94.
④ 伍江. 上海百年建筑史（1840-1949）[M] (第二版). 上海：同济大学出版社，2008，95.

会,并制定"大上海都市计划",首次为上海编制完整的城市总体规划。国民政府颁布了《都市计划法》和《收复区城镇营建规则》2部法规,并引入了现代城市规划理念,包括功能分区、道路系统、卫星城镇等[①]。但由于内战爆发,大上海都市计划也未实现。

20世纪20年代末~30年代初的建筑繁荣得益于大批陆续归国的留洋建筑师。他们在西方接受正规建筑学教育,并在归国后继续从事建筑设计等相关工作,逐渐改变上海建筑界由外国建筑师一统天下的局面。这些中国建筑师多颇有建树,如庄俊、吕彦直、范文照、赵深、董大酉、李锦沛等。

与此同时,上海的中国营造厂如雨后春笋般出现。中国传统建筑工匠勤奋好学,极快地掌握了新结构、新材料,并将中国传统纯熟的建筑技艺与西方建筑技术相融合,承建了一大批重大建设项目。至1933年,在上海登记的营造厂已达近2000家[②],除某些特殊设备安装行业外,上海的建筑施工行业已完全由中国营造厂包揽[③]。

但与西方建筑师相比,中国建筑从业人员初入市场,不免缺乏经验,或受市场不公正对待。为了促进交流、维护利益、宣传建筑观点,1927年由庄俊等创立了中国第一个行业组织"上海建筑师学会",次年转为"中国建筑师学会"。1931年,上海市建筑协会成立。两个学术组织出版了《中国建筑》、《建筑月刊》两份学术刊物,对宣传上海和中国的建筑起到了积极的作用。

## 二、都市快速成长期上海传统建筑传承和发展的特点

### (一)从灵活务实的江南城镇到精明高效的都市格局

工商业的发展及国家各类内忧外患,促使上海人口激增。上海周边大量破产的农民、失业人口进城寻找稳定的工作。到1927年,上海租界人口已接近100万人,人口密度最高达到573人/公顷。[④]相比之下,城市的扩张速度远不及人口的增长,城市空间日益拥挤。在此情况下,上海不仅建造了大量的里弄住宅,最大限度地容纳居民,还开始兴建高层住宅楼。例如陆谦受、吴景奇设计的同孚大楼,平面结合道路转角设计,最大地利用了基地资源。虽然这些上海的住房空间十分紧张,但是它们却保留了传统住宅的精髓,并最大程度地节约用地,满足现代人的居住需求。

邬达克设计的吴同文住宅(Mr. D.V.Wood Residence)虽然被称为"整个远东地区最大、最豪华的住宅之一"[⑤],但建筑师在设计时仍尽可能地节约空间资源。建筑基地东临铜仁路,北为北京东路,西南2个方向都与其他地块毗邻。为了尽可能大地留出南面的花园,建筑紧贴基地北侧布置。建筑沿道路的立面相对封闭,以实墙为主,而对院子的一侧则设置水平的大阳台,并开落地大玻璃窗,一把弧形的室外大楼梯直通花园。在一层的建筑平面中,一条车道贯穿建筑东西两侧。这样一来,由桐仁路主入口进入的车辆无需回车,便能从基地西北角的边门驶入北京东路,节约了基地内部的回车空间。此外,建筑的功能也与基地环境相结合。宽敞明亮的主人活动区朝向南面,与花园完美融合,而仆佣区及辅助用房则沿着街道布置(图5-3-1)。

20世纪二三十年代,上海出现多种新型建筑类型,如商业建筑和娱乐建筑,这对寸土寸金的上海提出了新的挑战。

大光明大戏院是邬达克的代表作之一,是上海当时最大的电影院,历史上曾有"远东第一影院"之称。然而,建筑基地狭长而不规则,且原有建筑的一层需要保留,并加建二、三层,对设计提出了诸多挑战。为容纳更多座位,观众厅设计为钟形,与垂直南京西路的入口门厅有30°左右的夹角。从门厅两侧楼梯中间可进入一层腰果形休息厅,休息

---

① 峦峰. 李德华教授谈大上海都市计划[J]. 城市规划学刊, 2007.05.15.
② 李晓华. 百年沧桑话建筑[M]. 上海:上海文化出版社, 1991, 8.
③ 何重建. 上海近代营造业的形成与特征[M]. 北京:中国建筑工业出版社, 1991, 120.
④ H.F.Wilkins. Is Shanghai Outgrowing Itself[J]. The Far Eastern Review, 1927, 446.
⑤ Tess Johnston&Duke Erh, A last look--Western Architecture in Old Shanghai[M]. Old China Hand press. Hong Kong 1993. 87, "A Hudec's Master piece".

图5-3-1 吴同文住宅整体外观（来源：寇善勤 摄）

图5-3-2 大光明大戏院局部外观（来源：庄哲 摄）

厅贴合观众厅布置，空间宽阔，曲线造型优雅，且与门厅过度流畅。建筑立面呈装饰艺术（Art Deco）风格。在东侧入口处，邬达克设计了12扇高大的铬合金钢框玻璃大门。入口上方，乳白色的玻璃雨棚向街道悬挑，左侧耸立一方形半透明的玻璃灯柱招牌，高达30.5米，晚间光彩夺目，具有很强的招揽性。大光明大戏院成功地在"螺丝壳里做道场"，以最小的投入获得最大的收益，且商业招揽效果好，形式时髦新颖，富有明快的时代气息（图5-3-2、图5-3-3）。

可以说，紧张的土地资源直接或间接地创造了上海的新建筑，它们灵活地根据基地特征因势利导、有机生成、巧妙融合、展现出灵活务实，精明理性的特点。近代的上海也从传统的江南城镇，经过不断的发展，成为精明高效的现代化都市。

图5-3-3 大光明大戏院门厅（来源：庄哲 摄）

### （二）在现代建筑类型中灵活融入传统建筑的风格形式和符号装饰

上海开埠后，传统建筑文化在被西方文化植入的过程中日渐式微。但在新文化运动后，国内爱国主义、民族主义情节高涨。1930年国民党发表《民族主义文艺运动宣言》，1934年成立中国文化建设协会，极力提倡"中国本位"、"民族本位"。这一思潮使建筑师重新肯定传统建筑的形式。20年代末，一些重要的西方建筑师便开始涉足中国传统建筑样式，同时刺激了中国建筑师研究中国建筑，大量中国传统建筑语汇出现在建筑中，"本诸欧美科学之原则"，保存"吾国美术之优点"[①]，逐步将崇尚欧化的社会风气恢复到民族风格当中，对促进中国建筑师探索传统形式发挥了重要作用。

八仙桥基督教青年会大楼（图5-3-4～图5-3-8）由李锦沛、范文照及赵深三位中国建筑师设计。建筑高10层，钢筋混凝土结构，在西式的高层建筑上套中式的屋顶。屋顶使

图5-3-6 八仙桥基督教青年会大楼中式纹样的窗洞（来源：上海市城市建设档案馆 提供）

图5-3-4 八仙桥基督教青年会大楼全景（来源：寇善勤 摄）

图5-3-7 八仙桥基督教青年会大楼细部中式纹样（来源：上海市城市建设档案馆 提供）

图5-3-5 八仙桥基督教青年会大楼中式屋顶和彩画（来源：上海市城市建设档案馆 提供）

图5-3-8 八仙桥基督教青年会大楼细部中式纹样腰线（来源：上海市城市建设档案馆 提供）

---

① 孙科. 首都计画序. 首都计划. 南京：国都设计技术专员办事处，1929.

了两重蓝色琉璃瓦顶，翼角稍带飞檐，檐口则采用简化的仿斗栱构件及彩画。大楼前翼的外部造型仿北京前门箭楼的形式。底部三层外墙用人造花岗岩。

贴面，处理成基座，4~8层墙面贴褐色泰山面砖，形成横三段的构图。聚兴诚银行（图5-3-9~图5-3-12）同样运用了中国古典建筑的语言，除了两重蓝色琉璃瓦飞檐屋顶外，建筑立面饰有大量中式装饰。建筑墙面贴浅黄色大理石，中间设腰线，窗框下饰回纹图案。建筑入口处饰有飞檐门罩，斗栱，霸王拳等中国传统建筑构件，均为石构，仿造木构形式。

20世纪二三十年代，教会开始建设集中式布局的现代医院，建筑布局与设施更加注重科学性与合理性。国人在教会医院的基础上，相继建造了几座现代化的医院，并使用中国传统建筑式样。基泰工程司设计的中山医院（图5-3-

图5-3-10　聚兴诚银行总体外观（来源：寇志荣 摄）

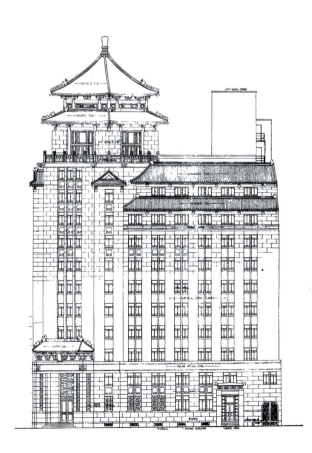

图5-3-9　聚兴诚银行立面图（来源：《上海近代建筑风格》）

图5-3-11　聚兴诚银行入口（来源：寇志荣 摄）

13~图5-3-15）是一栋中西合璧的现代医院。建筑体量庞大，呈"凹"字形左右对称布局，立面横向采用3段处理，底层为混凝土基座，中间2~5层为红色清水砖墙，装有汉白玉栏杆的顶层平台上为歇山屋顶。屋顶带有中国清代皇家建筑特色，铺设黄色琉璃瓦，檐下绘传统彩画图案，屋脊上有吻兽，脊兽等。此外，屋顶还设有上海地方特色的老虎窗。与之一街之隔的国立上海医学院院舍是与之风格相似的姐妹楼（图5-3-16~图5-3-18）。李锦沛设计的吴淞海港检疫所也融合了中国传统建筑式样与现代风格。建筑塔楼屋顶为中式四角攒尖顶，上满铺红色筒瓦，外墙面为红色清水砖墙。除主入口有一处简化的凹凸线脚外，墙面上没有多余的装饰元素。

这一时期，建筑师将中国传统建筑语言移植到新建筑中去，如中国式屋顶与传统装饰，并希望借此在时代的变革中探寻新的建筑形式与身份认同。在此过程中，因建筑尺度、功能、结构与城市文脉的变化，中国传统形式符号往往只是建筑的附加部分，"中国式多用于外部，外国式多用于内部"。[①]这种拼贴式的设计虽然略显笨拙，但为未来如何将传统以一种

图5-3-12　聚兴诚银行细部装饰（来源：寇志荣 摄）

图5-3-13　中山医院建筑整体外观（来源：上海市图书馆馆藏资料）

图5-3-14　中山医院建筑屋顶与老虎窗（来源：刘文钧 摄）

图5-3-15　中山医院建筑细部（来源：刘文钧 摄）

---

① 孙科. 首都计画序. 首都计划. 南京：国都设计技术专员办事处，1929.

图5-3-16 国立上海医学院院舍老虎窗（来源：刘文钧 摄）

图5-3-17 国立上海医学院院舍次入口（来源：刘文钧 摄）

图5-3-18 国立上海医学院院舍主入口（来源：刘文钧 摄）

新的存在方式纳入整体的建筑思考作出了第一步的尝试。

1925年巴黎"装饰艺术与现代工业"国际博览会举办之后，装饰艺术风格在上海迅速普及，并与中国传统建筑装饰相融合。中国传统建筑的局部装饰或构建被作为建筑装饰艺术的母题，而建筑体量和构图则呈现装饰艺术的特征。

1932年，公和洋行设计的亚洲文会大楼（图5-3-19~图5-3-21），第一次将中国传统建筑的局部作为装饰艺术母题。建筑中使用了中国传统形式的构件，如栏杆、入口券门、八卦形窗等。在1937年建成的中国银行大楼（图5-3-22~图5-3-24）中，公和洋行与陆谦受一起对中国传统建筑与装饰艺术风格的融合做出了进一步尝试。中国银行大楼以竖向线条为主要造型特征，顶部两侧呈台阶状，外墙面用金刚石饰面。建筑立面上有大量具有中国特征的局部装饰，如栏杆、漏窗等。建筑顶部采用平缓的四角攒尖顶，上面盖铜绿色琉璃瓦，攒尖顶檐下以巨型石质斗栱装饰。

中国建筑师也加入了这场装饰艺术派建筑浪潮，创作了大批优秀的装饰艺术派建筑。

中国银行虹口大楼（图5-3-25）由陆谦受、吴景奇设计。大楼所在基地形状狭长，建筑在南部路口处顺应道路设置弧形转角，并在建筑顶端设现代式塔楼。外墙底部二层用花岗岩砌筑，三楼以上采用褐色砖贴，配以石质横竖线条和点状装饰。李锦沛设计的中华基督教女青年会大楼（图5-3-

图5-3-19 亚洲文会大楼立面（来源：许志刚 摄）

图5-3-20 亚洲文会大楼外立面细节（来源：上海市城建档案馆 提供）

图5-3-21 亚洲文会大楼立面细部（来源：章佳骥 摄）

图5-3-22 中国银行大楼外观现状（来源：上海市城市建设档案馆 提供）

图5-3-23 中国银行大楼屋顶细部（来源：余儒文 摄）

图5-3-24 中国银行大楼细部装饰（来源：寇善勤 摄）

图5-3-25 中国银行虹口大楼（来源：徐丽婷 摄）

26~图5-3-28）同样为装饰艺术派风格。大楼顶部逐层后退呈阶梯状，外墙为清水砖墙面，以仰莲瓣须弥座为基座，墙面和门框装饰有回纹图案，建筑入口处还有仿木外檐及石刻勾头滴水。建筑门窗亦为中式，室内饰藻井式天花。

装饰艺术风格强调造型的秩序感和几何感，装饰母体抽象而程式化，将机械美学及时代感赋予传统的建筑装饰，融合了中国传统文化与对新世纪机械文明的崇拜[1]。装饰艺术派建筑形式富有变化，且工期短，不仅外观时尚摩登，还十分契合当时上海"最少投入，最多获利"的商业需求。

图5-3-26 中华基督教女青年会大楼正立面（来源：徐丽婷 摄）

---

[1] 郑时龄. 上海近代建筑风格[M]. 上海：上海教育出版社, 1999, 266.

图5-3-27 中华基督教女青年会大楼回纹图案（来源：徐丽婷 摄）

图5-3-28 中华基督教女青年会大楼入口细部（来源：上海市城建档案馆 提供）

## （三）中国固有式：民族风格的现代化探索

1930年，国民政府为宣传传统并推进革命，在《上海市中心区域规划》中对建筑风格提出"中国固有形式"，希望……融合东西建筑学之特长。以发扬吾国建筑物故有之色彩，以观外人之耳目，以策国民之兴奋也[①]。1932年，在《建筑月刊》的发刊词中也提到，"以科学方法，改善建筑途径谋固有国粹之亢进。"

董大酉是近代中国第一批留洋归国开设职业事务所的建筑师，他留美学成归国后，任上海市中心区域建设委员会顾问兼办事处主任建筑师，是大上海计划最重要的设计者与实践者，也是探索"中国固有形式"民族风格的先驱。上海江湾行政中心几乎所有的重要建筑都出自他手，其中包括上海市政府大楼、博物馆（1934~1935年）、图书馆（1934~1935年）、江湾体育场（1934~1935年）、体育馆（1934~1935年）、游泳馆（1934~1935年）等。

上海市政府大楼（即旧上海特别市政府办公楼，1931~1933年，图5-3-29~图5-3-31）是大上海计划中最先建成的建筑。建筑的外观为中国古典宫殿式，东西长93米，三段式，并有明确的屋顶、屋身和基座三个部分。中部进深较大，屋面采用歇山顶，两翼进深稍小，采用庑殿顶，连屋顶梁架下的夹层共四层。底层处理成仿石的基座，周围有石砌栏杆。二、三层为木构柱枋形式，绿色琉璃瓦屋面，檐下斗栱均仿清式斗栱。

上海市立博物馆（图5-3-32~图5-3-34）与市立图书馆（图5-3-35~图5-3-37）位于市政府大楼的东西两侧，借鉴北京故宫钟鼓楼的对称布局形式。因设计经费紧缺，董大酉在设计的过程中选择性地减少装饰性元素，并向"中式折中"发展。建筑横向立面为中轴对称的古典三段式，竖向则分为阁楼与台基上下两段。下两层屋身简化为方形体块，仅使用少量的装饰性元素，上层则覆以代表"固有式"建筑象征的传统阁楼建筑形式，女儿墙与基座采用中国传统装饰纹样作收头与装饰处理。

---

① 创刊号之发刊词[J]. 中国建筑，1931.11，（2）.

图5-3-29　上海市政府大楼外观现状（来源：刘琦 摄）

图5-3-30　上海市政府大楼屋顶（来源：刘琦 摄）

图5-3-31　上海市政府大楼细部（来源：刘琦 摄）

图5-3-32　上海市立博物馆历史照片（来源：上海市图书馆馆藏资料）

图5-3-33　上海市立博物馆现状外观（来源：刘琦 摄）

图5-3-34 上海市立博物馆细部（来源：刘琦 摄）

图5-3-35 上海市立图书馆历史照片（来源：上海市图书馆馆藏资料）

图5-3-36 上海市立图书馆现状外观（来源：上海市城市建设档案馆 提供）

图5-3-37 上海市立图书馆细部（来源：上海市城市建设档案馆 提供）

在设计上海市立体育场（图5-3-38～图5-3-41）、体育馆（图5-3-42、图5-3-43）、游泳池（图5-3-44、图5-3-45）时，董大酉更加注重功能与实用，设计手法更为简化，仅在局部墙面饰以斗栱等中国传统的装饰性纹样。体育场东西两侧的司令台设三座人造汉白玉拱形大门，并装饰了中国传统的云纹、莲花纹等雕刻，顶端左右设置古铜色大鼎各一座。在体育场外围，董大酉还设置了一圈清水红砖砌筑的拱廊，供办公或商业使用。

此外，他还设计了上海文庙图书馆（1935年），吴铁城住宅"望庐"（1934年）等，都采用了"中国固有式"建筑风格。

中国固有式与中国古典建筑风格的"适应性"建筑不同，它是一种功能现代，而式样则为彻底中国化，并受西方建筑思潮影响的新形式。墨菲在探索中国古典式样的新建筑的过程中，首先用"文艺复兴"来比喻中国建筑的新方向，而对于"中国固有"元素的使用，则受到西方探索古典主义

图5-3-40 上海市立体育场外观现状（来源：金旖旎 摄）

图5-3-38 上海市立体育场、体育馆、游泳池鸟瞰图（来源：上海市图书馆馆藏资料）

图5-3-41 上海市立体育场细部（来源：金旖旎 摄）

图5-3-39 上海市立体育场主席台历史照片（来源：上海市图书馆馆藏资料）

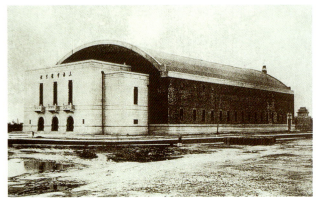

图5-3-42 上海市立体育馆历史照片（来源：上海市图书馆馆藏资料）

图5-3-43 上海市立体育馆现状立面（来源：金旖旎 摄）

图5-3-44 上海市立游泳池历史照片（来源：上海市图书馆藏资料）

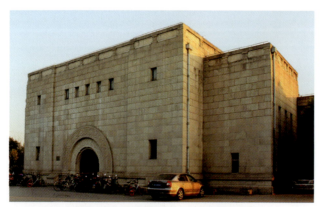

图5-3-45 上海市立游泳池外观现状（来源：金旖旎 摄）

的精神感召，依赖于"布扎"（Beaux-Arts）体系的设计手法。中国固有式装饰性强，民族形式鲜明，且典雅大方，是新中国形象的象征、建筑新文化运动的产物，为国民政府"民族复兴"蓝图的巨大推动力。虽然这一建筑思潮具有复古主义思想的一面，但在探索的过程中，也体现了向现代建筑演变的趋势，具有进步意义。

### （四）流动空间理念与江南园林意境自由融合的可能

20世纪20年代末～30年代初归国的建筑师，大部分都接受了西方传统的学院派建筑教育。与此同时，欧洲如火如荼的新建筑思潮也传入上海。黄作燊曾师从现代主义建筑大师格罗皮乌斯，归国后创办了圣约翰大学建筑系，引入了现代美学的思想。例如，美国现代建筑大师赖特（Frank Lloyd Wright）"流动空间"理念，它强调平面的自由和空间的灵活，与江南园林的传统建筑有相通的理念。

李德华、王吉螽是圣约翰大学建筑系第1批毕业生，他们与协泰洋行设计了姚有德住宅。建筑高两2层，按照起伏的地形自由组织，运用不同的层高将各功能房间区分开来。建筑室内外均采用大量毛石墙面砌筑以体现、模仿"自然"，寓意居于庭院之中。大面积的玻璃窗框将室外景观引入于起居室内，并与精心设计的室内庭院连成一片。起居室内设有小桥流水、嶙峋怪石、树木花卉，顶部屋顶可以自由滑动，更使得内部空间与室外自然环境浑然一体。建筑表面没有奢华的装饰，但建筑设备齐全，与环境和谐共存，具有江南园林之意境，在城市中营造了清新脱俗的生活氛围。

不同地域文化的建筑在回归真实生活本源的层面上并非是对立的，相反，它们是共通的。美国广袤大草原的流动空间与江南古典园林的意动空间两者在近代上海的都市实践中异质同构。

### （五）精明创新应对上海软土地基和高地下水难题的高层建筑技术发展

钢筋混凝土框架结构在20世纪初由西方移植到中国。20世纪30年代以后，钢筋混凝土框架结构与钢框架结构在上海得到更为普遍的应用。同时，各种新的施工技术、施工机械与设备亦被广泛用于各类工程的建造中，如高层建筑的基础施工中运用蒸汽及电动打桩机；建造过程中的垂直吊装运用电力升降机，高层钢框架结构常采用多种起重机联合吊装构件。在此基础上，高层建筑得到迅速发展①。

1934年12月底，高83.8米的四行储蓄会二十二层大厦（Park Hotel，今国际饭店，邬达克设计，图5-3-46）的建成无疑把上海的房地产业、建筑设计与施工技术推上了一个新的台阶。在建成后很长一段时间内，它都有"远东第一高楼"的美誉。

为在松软的上海地基上建设摩天大楼，四行大厦采用蒸汽机打桩。桩头均为圆木美松，每根钢柱之下打五根梅花桩，桩径35厘米，最长的桩达39.8米，相当于大厦地面总高的一半。桩既密又深，可有效防止建筑沉降。大楼采用钢框架结构，钢材由邬达克委托德国西门子洋行设计，质轻，而强度比普通钢材高3倍。外墙和楼板全部采用钢筋混凝土以加强整体刚度。出于防火考虑，钢框架结构外面全部再包上混凝土，且采用了当时极为先进的自动灭火喷淋装置，每层备有消防龙头。大楼还设计安装了冷暖气设备，管道均暗敷于墙内，各处消声处理都比较好②。

除了新技术外，上海还发展了一支工艺优良的本土施工队。至20世纪20年代，上海的建筑施工行业已几乎成为中国人的一统天下，且各营造厂在施工领域各有所长。在四行大厦的施工中，吊装工程全部由以擅长吊装著称的史惠记营造厂分包（馥记营造厂总承包）。而奚银记、沈生记、陈根记等营造厂则在桩基施工中具有优势，海关大楼（新仁记营造厂承建）、百老汇大厦（新仁记营造厂承建）、永安公司新楼（陶桂记营造厂承建）和中国银行（陶桂记营造厂承建）等重要建筑物的打桩工程均由上述几家营造厂分包。即使在外商占优势的水电、卫生设备工程安装行业，上海的施工队伍亦占有不可忽视的地位③。

20世纪二三十年代，是上海建筑最为繁荣的年代，这段时间的建筑特征概括起来，就是精明务实、求新求变、追求

图5-3-46 四行储蓄会二十二层大厦外观现状（来源：冠善勤 摄）

摩登。在寸土寸金的土地上，上海建筑师精打细算，精益求精，注重功能性、经济性、规范性和技术性的有机统一。在上海，"利，时之大义矣"已经成为社会共识，在越发拥挤的城市中，上海建筑师能够在有限的资源里，挖掘出最大的利用价值。

此外，上海对新事物始终有很强的包容性。作为竞争激烈的商品社会，新风格、新材料、新设备等，一经出现，便会成为一种骄傲而被大肆宣传。这也促成了上海建筑不断发展、不

---

① 伍江. 上海百年建筑史（1840–1949）[M]（第二版）. 上海：同济大学出版社，2008，97.
② 华霞虹. 邬达克在上海作品的评析. 同济大学硕士论文，2000，34.
③ 伍江. 上海百年建筑史（1840–1949）[M]（第二版）. 上海：同济大学出版社，2008，98–100.

断革新的内在动力,时尚摩登成为建筑事业发展的保证。

战争期间,建筑活动少量进行。在如此艰苦的条件下,上海建筑越发讲求实际,以最少的投资建造好用、经济且美观的建筑。上海的近代建筑在向现代派转变中划下了句号。

因为在中国传统社会中所处的边缘地位,上海文化必须学会开放包容才能生存,这为不断吸收其他地区的营养,即内溯太湖流域、外联江海四方的建筑经验并加以转化奠定了基础。开埠以后,因为处于中西文化交融的中心,兼容并蓄、演进创新、理性务实、精益求精的上海地方建筑文化得以逐渐形成。甚至"上海近代建筑"概念本身的提出,就"具有多元共生的特点"[①]。虽然上海近代城市和建筑的发展总体呈现中西交融的特点,但这也是中国传统建筑逐渐实现现代化转型的过程,而上海丰富包容的都市文化精神正是在这一过程中逐渐凸显出来。

---

① 郑时龄. 上海近代建筑风格[M]. 上海:上海教育出版社,1999:65.

# 第六章　现当代语境中上海传统建筑传承的背景与特点

经过百余年都市化的发展，近代上海从相对于历史悠久的中原地区及长三角其他富庶城市和文化较为边缘、次要的位置，一跃成为中国最大、最发达的城市，并跻身世界四大都市行列，为现当代发展留下了极其丰富的城市和建筑遗产。新中国成立至今，不同历史阶段社会主义建设有不同的需求，上海作为全国城市发展的排头兵，根据国家和地区发展的整体需要，制定和执行着相应的城市化和现代化发展计划。对于传统传承，不同历史阶段也有不尽相同的诉求。20世纪五六十年代，上海从全国最大的消费城市转变为华东地区最重要的工业基地，对民族形式，尤其是现代乡土风格的探求既体现了社会主义意识形态的影响，也受到经济和技术水平不足的限制。20世纪70年代末改革开放，20世纪90年代初建立社会主义市场经济，尤其是浦东开发开放以后，浦江两岸虽然经历了经济高速增长和快速城市化，但历史文脉意识得以延续。新千年以后，借2010年上海世博会的契机，上海着力于提高全球城市的竞争力，历史文化和风貌特色成为提升城市形象和软实力的文化资本，历史建筑保护和城市历史风貌区建设越来越受到重视。同时，在国际设计力量的竞争压力下，"批判的地域主义"——多位欧美建筑理论家所倡导的，反对国际式的、单一的现代主义，主张具有地域性差异的现代主义发展的理论范式，成为本土设计师建构自主身份的重要策略。

无论是新中国成立初期出于重构民族和国家身份的压力，还是今天源于在全球政治经济竞争中提升城市象征资本的动力，在强大的现代化进程、迅速提升经济实力和城市形象大规模基础建设中，上海建筑通过地域文脉、形式符号、空间场所和材料建构等方面探索着多种形式的传统传承，不断延续和拓展着因地制宜、讲求实效、多元并存、敢于创新的城市文化精神。

## 第一节　社会主义初期对民族形式和现代乡土风格的探索（1949~1977年）

新中国成立以后，为建设一个强大的、高度工业化的社会主义国家，工业成为国家经济发展的主导目标，在中央的整体规划下，上海逐渐从全国最大的消费城市转变为华东地区重要的工业基地。

1952年，紧随第一次全国建筑工程会议的召开，上海陆续成立了10余个设计勘察单位。1953年恢复建筑学会。同年，中央政府决定将建筑力量转向工业建设，全国各大设计院纷纷改制[1]，"华东建筑设计公司"改为"华东工业建筑设计院"[2]。至1956年，上海的私营建筑企业全部并入公有设计院，全新的城市建设伴随着巨大的社会变革拉开序幕，工业建设是重中之重。

在"社会主义城市的建设和发展必然要从属于社会主义工业的建设和发展"[3]的城市建设方针指导下，上海从20世纪50年代初开始大批兴建工人新村，在"大跃进"中着力建设"全国的，具有完整体系的工业基地"。除了大规模的工厂建造外，上海还开启了卫星城镇的规划，并建造了闵行卫星城。对于城市中的现存建成区域，则主要以改建、扩建的方式调整城市空间结构，并满足对其他类型建筑的需求。刘秀峰部长主持上海座谈会后，上海逐渐形成"实用、经济、美观"的建设方针。

20世纪60年代中~70年代末，上海在城市建设上基本处于停滞状态。但体育建筑、援外建筑等特定的领域依旧有较大的发展，尤其突出的是对先进建筑结构和技术的探索。1972年起，国家逐渐恢复生产，上海开始投入到工业建筑的建造和扩建，又相继建成了金山卫和宝山两个卫星城。

这一时期的建筑思想也随着不同时代的发展需要而不断调整。1949~1952年国民经济恢复时期，主要延续近代开始的现代主义建筑思想，"一五"计划中对民族形式展开了广泛讨论，"大跃进"时期对工业、技术化表现热诚，"文革"及其后则着力于先进结构和技术的探索。从传统传承角度进行的探索主要包括对民族形式的探寻，以及将乡土建筑现代化，以便为广大劳动人民提供更亲切适宜的生产生活空间。

### 一、为社会主义建设探索民族形式

新中国成立后，建筑师中普遍存在一种强烈的民族感，希望做出属于自己国家和民族的建筑作品[4]。延续从近代以来的一贯趋势，建筑师主要通过借鉴官式或江南民居建筑的风格符号、细部装饰和材料工艺来再现传统，目标是寻求中国建筑的现代化转型而非拟古复古，以此建构社会主义新中国的国家和民族形象。其后，中国学习苏联的"民族主义形式，社会主义内容"，民族形式从星星点点的细部装饰，转向借用中国古典官式建筑形制的"大屋顶"，并形成风潮席卷全国，还与后来反对复古，反对浪费的批判形成冲突。同济大学中心大楼（现同济大学南北楼）坎坷的设计和建设过程，就是在上海这一时期的意识形态冲突下产生的。与之形成对比的是，上海建筑师对江南地区传统民居的现代演绎，比如同济大学工会俱乐部（亦作同济大学教工俱乐部）、鲁迅纪念馆等项目，则开辟了一条探索民族形式和地方风格的新路径。

### 二、为生产服务，为劳动人民服务的现代乡土风格

相比于公共建筑，如何设计大型生产性和居住类建筑，使其既适用又能体现地域特色，是上海在新中国成立后的城

---

① 邹德侬，王明贤，张向炜.中国建筑60年（1949-2009）：历史纵览[M]. 北京：中国建筑工业出版社，2009.
② "华东建筑设计公司"改制为"华东工业建筑设计院"，直至1985年。
③ 董鉴泓. 第一个五年计划中关于城市建设工作的若干问题[J]. 建筑学报,1955,(3):1-12.
④ 唐云祥. 同济设计院的奠基人吴景祥教授，见：同济大学建筑与城市规划学院. 吴景祥纪念文集[M]. 北京：中国建筑工业出版社，2012: 151-155.

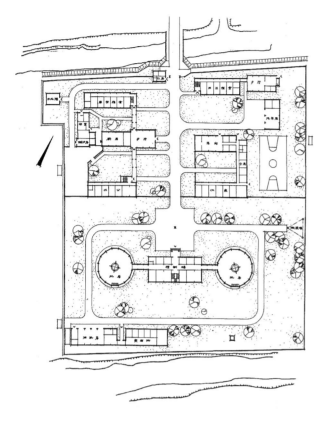

图6-1-1　国际卫星通信地面站总平面图（来源：《悠远的回声》）

市建设中探索的另一问题。在规划布局上，设计者习承古人因地制宜的作法，通过沿用江南水乡的传统格局（如曹杨新村）或借鉴传统园林的布局手法（如国际卫星通信地面站，图6-1-1），使整体延续了地域文脉，环境优美宜人；在单体建筑的设计上，则多选用乡土民居或园林建筑的形式风格，既朴素实用，又使人感到亲切宜人。

## 三、在生产主导和经济制约下上海现代建筑传统传承的特点

"一五"计划中明确指出，全国城市建设重点是建设内地中小城镇，并适当限制大城市发展[①]。在高度集中的中央财政管理计划下，上海为全国发展长期提供巨大的财力支援，留给地方发展的很少，只能依靠历史存留资源。在以生产为主导和经济制约下的城市建设中，上海建筑传统传承的特点主要包括以下四点：

### （一）借鉴和发展江南民居的形式符号与院落空间

"一五"计划前后，全国范围内开始了探索民族形式的热潮。顺应这一主旋律，上海建筑师们将目光转向了对江南民居资源的发掘，以期通过演绎再现的建筑实践，谱写更适于江南地区的民族"小调"。借鉴江南传统民居的此类作品朴实亲切，重点探求中国传统民居与现代性的结合，主要表现在符号再现和院落空间组织两个方面：

对传统民居中的形式符号再现的早期探索，通常使用简化的"中国古典元素"装饰建筑外立面，借鉴的对象逐渐扩展到江南民居的构件与样式。如1955年同济大学南北楼，其主体两侧4层中央出挑部分下沿模仿江南蝴蝶瓦滴水板形状的收边[②]，而主入口木门木窗的雕饰延续江南传统民居的相关式样，只是其中的喜鹊、蝙蝠等传统主角换成了富有时代气息的和平鸽。1956年鲁迅纪念馆采用的是绍兴地方民居的建筑风格，即粉墙、灰瓦、马头山墙、绦环式漏空的柱廊栏杆、毛石的勒脚等具有乡居风趣的建筑形式符号[③]。

对民居院落空间的现代化演绎则是在现代设计中引入传统江南民居和园林中整体环境虚实相间的布局手法，形成建筑内外系列院落，既服务于功能的要求，也使建筑室内外与环境有机衔接、亲切宜人。例如同济大学工会俱乐部，其朴实无华的建筑形象，以及从建筑内部伸出的矮墙围合而成的若干个小庭院，就是此种传承特征的代表之作。

---

[①] 董鉴泓. 第一个五年计划中关于城市建设工作的若干问题[J]. 建筑学报,1955,(3):1-12.
[②] 唐玉恩. 高山仰止，师恩永存，见：同济大学建筑与城市规划学院. 吴景祥纪念文集[M].北京：中国建筑工业出版社，2012: 7-15.
[③] 陈植，汪定曾. 上海虹口公园改建记——鲁迅纪念墓和陈列馆的设计[J]. 建筑学报，1956，(9):1-10.

## （二）工人新村建设综合欧美与苏联规划思想，融合水乡文化和里弄智慧

贯彻上级"为生产服务，为劳动人民服务，首先为工人阶级服务"的方针，1951年，上海市政府成立了"上海工人住宅建筑委员会"，决定兴建工人住宅，以解决上海300万产业工人的居住困难[①]。

新村的规划，融合昔日水乡的智慧——以重视一切有利的自然条件为特点，因地制宜地将地形、河流、树木等组织到住宅区的规划结构中[②]。作为中国第一个示范性工人新村的曹杨新村是其中的典型作品。曹杨新村既有新式里弄的生活情趣，又有欧美"花园社区"的影子。设计吸收了当时欧美先进的"邻里单位"的规划理论，并受到苏联的"街坊式"规划思想的影响，住宅的设计则与上海的里弄文化相融合。基地中的道路与住宅的布局，与保留下来的河道相结合，平添了几分江南水乡的意境和风趣[③]。

除了工人新村外，上海当时还设计建造了一些拥有公寓式住宅的"一条街"。这些街道设计总体上以现代的手法统一完整地展现城市面貌，并考虑都市中的生活和居住模式，在建筑风格和艺术处理的手法上引用民族形式，将传统建筑样式与现代社会主义的生活情境相融入。例如张庙一条街（图6-1-2）的规划既有现代主义的气息，又突出了江南园林式的街道布局特点：街心花园的假山和大片绿地等富有东方韵味的元素给人轻松愉悦的感觉；在街的尽端布置了百花林，花鸟亭则采用传统园林中常见的六角亭，用曲折的花廊与茶园相连；同时，配合建筑的布局，还使用了许多围墙、漏窗等形式，充满了浓浓的民族韵味[④]。

## （三）对苏联建筑风格和结构技术进行本土适应性转化

为了更好地建设社会主义国家，新中国向有着30多年社会主义建设经验的苏联老大哥学习：一是学习"社会主义内容、民族主义形式"的建筑思想；二是对先进的建筑技术进行学习和实践。在学习借鉴的过程中，由于参与设计和建设的大多是本土建筑和工程师，他们发挥主观能动性，不可避免地糅合了上海建筑的特征和文化传统。

例如20世纪50年代中建成的中苏友好大厦（图6-1-3），虽然其主体风格是按苏联的民族形式设计的，但很多细节体现了中国建筑的传统特征。展馆内部的装饰使用了中国传统的沥粉工艺；高耸的钢塔塔身采用中国传统的鎏金工艺；建筑内部的一些细部也混合了中国建筑师的设计，"已颇具中国风味"[⑤]。技术方面，新中国成立之初，中国直接应用苏联砖石双曲拱建造技术，却高频发生结构坍塌事故。同

图6-1-2　张庙一条街（来源：《上海现代建筑设计集团成立60周年设计作品集》）

---

① 徐景猷，方润秋. 上海沪东住宅区规划设计的研讨[J]. 建筑学报，1958，(1):1-9.
② 同上.
③ 朱晓明. 上海曹杨一村规划设计与历史[J]. 住宅科技，2011，(11):47-52.
④ 上海市民用建筑设计院第二设计室. 上海张庙路大街的设计[J]. 建筑学报，1960，(6):1-4.
⑤ 华东建筑设计研究总院，《时代建筑》杂志编辑部. 悠远的回声：汉口路壹伍壹号[M]. 上海：同济大学出版社，2016.

济大学的教授们在调研了北京、天津、上海三地的多处双曲砖拱后，提出改进的意见。随后，针对苏联规范中的问题，结合中国实际的建造环境，国内大型设计院出台了相关技术细则。同济大学电工馆是这一技术本土化改进后的优秀工业建筑实例[①]。

## （四）为节约资源，通过技术创新改进材料和工艺，提高生产和生活效率

上海的建筑传统讲求精巧性与经济性相平衡。新中国成立初期，在上海各类项目的建设中，通过对原有建成空间的巧妙应用，或对建造布局的精妙改良，不但有效节约了资源，而且使建筑的使用更为高效，比如1957年为迎接中国共产党八届七中全会在上海召开而建造的锦江小礼堂（图6-1-4）。坐落于锦江饭店院子内的这个项目充分利用原有的设施以节约开支，仅仅在几个月内就完成了建设工作。礼堂合理的空间布局，中西合璧的建筑风格，深红色的砖墙，与既有环境和老建筑相得益彰，散发出庄严、大方而典雅的气质[②]。而大隆机械厂（图6-1-5）在满足各类房间使用条件的前提下，增加厂房的层数以缩减用地面积。在施工过程中，见缝插针地利用厂房之间的空地布置施工用房，先建造部分工厂的辅助建筑供施工人员使用，以大大增加土地利用率，实现了施工不另占地的目标[③]。

图6-1-3　中苏友好大厦水彩透视图（来源：李莲霞 绘制）

图6-1-4　锦江小礼堂旧照片（来源：《上海现代建筑设计集团成立60周年设计作品集》）

图6-1-5　上海大隆机械厂（来源：《上海现代建筑设计集团成立60周年设计作品集》）

---

① 朱晓明，祝东海. 建国初期苏联建筑规范的转移——以同济大学原电工馆双曲砖拱建造为例[J]. 建筑遗产，2017，(1)：94-105.
② 罗小未. 上海建筑风格与上海文化[J]. 建筑学报，1989，(10)：7-13.
③ 上海工业建筑设计院大隆机器厂现场设计小组. 依靠工人阶级搞好现场设计[J]. 建筑学报，1975(2)：17-20+41-52.

通过建筑设计的标准化、模数化以及相应的技术创新，或对原有的设计工艺的改进，最终的建造结果变得更为"精致"。例如，张庙一条街为了达到整体的丰富变化，项目引进了"模数制"，减少了预制构件的种类，却大大提高了预制构件的比例，节约了大量的模板和劳动力。这种土洋结合的施工方法，富有创新性，在一定程度上实现了当时的建筑施工工业化[①]。而在闵行一条街的设计中，室内为了照顾居住者的健康，避免水泥地面返潮，在预制钢筋混凝土格栅及单孔空心楼板上再铺木地板，使其居住标准较之前的工人新村提高了很多[②]。

综上所述，新中国成立后的最初30年，因为国家体制的巨大变革，上海的城市发展主要集中在制造业和居住建设上，其他的城市建设投入相对不足，造成了上海城市设施不能完全满足不断发展的生活需要，居住空间狭小，交通拥挤。在这些限制条件下，上海的建筑师依旧坚持"适合时宜，结合实际，讲求实效，敢于创新的作风，并继续在对环境和生活的尊重与理解上费心。这些特点是上海在它长期的历史进程中经过观察与比较而选择出来的，不会轻易抹掉"[③]。这一时期完成的项目数量有限，很多项目规模小，标准不高，外表朴实无华，但是都反映了"上海在当时的历史实际中既讲求实效，又敢于创新的精神"[④]。

## 第二节　改革开放与快速城市化语境中的历史文脉意识（1978～1999年）

1978年，十一届三中全会做出了"把工作重点转移到社会主义现代化建设上来"的战略决策[⑤]，上海大规模的城市建设也伴随着新时期的社会转型悄然起步了。20世纪70年代末开始，上海对原中心城区进行了大力度的整治以完善城市的功能结构。到20世纪80年代中期，上海已经把目光投向前景更加广阔的经济开发新区。20世纪90年代，伴随浦东新区的开发建设，上海开始向国际化大都市的行列迈进。浦江两岸齐头并进发展，在短短的10年内迅速形成了一个现代化、高层次的国际金融、贸易、商务和商业中心城市。

改革开放后，设计行业的管理和经营体制逐渐调整。1984年开始试点自收自支，并逐步由事业单位向现代企业过渡。勘察设计市场全面开放，以招投标形式来选择最优的单位。20世纪90年代中，注册建筑师制度开始实施，进而促使了设计机构的改制，整个设计行业以前所未有的热情投身于建设热潮中。

在各种西方设计思潮潮水般涌入和中华传统文化价值重新得到尊重的双重作用下，建筑设计创作之路充满了争议和困惑。随着中国建筑市场的开放，国际建筑师陆续参与上海重要的城市设计和建筑竞标，进一步推动了本土建筑师的国际交流和本土实践水平的提升。

## 一、历史街区作为旅游资源，传统文化意象作为城市地标

自20世纪80年代起，因为快速城市化的进程，全国各地建筑进行大规模、复制性的生产，"风貌特色淡化"的现象逐渐显现[⑥]。正是在千城一面的忧虑下，上海越发意识到自身风貌特色的重要性，开始有意识地进行历史建筑保护和城市历史风貌区的建设。除了从1989年开始一批批公布优秀历史建筑保护名录外，还在2004年正式规划确定了外滩、南京西

---

① 上海市民用建筑设计院第二设计室. 上海张庙路大街的设计[J]. 建筑学报，1960，(6)：1-4.
② 张敉. 评闵行一条街[J]. 建筑学报，1960，(4)：39.
③ 同济大学建筑与城市规划学院编. 罗小未文集[M]. 上海：同济大学出版社，2015.
④ 同上.
⑤ 文道贵，张天政. 毛泽东、邓小平与建国以来党和国家工作重点的两次转移[J]. 党史研究与教学，2007，(5)：22-27.
⑥ 王敏. 20世纪80年代以来我国城市风貌研究综述[J]. 华中建筑，2012，(1)：1-5.

路、老城厢地区等12个历史文化风貌区，以及234个完整的历史街坊、440处历史建筑群[1]。上海的地域传统文化通过对建筑遗产和历史街区的保护和更新原汁原味地呈现出来，这些区域也成为城市的特色地标，吸引着全世界的人们来此体味老上海的历史与文化。

## 二、后现代理论影响下反思传统文化传承的意义和可能

20世纪80年代的国门打开，让现代主义和后现代主义两种思潮几乎同时涌入。当时的学术界在引介西方现代建筑理论的同时，也一直在讨论如何将中国传统文化融入现代建筑。西方"后现代主义"思潮让人们看到了运用这种舶来的方法来传承自己的文化的希望。上海成为探索中国传统文化与现代建筑相融合的试验田，如上海联谊大厦（图6-2-1）是现代主义本土化的典型案例，华东电力调度大楼则明显受到了后现代思潮的影响，两栋在当时极具影响力的高层建筑呈现出各自不同的设计追求和对传统传承的可能性。

## 三、在快速城市化背景下上海当代建筑传统传承的特点

### （一）商业街区和旅游景区改造中对多样地域文脉的强化

20世纪90年代的上海，正经历着从"摧枯拉朽""暴雨骤雨"般的开发和城市改造向成熟与理性的城市发展的转化。对商业街区的历史文脉的探求，城市特色的宣扬及保护，城市结构的重组及城市重点地区的重整已成为发展与研究的重点[2]。

上海对商业街的改建设计，以珍惜历史遗存、将历史建筑作为重要的人文景观资源，展现不同历史时期多样的文化风貌为主旨。比如，豫园商城通过大规模的改扩建，形成外古内新的建筑群落，也是当时上海十大新景观和十大夜景之一。南京东路的改造参照国外步行商业街的建设经验，通过对现有的文化、旅游等资源进行优化配置，加强商业设施及人气的凝聚力，为南京东路历史街区的传统风貌注入了新的活力，将步行街发展为集餐饮、购物、旅游、休闲为一体的上海标志性地段。还有外滩、淮海路、衡山路、华山路、肇嘉浜路等区域的改造，都分别强化了城市个性，丰富了空间层次，使上海重新散发出独特的城市魅力。

这一时期对于商业建筑内部中庭的探索，比如东方商厦、虹桥友谊商店等案例，则使上海历史悠久的线性商业街网络向内外融合的全天候模式发展，形成层次更为丰富多元的商业氛围和地域文脉。

图6-2-1　上海联谊大厦（来源：刘大龙 摄）

---

[1] 陈萍萍. 上海城市功能提升与城市更新[D]. 上海：华东师范大学，2006.
[2] 郑时龄，王伟强. "以人为本"的设计——上海南京东路步行街城市设计的探索[J]. 时代建筑，1999，(2):46-50.

## （二）在大型城市地标建筑中引入地域建筑意象和传统文化隐喻

改革开放后，上海城市建设的飞速发展要求提供城市新形象及功能的标志性建筑：上海相继建成了海陆空3座门户：上海铁路新客站、虹桥机场和十六铺码头。这些建筑的设计充分考虑特大型城市交通枢纽的特殊性，因地制宜地采用创新布局来节约用地，快速疏散引导人流，成为其他大城市学习的典范。比如上海铁路新客站的"高架候车，南北开口"的模式，打破了传统惯用的"线侧式"站务布局，就是本土铁路客运设计中一次突破的创举①。到新千年以后，上海的交通建筑更强调多样功能的综合（图6-2-2～图6-2-4）。比如在虹桥枢纽中心的设计中，

图6-2-2 上海铁路新客站20世纪80年代末改造前全景（来源：《上海现代建筑设计集团成立60周年设计作品集》）

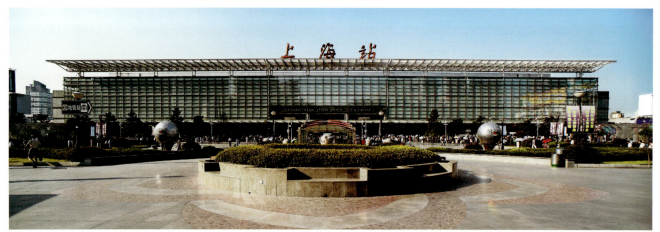

图6-2-3 上海铁路新客站改造后南广场外观（来源：郑凌鸿 提供）

图6-2-4 上海铁路新客站改造后北广场外观（来源：郑凌鸿 提供）

---

① 华东建筑设计研究总院，《时代建筑》杂志编辑部. 悠远的回声：汉口路壹伍壹号[M]. 上海：同济大学出版社，2016：114-116.

"功能性即标志性"的定位体现了上海传统建筑理性务实，不追求外立面浮华的特点。大量人流的功能疏散是重点。而其中多个内庭院的引入解决了自然通风和采光的问题，也是对传统建筑中庭院式布局在大型交通综合体建筑中的适应性传承。到20世纪90年代，浦江两岸数百栋高层建筑丰富了城市的天际线，大型文化建筑设施也逐步完善。所有这些城市标志性建筑的蓬勃发展对本土传统文化的演绎提出了更高的要求。

与新中国成立初期对民族形式、乡土风格探索时使用的手法不同，此时的建筑创作是通过将地域建筑的意向和传统文化隐喻引入建筑的形体与空间设计中。比如，东方明珠电视塔以"嘈嘈切切错杂弹，大珠小珠落玉盘"这一东方审美意向为出发点，设计出了鲜有雷同的建筑形体。上海大剧院和上海博物馆的设计分别沿用中国九宫格的建筑风格和"天圆地方"的传统寓意，上海大剧院还将"天人合一"的理念展现在建筑的整体造型上。金茂大厦则通过描摹古代嵩岳寺塔的形态，使其成为继上海"东方明珠"电视塔后的又一成功的标志性超高层建筑。

### （三）在科研文教、酒店居住建筑中创新演绎地域建筑的空间、风格与符号

在小型的科教文设施，低层、多层的居住建筑和商业建筑中，以及众多科研院所，包括生物制品、硅酸盐等的园区和建筑创作中，江南民居乡土建筑，园林空间依旧是设计灵感的主要来源。上海交通大学闵行校区（图6-2-5）的校园建设，形成具有江南园林特色的"社区型"校园，隐约可见徐汇校区老建筑红砖墙身影；陶行知纪念馆利用原海山工学团的2亩6分的"L"形水洼地，以自由的空间布局和摒弃了古建筑繁琐堆砌的灰瓦粉墙朴素的建筑外观，营建了一座亲切却不乏纪念性的低层园林式院落建筑[①]；朱屺瞻艺术馆的设计，最大限度地还原、强化建筑在历史、文化领域的特定价值及影响力。西郊宾馆、龙柏饭店、上海园林宾馆（图6-2-6、图6-2-7）等项目则体现了具有江南民居传统的上海园林式酒店建筑的建设趋向。

住宅建筑方面，"1996年国际住宅竞赛"在上海举办，方案"绿野·里弄构想——人与自然对话"夺得金奖。该方案将上海地方性的传统里弄风格、现代建筑风格以及绿色生态建筑形式这三者之间巧妙组合，形成全新的住宅小区整体形象[②]。这一时期的静安新福康里改造项目（1999年）力求吸取里弄建筑在人文、空间、用地、造型、细部等方面的精华，是里弄建筑保护与传承的优秀案例。

### （四）在现代园林规划中创新转化江南园林的空间意境

作为江南园林的一个分支，上海有着较为丰富的遗产。除了如陈从周先生主持的原汁原味的豫园修复工程外，在冯纪忠先生"与古为新"现代设计理念下，传统造园的技艺和文化神韵也在现代园林——松江方塔园的规划和设计中得以延续。该项目不拘泥于传统园林的建筑格局，因地制宜地自由布置，灵活组织空间[③]，转译出江南园林的空间意境和质朴天然的氛围。其中堑道的设计，因其巧妙的设计手法和"山山桑柘绿浮空，春日莺啼谷口风；二十里松行欲尽，青山捧出梵王宫"的古韵，也颇受赞誉。

除了现代园林外，随着城市中心区的大规模更新以及高架和地铁等大型基础设计的兴建，规划和建设城市中心绿地和社区型的绿地系统也成为上海城市公共空间系统升级的重要举措，那些结合中心城区历史更新而建成的公共绿地格外能体现上海建筑传承因地制宜、经济务实的特

---

① 陶行知纪念馆[J]. 建筑学报，1990，(1)：52-53.
② 朱文一. 一种新的设计理念—96上海住宅设计国际竞赛金奖方案构想[J]. 建筑学报，1997(3)：12-16.
③ 牛艳玲. 园林设计中传统与现代的契合初探——松江方塔园设计研究[D]. 南京：南京林业大学，2006.

图6-2-5　上海交通大学闵行校区全景（来源：《上海现代建筑设计集团成立60周年作品集》）

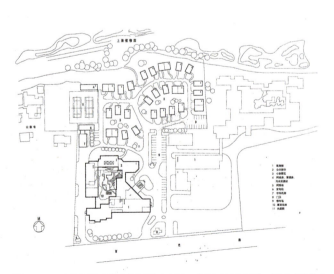

图6-2-6　上海园林宾馆总平面图（来源：《ECADI作品选：酒店建筑》）

图6-2-7　上海园林宾馆庭院（来源：《新时代新经典：中国建筑学会建筑创作大奖入围奖作品集》）

点。位于原黄浦、静安、卢湾三区交界的延中绿地（图6-2-8～图6-2-10）是上海市中心面积最大的公共绿地，占地面积为3.48万平方米，位于延安路高架和南北高架交界处。绿地中保留了中共二大会址和平民女子学校等历史建筑，并建有大型瀑布，曲折深潭等园林景观设施，绿化覆盖率达到75%，成为集山水园林和历史文化于一身的城市休憩空间，也起到了缓解中心城区绿岛效应，改善城市生态的巨大作用。到了新千年以后，这种历史区域改造与城市公共空间更新，包括水岸和大型绿地的建设有机结合更成为上海建设绿色生态宜居城市的常态。类似的市中心成功案例还包括原上海啤酒厂改造形成的梦清园、原大中华橡胶厂改造而成的徐家汇公园等。

简言之，改革开放后的20年，上海城市建设进入转型和加速发展期，大规模的拆旧建新是这一历史时期现代化建设的主旋律。虽然重要的历史区域作为城市旅游和商业资源得以保护和更新，但是更大量的一般历史建筑，包括里弄区域为新的发展要求而让路，城市面貌日新月异。值得注意的是，这一时期，除了部分重要的城市设计竞赛

图6-2-8　延中绿地全貌（来源：庄哲 摄）

国建筑现代化之路的创作热情，对城市旅游特色资源的发掘，以及在后现代历史主义建筑和文化思潮和本土文化热综合作用下对建筑新形式的追求。在大型地标性建筑和区域的建设中，因为尺度的巨大改变，传承更多地体现为比较表层的符号形式引用和文化隐喻，而在一些小型的园林式酒店和现代园林的设计中，则比较容易开展空间场所和材料建构等方面更有深度的创新探索。

## 第三节 全球城市竞争中本土身份的主动建构（2000年以来）

2000年以来，上海进入城市发展的快速时期。2001年，《上海市城市总体规划（1999年—2020年）》[①]中明确提出了"中心城、新城、中心镇、集镇"组成的多层次城镇体系和把上海建设成为国际大都市和国际经济中心、金融中心、贸易中心、航运中心。而2010年上海世博会的成功举办，标志着上海进入全球城市发展的新篇章。

截至2013年底，上海市常住人口达到2415.25万人，建筑用地总量超过3100平方公里，上海的城市发展目标将转向高密度超大城市可持续发展，积极探索超大城市睿智发展的转型路径。而城市更新成为上海城市可持续发展的主要方式。

2016年编制完成的《上海市城市总体规划（2016—2040）》确定的城市目标愿景是：上海至2040年建成卓越的全球城市，令人向往的更具活力的创新之城、更具魅力的人文之城、更可持续的生态之城。城市性质为：卓越的全球城市，国际经济、金融、贸易、航运、科技创新中心与文化大都市。

全球化是当今世界发展的一大主题，世界不同地区与城市的联络开始跨越国家的界限，变得越来越紧密。上海

图6-2-9 延中绿地局部（来源：庄哲 摄）

图6-2-10 中共二大会址纪念馆（来源：庄哲 摄）

外，在商业区域和超高层建筑中，上海城市建设的主体依旧是本土设计师。在大好形势之下，本土建筑师的创作热情被激发出来，创作思想总体趋于多元和开放，具有传统传承特征的设计来自3种不同的动力：本土建筑师探索中

---

① 上海市城市规划管理局，上海市城市规划设计研究院，《上海市城市总体规划概要（1999—2020）》，1999年.

因其城市经济的迅猛发展，随即从一个中国的大型城市，跻身全球政治、经济、文化竞争的行列。在这样的语境下，如何积极地寻求城市自身的特色，建构城市的经济文化影响力，对上海的城市建设、经济发展和产业结构调整带来了新的机遇和挑战。其中对城市历史遗产的保护更新和积极建构本土文化身份被视为上海当代建筑实践积极应对全球化挑战的策略。

## 一、历史遗产作为文化资本：城市与建筑遗产的保护与更新

2000年以后，延续在郊区建设新城的城市化扩展的同时，中心城区的更新变得越来越重要。上海市于1989年、1994年、1999年、2005年、2015年先后分5批确定了1058处，共3075幢历史建筑列入上海市优秀历史建筑保护名录，2004年又划定了市中心12个历史文化风貌区（图6-2-11），64条永不拓宽的道路，郊区的32个历史文化风貌保护区，朱家角、练塘、金泽、枫泾、张堰、新场、川沙、高桥、嘉定、南翔等10个古镇则被国家住房和城乡建设部和国家文物局批准公布为国家历史文化名镇，由此形成"点、线、面"相结合的完整的风貌保护体系。其中，"点"是指优秀历史建筑和文物保护单位，"线"是指风貌保护道路（街巷）与风貌保护河道，"面"是指历史文化风貌区和风貌保护街坊，并在整体保护层级上，加强历史城区—历史城镇—历史村落历史环境整体保护。2016年，中心城区风貌区范围进一步扩大至119处风貌保护街坊和23条风貌保护道路（街巷）。

在建设用地零增长的总体规划导向下，城市更新的范围和对象越来越多元，主要内容包括：里弄住宅、旧工业建筑以功能置换为目的的再利用，优秀历史建筑以保护为目的的修缮及更新等。保护更新的手法也越来越丰富，不但包括对旧建筑的结构评估和加固，而且包括对场地环境、功能、设备的梳理以适应新的使用要求，使宝贵的历史建筑遗产作为重要的文化资本融入今天的生活之中，在

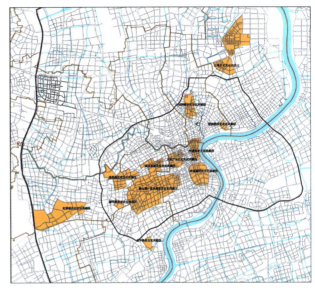

图6-2-11　上海市中心城12个历史文化风貌区（来源：上海市规划和国土资源管理局 提供）

加强其原本传统内涵的同时，也赋予其新的文化活力。

难能可贵的是，上海的历史区域更新常常跟城市公共空间系统的更新换代结合在一起。除了外滩行政区域滨水休闲区的多次更新换代，沿黄浦江两岸的开发和改造一直是上海城市设计的重点，从20世纪90年代中朝开始的北外滩，到新千年以后的南外滩、东外滩。2010上海世博会的成功申请和举办更带动了黄浦江两岸滨水公共空间的全面整治和改造，无论在以设计传媒为中心的徐汇滨江"西岸"的建设，还是在浦东新区政府对东岸贯通工程的大力推进，以及杨浦滨江面貌的日新月异中，上海百余年近现代的工业遗产已经成为城市公共休闲系统里极具地方特色和历史印迹的有机组成部分。

## 二、地域特征作为文化认同：本土建筑身份的主动建构

在经济发展的巨大推动下，越来越多上海的城市设计和建筑项目通过国际设计竞赛邀请境外建筑师参加。面对巨

大的国际行业竞争压力，一大批优秀的本土建筑师也脱颖而出，通过对传统建筑、文化、材料等探索与演绎，为传承和创新开辟新路径。从上海的青浦实践，到嘉定新城的实践，再到徐汇滨江"西岸文化走廊"，涌现了不少具有体现本土身份建构的优秀原创作品，其成果越来越多地获得了国际领域的认同。

## 三、全球文化与地方身份博弈中上海当代建筑传统传承的特点

### （一）保护更新多元的历史文化风貌区和建筑遗产，增强城市特色和吸引力

近年来，在大量历史建筑改造和城市更新过程中，设计师把当代的价值观念、生活方式以及对环境的需求作为改建的基本要求，用易于理解的方法来表达对历史建筑价值的尊重[1]。如江湾体育场、上海音乐厅、1933老场坊等，改造后其建筑艺术形式得以留存，功能上发挥着新的作用。新天地和田子坊是以石库门里弄住宅建筑旧区为基础加以更新使用的优秀案例。还有一些旧建筑通过新旧融合的设计手法，创造出了独特的空间特质，如水舍和设计共和旗舰店便是这样的典型代表。

上海在旧工业建筑再利用方面的众多实践，包括八号桥、M50、红坊等创意产业园区，也包括整个上海世博会城市最佳实践区，以及对黄浦江沿岸，比如徐汇滨江、杨浦滨江以及浦东东岸的系列开发和整治。这些城市实践无论从建筑艺术的发展、城市文脉、城市肌理的延续来看，还是从促进城市产业结构升级和调整的经济层面来看，都称得上是世界建筑、城市发展史上的重要案例。

### （二）通过新旧形式、空间和材料的交融实现丰富的地域性

建筑师们在研究、理解既有的建成环境和地域的历史文脉后，通过全新的建筑形态、简化的空间形式和创新的材料技术，尊重城市现有的历史留存，以符合时代的全新方式将上海丰富的地域文脉延续下去。例如，外滩SOHO的楼宇之间，以一系列的街巷和微型广场呈现出的现代、简洁的条带状元素，连接周边城市空间中狭长"里弄"和星罗的街道路网[2]。衡山路12号酒店以一个绿色中庭，将衡山路的绿色视觉延伸入项目内部，创造出融入周边风貌区域的物理空间，同时采用全新的陶板幕墙，以新的材料创新呼应城市的历史语境[3]。基地位于原运煤码头的龙美术馆，从建于20世纪50年代的混凝土煤料斗卸载桥获取灵感，通过建构的方式，赋予混凝土结构以新的形式和空间感受。韩天衡美术馆项目则直面当代江南城镇中抽象复现的园林与日常城市复杂性的矛盾，以江南园林和民居作为设计原型，用新的秩序构造出作为复杂的现实世界的"镜像"[4]。

### （三）对江南建筑形式，空间和场所特征进行扬弃创新

以国内外先进建筑设计理论为基础，在充分了解了江南民居形式与尺度，江南庭院空间特征和场所空间之后，通过新技术、新材料、新结构、新构造的转译，形成大量能体现上海地域文化特征的创作实践。

上海郊区青浦、嘉定新城的很多新建项目，单体建筑化整为零，赋予新的空间功能和形式，形成的新的群体性建筑空间，传承江南民居的形式和尺度，如同一个缩微尺度的江南民居聚落。比如朱家角人文艺术中心、青浦练塘

---

[1] 邵晶. 新与旧的交融—上海福州路210号和外滩15号(甲)更新改造[J]. 建筑创作, 2007(8): 86-92.
[2] 曼哈德·冯·格康, 施特凡·胥茨, 施特凡·瑞沃勒. 传承与革新外滩SOHO[J]. 室内设计与装修, 2016(9): 42-47.
[3] 李瑶. 衡山路十二号一个低调的上海故事[J]. 时代建筑, 2013(2): 88-93.
[4] 谭峥. 偶发与呈现上海韩天衡美术馆的"合理的陌生感"[J]. 时代建筑, 2015(6): 70-75.

镇政府办公楼，通过内部庭院空间以及建筑材料的使用等让新的建筑类型具有江南庭院式建筑的空间特色；夏雨幼儿园、青浦私营企业协会办公楼，则通过将围墙变为建筑的一部分的形式，创造出江南庭院内向空间的保护性作用，又通过内部庭院空间的路径组将不同的功能空间和庭院有机组合在一起；华鑫中心通过二层水庭院空间和功能空间相互围合产生内省感，投射出江南园林特有的恬静气息。

位于浦东新区的国宾馆——上海东郊宾馆整体布局采用江南园林的空间格局，以梅、竹等传统绿植为背景，突出大片水景。主楼和宴会厅在满足使用功能的前提下，注重建筑空间的内外组合，强调建筑与环境的融合。

## （四）灵活应用传统材料和低技策略实现批判的地域主义

中国传统建筑建造的两个重要原则一个是变造，即在营造法式的基础上进行变化，另一个是同化，即吸取外来文化优点，丰富自身。这些特点在中国当代建筑对数字化建造的实践中有所体现。比如，绸墙和五维茶室项目都体现了数字化思维方式与手工化低技建造的有机结合。衡山坊8号楼从传统的构造难点出发，设计出原创的发光砖产品和构造节点，并与传统的青砖材料混合砌筑，形成白天与周边历史风貌建筑融合，晚上因为发光砖被点亮而在徐家汇商业中心脱颖而出的独特效果。

这些本土建筑师的创新实践，不再受到传统与现代，中式与西式这样非此即彼，两元对立的观念的束缚。他们更多地从城市和建筑本身的需求和功能出发，充分利用不同来源的认知和经验，自由应用现代的或是传统乡土的风格形式、空间场所，材料与建构，创造出新的地域文脉，也自然而然地建构起中国当代的本土建筑。相对于中国的其他地区，上海的本土建筑师更多接受了全部的本土专业教育，但是因为上海的整体文化氛围和城市管理水平，他们的思维开放，态度肯定，灵活而务实地进行着符合当下社会发展和生活方式需要的当代文化传承。

综上所述，无论是20世纪50年代开始的创造性地向地方民居学习，20世纪八九十年代用后现代主义的眼光重新审视传统建筑，发掘其隐喻的层面，还是21世纪后在更广泛的全球建筑话语中，寻求建筑传统在当代新基点，上海的现当代建筑实践主要通过在多元融合、不断变化的城市环境中对历史经验进行扬弃创新、融合转化，以精致和适宜的空间布局、形体塑造和材料建造，在不同的时代背景中，持续探索本土地域特征，活化建筑语言，建构可持续发展的上海建筑新传统。

不容忽视的是，从今天行政区划的角度来分析现当代语境中中国建筑的传统传承并非易事。对上海而言，挑战至少来自以下3个方面：第一，缺乏自然山水资源，古代传统的留存相对有限，且形制较为边缘和混杂；第二，城市人口和建设规模已经发生了翻天覆地的变化，对于上海这样的特大型城市而言，最亟需解决的是经济建设和城市治理问题，非古代传统的江南城镇逻辑可以企及，其在近现代历史中不断演进的新传统具有更现实和更重要的参考意义；第三，作为中国城市的排头兵，东亚地区的标杆城市，以及全球城市网络中的重要节点地区，现代化与国际化是上海现当代建筑绝对的主旋律和发展目标。只有郊区新城数量不多，尺度较小的新建建筑才能实现空间和形式小而美的古代传承。更大量的城市建设的主体是大尺度的地标性建筑、综合体和其他生活区域。除了整体街区更新的地域文脉传承外，这些从满足大都市的功能和效率的大型建筑似乎难以纳入精致小巧的古代传统传承的范围。然而，这样的认识是有较大的局限性的。事实上，这些形态、尺度和材料与古代传统建筑不可同日而语的现当代大型优秀作品，很多体现了上海开放多元、精明理性和不断创新的地方精神传统。具体而言就是从项目要求和功能定位出发，灵活又务实地选择总体布局、空间形式和材料技术方案，既不固守陈规，又不盲目炫耀和逐新，以创造出高效便捷、大方精巧，人性化和多样化的都市生活环境。这与上海从古代到近代一直以来灵活兼容，因地制宜的建筑传统是一脉相承的。

总之，建筑的传统传承不仅限于形式符号、空间场所和材料建造的传承，文化精神的传承是地域文脉在新的社会发展需求下不断延续和发展的根本。在不断发展的时代背景中，只有一方面积极鼓励本土建筑师的传承实践和原创探索，另一方面广泛接纳国际建筑师的设计创新与创意，上海的未来城市建设才能保证个性与多元的并存，城市文化的传承才会真正导向开放紧凑的宜居城市与绿色可持续的发展方式。

# 第七章　上海现当代建筑的地域文脉传承策略与案例

  某一地区的建筑传统是在时间的积累中慢慢形成的。无论是具有典型性的单体建筑形制的演化，还是整体建成环境特征的形成、积累和改变，都受到该地区物质自然条件和社会历史变迁的双重影响。所谓传统传承，其最大的基础和主要的目标就是地域文脉的发展和延续。而这种保护和发展地区特征的需求，随着社会的现代化发展，工业化材料技术的广泛应用，标准化、同质化的普世文明的不断冲击而变得越发紧迫，这也是"批判的地域主义"等理念在世界各地得到共鸣的主要原因。通过延续和发展地域文脉实现建筑传承至关重要。在已有成果上不断的改进和完善比一次又一次地拆除重建更加经济和节约能源。保护好不同历史时期的建筑和城市空间，改造更新使其适用新的需求，在此基础上建造符合时代特征的新建筑，通过这样的组合拳才能实现具有时间深度的、多元共生的建成环境，构成更多样，更有活力的生活空间。

## 第一节　兼容性与经济性：通过延续和发展地域文脉实现传承

上海的地域文脉传统主要由两部分组成，一是以江南水乡为特征的自然地理文脉，二是高密度人居格局为特征的都市肌理文脉。前者主要强调的是上海建成环境的自然气候属性：土地资源有限、水网密集、日照充足、雨水充沛，但夏季闷热、冬季湿冷，且有两个多月的梅雨季节；同时因为地处平原，适合农耕，这一区域历史上始终是人口密集，经济比较富庶的地区。江南水乡城镇通过水系和院落组织的错落的建筑形态和空间以及紧凑密集的街巷肌理代表了这种文脉特征：不讲求严格的规制、因地制宜地实现自然与人工环境的交融，建成环境亲切宜人，因为多样混合而产生趣味和活力，同时具有更高的效率和效益。后者主要基于上海从五方杂处的通商口岸到经济，社会和文化活动高度频繁的国际大都市的历史和人文的传统特征。为了应对不同使用者的多元诉求，上海传统建筑具有灵活包容的特点，不强求统一的形制，来源于国内外不同地区的建筑形式和技术被开放地运用于本地的实践中，共融共生就是其地域特征。这种开放灵活，兼收并蓄的立场也源于应对高强度、高密度商贸经济活动的理性务实态度。

通过延续和发展地域文脉来实现上海传统建筑的传承主要涉及以下两种模式：

一、以江南水乡为特征的自然文脉融合转化模式。采用这一模式的主要是位于上海郊区如青浦、嘉定等仍保有江南水乡水系丰富的自然地理特征和传统城镇高密度小尺度的街巷肌理特征的地区，运用的范围不仅包括老城区的更新，也包括郊区新城开发的低层、低密度的新建项目。

二、以高密度人居格局为特征的都市文脉融合转化模式。采用这种模式的主要是上海中心城区的再城市化项目，既包括对历史保护街区的更新，也涉及一般性既有城区，包括一些物质环境和生活条件很差的棚户区域的改造。

总体而言，以江南水乡和高密度大都市为特征的地域文脉传承集中展现了上海建成环境多元共生和理性务实的特点，也体现了上海文化传统中兼容并蓄，演进创新的精神。

## 第二节　江南水乡文脉的融合转化模式

江南水乡文脉由两部分组成：水系丰富的自然地理文脉和街巷致密的古镇肌理文脉。江南水乡文脉的融合转化模式主要运用于像青浦、嘉定等上海郊区，具体做法：一是保护和延续既有的江南水乡水系和街巷脉络，二是将这种江南城镇的空间逻辑和场所精神应用于低层低密度的新建项目中，主要是低层居住区或一些小型公共建筑，如教育、文化和商业类建筑。

### 一、融合江南水乡的自然地理文脉

以农耕文明为核心的江南水乡系平原地貌，塘浦纵横。丰富的水系肌理是古代、近代上海大部分区域及现当代的上海郊区最主要的自然地理特征。1951年开始兴建的曹杨新村，2000年以后陆续建成的陈云故居暨青浦革命历史纪念馆、上海朱家角行政中心、青浦环境监测站、同济大学附属实验小学等规划和建筑等案例都把融合水乡自然文脉作为设计的出发点。

由于当时在市区内缺乏大块空地，曹杨新村（图7-2-1～图7-2-3）选择了靠近普陀工业区的郊区农地[①]。原始基地水网丰沛，水网除部分过小或阻塞的水路不考虑保留而加以填平外，其余均尽量疏浚保留[②]，设计者开辟沿河绿化带，两层的白墙红瓦建筑沿东南布局，顺应河道与道路走向，呈扇形打开。一条曲线形的花溪路滨水而建，步移景异，串起曹杨公园与环滨绿化带[③]。这条路被誉为银链式环河系统，成

---

① 汪定曾. 上海曹杨新村住宅区的规划设计[J]. 建筑学报, 1956(02): 1-15.
② 同上.
③ 朱晓明. 上海曹杨一村规划设计与历史[J]. 住宅科技, 2011(11): 47-52.

为曹杨新村的最大特色[1]。由于配合地形，道路比较弯，没有直路很长的感觉。道路分级分类，住宅成组成团布置，在争取好的朝向的情况下，打破行列式布局的单调，并将原有的河滨组织在绿地系统中，使每幢房屋前均有绿地[2]。小公园利用原有水面地区开辟与沿河绿化地带相联系，对于增加新村自然风趣，起了一定的美化作用[3]。

朱家角行政中心（图7-2-4～图7-2-7）结合地处历史文化名镇的新镇区入口主要地段的优势，采用具有江南水乡特色的建筑形式，使它成为一个具有亲和力的政府办公中心[4]。设计没有采用对称布局，而是把所有体量采用三层围院式布局，组成一个错落有致的坡屋顶建筑群。场地周边也被

图7-2-1　曹杨新村总平面图（来源：上海市建筑学会 提供）

图7-2-2　曹杨新村局部鸟瞰和公共空间（来源：上海市建筑学会 提供）

图7-2-3　曹杨新村整体鸟瞰图（来源：庄哲 摄）

图7-2-4　朱家角行政中心整体外观（来源：金霑 摄）

---

[1] 周伊利,宋德萱. 城市住区生态修复策略研究——以曹杨新村为例[J].住宅科技，2011(08)：15-22.
[2] 袁也. 公共空间视角下的社区规划实施评价——基于上海曹杨新村的实证研究[J]. 城市规划学刊，2013(02)：87-94.
[3] 同上.
[4] 朱家角行政中心[J]. 城市环境设计，2010(Z1)：48-51.

图7-2-5 朱家角行政中心建筑外观（来源：金霁 摄）

图7-2-6 朱家角行政中心入口（来源：金霁 摄）

图7-2-7 朱家角行政中心庭院（来源：金霁 摄）

引入了水系，跨过漂浮在水面上的平桥才能进入园区。建筑平面紧凑而有序，既利于采光通风，又充分利用了周围庭院的景致，既承袭了江南水乡园林的特色传统，又融入了现代的建筑理念。文化广场的植被景观处理为不同标高的花台形式，流水其中，曲折通幽，把传统的造水手法与现代的地景设计有机结合，创造了亲切宜人的环境[①]。

类似朱家角行政中心入口的处理方式，青浦新城建设展示中心的主体建筑也三面用水池环绕，入口需要跨水而过，用现代结构和材料营造出"水乡"氛围。

青浦环境监测站（图7-2-8～图7-2-10）的基地位于

图7-2-8 青浦环境监测站外观（来源：刘宇扬 提供）

图7-2-9 青浦环境监测站立面（来源：刘宇扬 提供）

图7-2-10 青浦环境监测站庭院（来源：刘宇扬 提供）

---

① http://www.madaspam.com/project/?type=detail&id=20.

历史江南与当代新城的交汇点,场地外是大片农田和自然水系。为了回应"新江南水乡文化",同时呼应环境监测站的理念,设计模拟自然环境的过去和假设它的未来,从风、水、植物等不断变化的周边环境出发,采取了"三墙、三院、三楼"的手法,糅合了墙与院的空间,形成建筑的形体。环境时动时静,墙院的关系时开时合。在动与静之间,界定了建筑和景观相互之间时收时放的关系①。

## 二、融合江南水乡古镇肌理文脉

地域文脉的传承策略也可以通过融合江南水乡古镇肌理文脉来实现。在上海古镇的基地条件之下,对原有古镇室内外空间尺度和类型进行延续以及对建筑立面形式和材料的原型提取并灵活运用,从而实现一种"江南文化"和"地方性"的创作。

尚都里(图7-2-11~图7-2-13)是首届"上海城市空间艺术季"展区的实践案例。与我们所熟知的江南水乡不同,"尚都里"的前生是一片油脂厂厂房、仓库与民房。建筑师试图从建筑的外部空间去跟古镇原有的建筑和巷道寻找脉络关系。虽然建筑的形式和材料趋于现代,但是街巷的尺度结构和城市空间从公共逐渐走向私密,即从街巷到不同形式尺度的内院再进入室内的空间序列和节奏则效仿了古镇的传统。建筑师希望籍此在城市和乡村之间寻找一条新的城市道路,一种新的都市模型②。古镇的街、巷、廊、院、园、广场等空间原本就是商业休闲活动的容器,外部空间场所感的营造决定了商业活动的魅力。在具体设计中,黑白的建筑色调和略具抽象性的体量形式,通过外部空间的脉络和尺度,与古镇建筑有机相融③。

另外一个典型的项目是2008~2010年设计并建成的朱家角人文艺术馆(图7-2-14、图7-2-15)。在对历史环境尊重的前提下,建筑师将新形态嵌入传统的聚落肌理。

图7-2-11 尚都里日景(来源:马清运 提供)

图7-2-12 尚都里夜景(来源:马清运 提供)

---

① 茹雷. 本地的外延:刘宇扬的青浦环境监测站[J]. 时代建筑, 2012(1):104-109.
② http://www.thepaper.cn/newsDetail_forward_1389580.
③ 同上.

图7-2-13　尚都里滨水一侧立面（来源：马清运 提供）

图7-2-14　朱家角人文艺术馆总平面图（来源：Iwan Baan 摄）

图7-2-15　朱家角人文艺术馆与古镇新旧对话（来源：Iwan Baan 摄）

设计的策略是化整为零，使用散落的而非集中的空间布局方式。一方面，由于环境的限制，美术馆只有不到2000平方米的建设基地，空间尺度上与古镇环境不至于矛盾。另一方面，周边环境要求建筑以一种开放的姿态与环境产生对话①。在建筑师预设的体验路线中，被拉近或远离古树或古镇旧宅，感受这种新的形态嵌入与古镇文脉之间的对话关系②。

## 第三节 高密度都市文脉融合转化模式

在现当代的建筑传承实践中，对于都市文脉的融合转化主要包括历史性城市区域的保护与更新，对传统建筑和城市区域进行激活和再生，以及在城市的单体建筑或建筑群新建实践中引入传统城市街巷的致密空间网络系统和相应较为紧密宜人的尺度，用新的建筑类型、形式和空间延续传统城市的生活场所氛围。所谓"螺丝壳里做道场"，在地小人多的高密度城市特征条件下，进行土地的高效利用，形成对包括里弄在内的独特城市肌理和空间的延续和发展。这种趋向在新千年以后上海日趋完善的历史文化风貌区保护实践，以及各种工业遗产和其他建成区域的保护与更新实践中得到了较好的体现。

### 一、保护更新传统城市的空间格局

继承保护建筑历史传统特色，不仅包括建筑单体本身的形式、尺度、色彩，还应包含整个建筑环境、传统空间形态及传统空间序列的发展与再运用。保护并更新传统城市空间格局主要分为4种类型：古典园林空间的修复与保护，传统建筑单体的保护与更新，传统里弄城市空间格局的保护与更新，工业遗产的保护与更新。

### （一）修复与保护古典园林空间

代表性案例如豫园修复项目，豫园、老城隍庙和豫园商城是上海旧城厢保存较完整的名胜古迹和传统市场。豫园的修复与重建创造性地利用了基地内部建筑之间的格局，通过水面扩展、水廊修造、池岸修复、局部掇山而将格局统一至明代风格；利用既存建筑将静态的景观（如"浣云"假山），置于流觞亭的主要景观面，在其后粉墙的映衬下呈现出画意。新建的"积玉水廊"不仅妥帖地处理了水面水口，而且延长了赏园游线；新建部分置于园林一隅，最大程度地避免了对原有格局的干扰和破坏③。

### （二）传统建筑单体的保护与更新

传统建筑单体保护更新的典型案例为江湾体育场文物建筑保护与修缮工程（图7-3-1）。其设计的关键是寓新于旧，

图7-3-1 江湾体育场外拱廊（来源：金旖旎 摄）

---

① http://www.thepaper.cn/newsDetail_forward_1389580.
② 段建强.陈从周先生与豫园修复研究[A].中国建筑学会建筑史学分会、华南理工大学建筑学院.《营造》第五辑——第五届中国建筑史学国际研讨会会议论文集（下）[C].中国建筑学会建筑史学分会、华南理工大学建筑学院，2010:8.
③ 陈凌.上海江湾体育场文物建筑保护与修缮工程[J].时代建筑，2006(02)：76-81.

图7-3-2 外滩15号沿街立面（来源：刘刊 摄）

对建筑原有空间再利用以完成原功能的拓展和提升，为现代生活提供更好品质的使用空间，同时清晰地交代新与老的逻辑关系，以获得新、老形式和材料间碰撞出现的独特审美效果[1]。运动场在保持并弱化原竞技体育比赛功能、训练功能的同时，转而强化市民体育休闲功能；运动场富有韵律的连续外拱廊空间格局得到保留，在此基础上加建整圈商业店面，且新加建的部分被控制在适度范围内；具有时代先进性的原建筑的人流组织得到了清晰的保留；在每个大楼梯两侧保留老清水红砖墙的片段，新加的连续玻璃橱窗与斑驳的老墙交替出现，增加了流线上空间的变化和舒张节奏感[2]。

外滩15号（图7-3-2～图7-3-4）项目属于地块整体更新，建筑全部新建。特殊的区位、历史、文化特征决定了该项目的特殊性，对建筑环境的协调性提出了更高的要求，因此，这一项目也被形象地称为外滩"镶牙齿"项目。外滩城市界面十分完整，只是在用地处缺掉一块，设计立意在于补上这处缺口。从天际轮廓线分析看，若外滩建筑群在海关大厦及和平饭店两处出现波峰，用地位于海关大厦的天际线

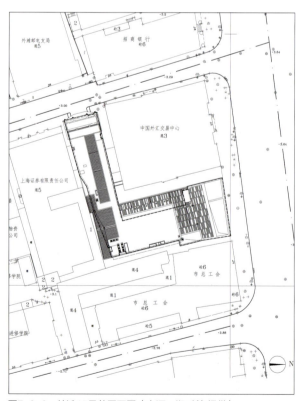

图7-3-3 外滩15号总平面图（来源：郑时龄 提供）

---

① 陈凌. 上海江湾体育场文物建筑保护与修缮工程[J]. 时代建筑, 2006(02): 76-81.
② 邵晶. 新与旧的交融：上海福州路210号和外滩15号（甲）更新改造[J]. 建筑创作, 2007(8): 86-92.

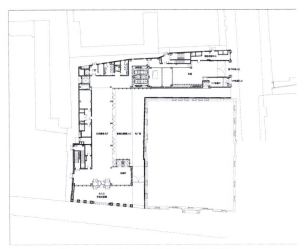

图7-3-4 外滩15号一层平面（来源：郑时龄 提供）

图7-3-5 解放日报社外观（来源：章勇 摄）

图7-3-6 解放日报社新旧对比（来源：章勇 摄）

图7-3-7 解放日报社连廊（来源：章勇 摄）

峰值处向外汇文易中心的天际线波谷处之间，它的高度应该不高于总工会大厦不低于外汇交易中心。外滩的城市肌理强调竖向，对应的竖向肌理经过线性分析形成外滩的条形码。解读了外滩的条形码，可以在新建筑上保持这种条形码的完整性，从而使新建筑与原有建筑群融为一体[①]。

解放日报社（图7-3-5～图7-3-9）改造设计旨在通过对历史建筑的保护和解读，更新并激活城市空间秩序，充分提升传统街区当下的社会价值及文化内涵。设计保留核心

---

① 周俭，张波. 在城市中寻找形式的意义——上海新福康里评述[J]. 时代建筑，2001(02)：33-35.

内院，通过景观整治和立面修缮等方式，强化庭院的主导地位；同时整理院廊空间体系，突出层层递进、景观渗透的空间特质。设计尊重真实的状态，充分保护原始的状态和后续的改动，强调"当下真实的保留"，而不是"原初状态的复原"。设计结合功能的有限介入，使当下的活动参与历史的连续建构；并通过整治保留建筑，丰富历史街区的时间积淀，有效拓展历史的维度。

### （三）传统里弄城市空间格局的保护与更新

上海的传统城市街巷肌理就是里弄风貌的肌理。比如在2001年设计的新天地（图7-3-10～图7-3-12）项目中，广场的设计不仅忠实地保护了紧邻一大会址的建筑风貌，广场北里大片老式石库门里弄的旧时风貌也得以保护。通过弄堂入口、总弄、支弄、石库门入口，2个街坊的空间被有序地分成公共空间、半公共空间、半私密空间及私密空间，形

图7-3-8 解放日报社庭院（来源：章勇 摄）

图7-3-9 解放日报社立面细部（来源：章勇 摄）

图7-3-10 新天地总平面图（来源：上海市建筑学会 提供）

图7-3-11 新天地内院（来源：庄哲 摄）

图7-3-12 新天地弄堂入口（来源：庄哲 摄）

图7-3-13 新福康里总平面图（来源：上海市建筑学会 提供）

效益的同时，"总弄"两侧保持了原来的空间尺度和空间形式，使人切实地感受到该地域原来的形象特征。坡顶、山墙和一些建筑的细部处理，采用了传统里弄石库门住宅建筑的符号，并不断地重复和演化[①]。

类似的石库门改造探索与实践案例还有田子坊（图7-3-18～图7-3-21）。田子坊为商居混合模式，建设于20世纪30年代，位于泰康路上，原名志成坊。坊前原是马路集市，"文革"时期陆续建成一批颇具上海特征的里弄工厂，增添了弄堂中珍贵的小型凹空间，使田子坊的弄堂闹中取静，呈现出丰富多样的海派市民生活的原味。20世纪末，田子坊浓郁的历史文化底蕴和常年闲置的厂房吸引了艺术家、创意企业与部分商家入驻。经过近10年的发展，田子坊大量民居在一些社会精英和民间力量的策划下，由政府出资对基础设施进行改造，完成了"居改非"：将底层采光差、安全隐患多的居室改造为商业店铺，将弄堂空间改造为中高端消费场所，吸引了无数中外艺术家，商人和游客。"最新鲜的时髦与最故旧的市井参差"碰撞出来的魅力得到众多赞扬[②]。

上海棋院虽为新建建筑，但其形体生成完全是对周边里

成亲密的邻里空间关系。

再比如新福康里改造项目（图7-3-13～图7-3-17）中，设计新康福里的建筑师在设计中将里弄空间的结构演绎为：街道（公共空间）—总弄（办公共空间）—支弄（半私密空间）—住宅内部（私密空间），界定不同层次空间的相对封闭性和相对独立性，形成里弄居住空间的领域。同时，将里弄空间的识别性归结到建筑细部处理的丰富性。在考虑改造

---

① 王萍. 上海石库门旧里改造的探索与实践[J].上海建设科技,2012(06)：50-52+54.
② http://www.archiposition.com/information/projects/item/1067-shanghai-qiyuan-zengqun.html.

图7-3-14 新福康里总体鸟瞰图(来源:刘恩芳 提供)

图7-3-15　新福康里局部鸟瞰（来源：刘恩芳 提供）

图7-3-17　新福康里的石库门符号（来源：刘恩芳 提供）

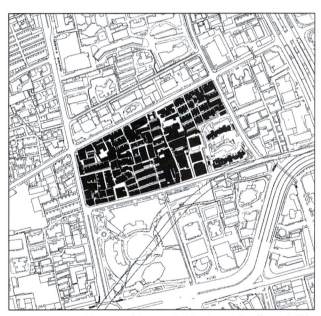

图7-3-18　田子坊总平面图（来源：上海市规划和国土资源管理局 提供）

图7-3-16　新福康里总弄（来源：刘恩芳 提供）

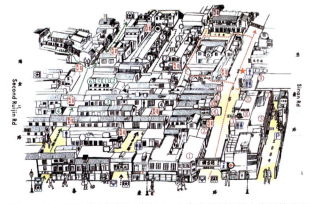

图7-3-19　田子坊空间格局（来源：上海市规划和国土资源管理局 提供）

图7-3-20　田子坊入口（来源：庄哲 摄）

图7-3-21　田子坊公共空间（来源：庄哲 摄）

图7-3-22　上海棋院墙面（来源：曾群 提供）

弄肌理回应的结果。在阅读场地环境的基础上，设计师说服业主放弃原来设想的高层方案，仅建设多层。整个建筑按照里弄肌理和寸土寸金的市中心退界形成体量，以墙"围"院、院"破"墙的方式，融合中国传统建筑的精髓，以现代的手法表现传统空间，自然地介入到周边喧嚣的都市商业氛围中。考虑到东侧住宅西向采光的日照要求，建筑体量呈现出西高东低的形态。立面的设计也是来源于棋路的抽象化处理。形成虚实渐变的丰富立面[①]（图7-3-22、图7-3-23）。

---

① 沈湘璐，吉锐，陈天. 上海M50创意园改造实践[J].建筑，2016(19)：65-66.

图7-3-23 上海棋院与周围环境（来源：曾群 提供）

## （四）工业遗产的保护与更新

作为中国近代工业的发源地之一，和现代时期华东地区最重要的工业基地，上海拥有大量的近现代工业遗产，既有城市中心区与里弄街区交织的弄堂工厂，也有在黄浦江和苏州河沿岸的大型现代工业基地，比如江南造船厂、杨树浦水电厂等。在20世纪90年代以后城市中心区的更新过程中，退二进三的改造是城市功能结构和经济转型的重点板块，在此基础上形成大量创意产业园和城市公共区域，前者如M50、八号桥、红坊等项目，后者包括梦清园、徐家汇公园、徐汇西岸、杨浦滨江，乃至整个2010上海世博会园区。

上海M50创意园位于苏州河南岸半岛地带的莫干山路50号。这里原是上海春明纺织厂，拥有自上20世纪30年代以来各个历史时期的工业建筑共计41000平方米。M50建筑改造共经历两次，第一次是工业园区建造，另一次是艺术园区建造。经过多次调研并征询了很多意见，结合现有空间历史特征，最后决定"修旧如旧"，并添加一些时代元素，不做颠覆性的改造，尊重历史并合理利用现有建筑，从整体出发确定用地功能和项目策划。M50以现在的园区为主，进行园区的赋值和品牌的复制或连锁授权，希望通过实体园区的建设，把更好的资源集合到一个实体中，尽可能发挥平台的作用。这种小尺度的改造也使得M50相比较其他的创意园来说，更多地原汁原味体现了江南小手工业空[①]（图7-3-24～图7-3-27）。

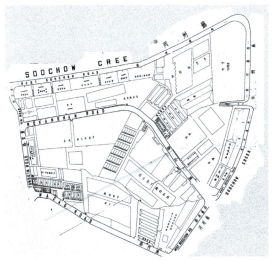 

图7-3-24 M50创意园工厂区老地图与现规划平面图（来源：上海市规划和国土资源管理局 提供）

---

[①] 徐全.废弃厂区的景观再生——以上海红坊创意产业集聚区为例[J].园林，2016(08)：44-49.

图7-3-25 M50创意园建筑（来源：庄哲 摄）

图7-3-26 M50创意园更新后入口（来源：庄哲 摄）

图7-3-27 M50创意园公共空间（来源：庄哲 摄）

艺术文化社区"红坊"，原本是位于上海市长宁区淮海西路570号的原上钢十厂，其成功的运营模式成为现代城市更新的典范。红坊改建利用老工业建筑的钢筋铁骨，将厂房的高大空间、框架结构等特点与现代建筑艺术相结合，既传承了老建筑与生俱来的历史肌理，保护其原生态感，又做了通风、安全的细节处理，使新旧空间互相结合、流动、自然过度。园区的开放空间更是担当起"城市客厅"的社会职能，接纳前来游憩的人群。废旧厂区的景观更新相对于普通的新建项目，具有更为灵活的建设容量。为了保持整个园区总量平衡的规划要求，结合利用拆除旧厂房后形成的中心空地，利用景观再生的手法，规划设计一处中央绿地。整个园区周边建筑围绕此中央绿地，形成一种强烈围合的空间关系。该中央绿地成为整个园区的视觉中心，这块平坦、开阔的自然草地也是室外交流的核心空间，为使用人群提供了一处极具生态性且参与度极高的有机景观，并且与建筑浑然一体，呈现出强烈的空间场所感。红坊的景观设计针对建筑自身"功能置换"的特点，向外延展的室外空间也伴有"弹性"的特征，使得原空间可以根据需求灵活调整[①]（图7-3-28～图7-3-33）。

同样在工业遗产保护方面很出色的项目上海世博会城市

图7-3-28 红坊建筑的商业改造（来源：庄哲 摄）

---

① 唐子来，冯立，奚慧. 2010年上海世博会城市最佳实践区：在街区改造实践中演绎"城市"主题[J].城市规划学刊，2010(03)：20-25.

图7-3-29 红坊内景观更新（来源：庄哲 摄）

图7-3-32 红坊老厂房的室内空间（来源：庄哲 摄）

图7-3-30 红坊内厂房更新（来源：庄哲 摄）

图7-3-33 红坊墙体改造细部（来源：庄哲 摄）

图7-3-31 红坊室内廊道（来源：庄哲 摄）

最佳实践区，其街区规划充分利用了既有建筑和保存地区的历史文脉。该区域原为传统工业集聚地区，保留工业建筑的面积占总建筑面积的60%以上。在保留的工业建筑中，既有体量巨大的南市发电厂主厂房，也有较为典型的工厂车间和办公大楼，在保留其主体结构和基本外形的前提下，分别被改造为世博会主题展馆、联合展馆和管理中心等[1]。地域文化特色建成环境的各种元素不仅保存所在地域的历史脉络，而且体现了参展城市的文化特色，共同积淀形成独特的文化附加值（图7-3-34、图7-3-35）。

---

[1] 章明，孙嘉龙. 上海当代艺术博物馆设计建造中的博弈[J]. 建筑技艺，2013(1)：38-45.

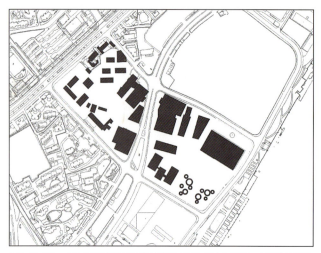

图7-3-34 上海世博会城市最佳实践区总平面图（来源：上海市规划和国土资源管理局 提供）

图7-3-35 上海世博会城市最佳实践区鸟瞰图（来源：上海市规划和国土资源管理局 提供）

图7-3-36 上海当代艺术博物馆外观（来源：张嗣烨、王远、苏圣亮 摄）

上海当代艺术博物馆对原有南市电厂的有限干预，最大限度地让厂房的外部形态与内部空间的原有秩序和工业遗迹特征得以体现，同时又刻意保持了时空跨度上的明显痕迹，体现新旧共存的建筑特征。面对这样一座1985年建成的老厂房，"根据空间的尺度、结构完整度分别改造为与艺术馆相匹配的不同功能；根据结构的跨度、安全性、经济合理性最大限度地体现原有结构的逻辑关系与工业美学特征"是改造的原则。南立面入口悬挑雨棚通过在加固后的原有结构柱中直接植筋，维持了最初方案中现浇素混凝土的做法；1号展厅为实现无柱大空间采取了相对保守的拆除楼板、重置钢梁的做法；而入口大厅中的三层悬挑连廊则通过顶部悬吊与结构悬挑结合的方式解决了对老结构改造力度过大的问题；入口大厅屋顶钢桁架为实现上人屋面进行了整体置换，采取了功能与美观兼顾的空间格构形式。[①]设计的介入勾勒出一个富有畅想意味的文化图景开阔的空间构架、具有回溯价值的特征性元素、无法复制的地域景观优势，以一种开放包容的方式赋予更多的文化涵义[①]（图7-3-36～图7-3-39）。

西岸龙美术馆也是工业遗产保护的优秀代表。美术馆

图7-3-37 上海当代艺术博物馆入口展厅（来源：张嗣烨、王远、苏圣亮 摄）

---

① 张姿, 章明. 上海当代艺术博物馆的文化表述[J]. 时代建筑, 2013(1): 120-127.

图7-3-38　上海当代艺术博物馆7层展厅及室外平台（来源：张嗣烨、王远、苏圣亮 摄）

图7-3-39　上海当代艺术博物馆24米滨江平台室外展场（来源：张嗣烨、王远、苏圣亮 摄）

的基地原来是一个运煤的码头，由混凝土建造的煤料斗卸载桥建于20世纪50年代。码头迁走后，煤料斗构筑物却被保留。而龙美术馆设计构思正源自场地当中证明了那段工业文明历史价值的工业遗存。建筑简洁纯美、内含弧线的方正形体，朴素、细腻而精致的清水混凝土与玻璃，由"伞拱"遮蔽而成的展厅，以及建造上从整体到细部极高的完成度，都在与所处地段的历史相呼应，共同组成既承载工业文明记忆又富于现代美感的城市空间。同时，设计巧妙地将设备管线隐蔽于结构空腔中，使内部展厅省去了通常必要的室内装修，使空间更有力度和整体感。对公众开放的公益属性使美术馆天然贴近城市生活，龙美术馆在实现其本质功能的同时还续写着城市环境醒续与变迁[①]（图7-3-40～图7-3-43）。

上海韩天衡美术馆依据原纺织厂厂房的功能空间特点，经过两年改造后成功变身为新美术馆展览区域。老厂房和筒子车间相对开阔，是纺织厂中最具工业建筑特色的一部分。设计中着重考虑如何在完整保留其屋面及梁架形式的同时，对原有结构进行钢结构加固，从而充分有效地再利用空间。两处建筑特征化的空间及其符号形式可以作为一个公共交流空间。老厂房用作临时展厅，而结构质量较好的筒子车间则改造为公共报告厅。位于老厂房南北两端的青花厂房及精梳车间因其结构质量较好，空间也相对高耸集中，这些新建厂房的规整空间和牢固结构适于设备要求，作为美术馆的固定展区。由于整个建筑场地几乎被各类大小建筑覆盖，内部空间又堆满了各种机器设备，很难看清厂房建筑的全貌。于是，除了老厂房之外的现代建筑都用黑色表达，结构基本由混凝土或者钢结构组成，以区别于保留下来的锯齿形厂房区域。

---

① 柳亦春，陈屹峰，王龙海．龙美术馆西岸馆，上海，中国[J]．世界建筑，2015(03)：146-149.

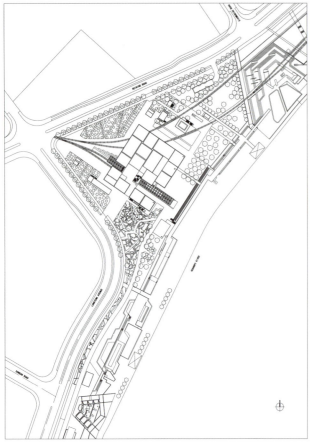

图7-3-40　龙美术馆总平面图（来源：柳亦春 提供）

图7-3-42　龙美术馆室内（来源：苏圣亮 摄）

图7-3-43　龙美术馆新旧对比（来源：苏圣亮 摄）

图7-3-41　龙美术馆立面（来源：苏圣亮 摄）

同时,在功能方面也与美术馆的固定区域相对应。在材料方面,新增的钢结构使用氟碳喷涂黑色钢板和穿孔板,而改造后的混凝土结构则采用与之相应的纯黑涂料,并配以穿孔板门窗,南北两侧的建筑及东边的连廊形成整体结构,从外围包裹着老厂房。老厂房的锯齿形建筑结构是纺织厂的标志性特征,也是历史发展过程的见证。在初步方案设计中,不仅在南北两侧较高建筑设置了从上方观赏的窗口,还在东侧连廊和门厅接合处也设置了一条地面到屋顶的公共坡道,它可以一直延伸到老厂房屋顶上的钢结构平台。这一设计使入口广场与沿河公共空间联系起来,同时为参观者提供了不同高度层面上对于锯齿形屋面的体验(图7-3-44～图7-3-49)。

以上优秀案例均阐释了上海现当代建筑在以高密度人居格局为特征的都市文脉传承中,保护更新传统城市空间格局的方法。无论是古典园林空间、传统建筑单体、传统里弄空间格局还是工业遗产,这些历史建筑自身的历史背景和建筑特质,赋予其独有的魅力。在经历近百年的岁月洗礼后,这些建筑仍向我们展示着那个时代的烙印。因此,在改造中,这些项目均以保留历史建筑特点为大前提,并着重思考如何延续传承上海人文传统,创造性地向人们传递这种历史文化的精髓。

图7-3-44 韩天衡美术馆分析(来源:童明 提供)

图7-3-45 韩天衡美术馆外观(来源:吕恒中 摄)

图7-3-46 韩天衡美术馆屋顶(来源:吕恒中 摄)

图7-3-47 韩天衡美术馆入口（来源：吕恒中 摄）

图7-3-49 韩天衡美术馆室内（来源：吕恒中 摄）

图7-3-48 韩天衡美术馆展厅（来源：吕恒中 摄）

## 二、延续和发展传统城市街巷肌理

近30年的上海建设发展坚守老城街道"肌理"不变的原则。除了5批1058处共3075幢上海市优秀历史建筑的保护名录外，2004年经上海市政府批准，在上海中心城区内划定外滩（图7-3-50）、人民广场、老城厢（图7-3-51）、南京西路、衡山路至复兴路、愚园路、虹桥路、山阴路、提篮桥、龙华、新华路、江湾12个历史文化风貌区，总面积达26.97平方公里。这些区域成为上海中西融合的城市和建筑风貌的缩影。同时列入保护的是中心城区144条风貌保护道路和街巷，其中64条风貌保护道路为永不拓宽道路。2016年，中心城区风貌区范围进一步扩大，公布了119处风貌保护街坊和23条风貌保护道路（街巷），全市共计397条风貌保护道路（街巷）。此外，郊区也确立了32个历史文化风貌保护区。不同于强调单体文物建筑保护的模式，上海历史保护强调的是点线面综合体的全面

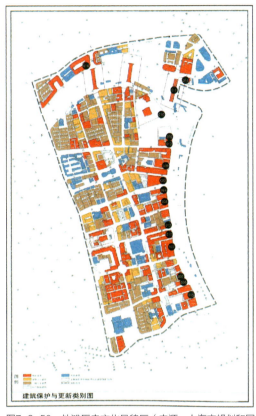

图7-3-50 外滩历史文化风貌区（来源：上海市规划和国土资源管理局 提供）

保护，经由无数建设者的智慧在历史长河中逐渐累积起来的城市空间格局、街巷肌理、尺度氛围全部是在再城市化发展中需要依法保护和延续的内容。

因此，在上海现当代建筑中，地域文脉的传承策略还包括对传统城市街巷肌理和空间的延续和发展。上海的传统城市街巷肌理，就所谓"螺丝壳里做道场"，在地小人多的高密度城市特征条件下，进行土地的高效利用，形成对传统城市街巷肌理和空间的延续和发展。相关案例包括豫园商城、新天地、田子坊、思南公馆、M50，八号桥等区域的改造，以及衡山路12号酒店，SOHO复兴广场和外滩SOHO等大型新建的商务综合项目。

豫园修复项目促成了老城厢区域的整体发展和更新，其中豫园商城的规划和建设是20世纪90年代最有影响力的城市更新项目之一。该区域的规划将商业、游憩、文化活动结合于一体，依建筑——通道——广场等组成的不同空间序列，体现其连续感及繁荣感。豫园商城在空间结构上由空间节点（广场等集合性场所）和人行通道组成空间系列，这种结构保证交通通畅，从而

图7-3-51 上海老城厢历史文化风貌区鸟瞰图（来源：上海市规划和国土资源管理局 提供）

促进商市繁荣[1]。其交通规划的特点是以南北轴线与环路为主，形成小街小巷加广场的网状结构形式，同时将商场的楼层、地下层通过过街楼、地下通道相互贯通，上下流动，将中国传统的二维网络交通发展为三维的立体交通[2]（图7-3-52～图7-3-56）。

思南公馆的整体规划意在复兴属于上海20世纪二三十年代的流金岁月，在恢复并重建城市历史文脉的基础上为上海中心片区重新定义新的上海城市形象。思南公馆是上海衡山路复兴路历史文化脉络的重要组成部分，其中保留老建筑近3万平方米，新建建筑2.7万平方米，及2.2万平方米的地下空间，由49幢花园洋房组成，集合20世纪30年代上海城区多种建筑风格。整个片区囊括了花园别墅、外廊式宴会厅、石库门、新里弄、老洋房和工业厂房等具有浓厚上海特色的建筑类型，整体片区的恢复重建形成在统一规划布局下的风格各异的特色花园洋房街区[3]。更新和改造设计在保护上海传统城市历史特色的基础上融入了现代商业文化的特色，整体开敞的空间规划设计及建筑空间同街道、广场、休闲空间相互融合，构成统一的空间肌理，这不仅是历史区域生命

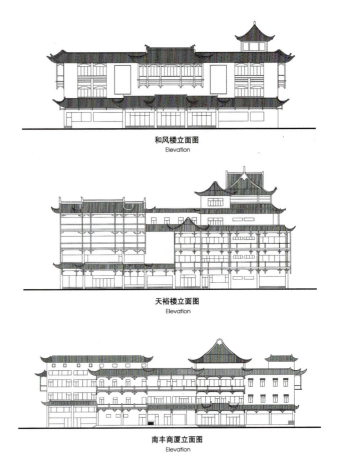

图7-3-53　豫园商城典型立面图（来源：《ECADI作品选：商业建筑》）

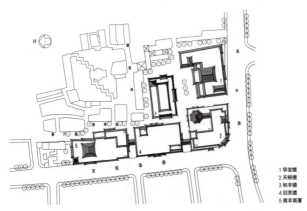

图7-3-52　豫园商城总平面图（来源：《ECADI作品选：商业建筑》）

图7-3-54　豫园商城日景（来源：刘其华 摄）

---

[1] 常青. 历史语境的现代表述——上海豫园方浜中路街廊建筑设计[J]. 建筑学报，2008(12)：34-37.
[2] 熊鲁霞. 上海豫园旅游商城规划[J]. 城市规划，1993(01)：26-29.
[3] 柴婉俊. 城市公共景观空间——思南公馆的恢复与重建[J]. 艺术科技，2013(02)：196-203.

力的延续,也是对上海城市公共景观空间的充实与创新。(图 7-3-57～图 7-3-60)。

SOHO 复兴广场为 9 座坡屋面长型建筑单体以及一座拔地而起的 100 米办公塔楼构成的综合体,也是新天地西南侧一处醒目的存在。SOHO 复兴广场所在的街区,是上海原法租界内坐落着密度较大的联排建筑群,也就是大家惯常称作的石库门的里弄式住宅,而设计团队在创造这一结合了办公空间、商业配套和餐饮设施等的综合体建筑时,充分考虑到

图7-3-55　豫园商城夜景(来源:刘其华 摄)

图7-3-58　思南公馆保留建筑细部改造(来源:庄哲 摄)

图7-3-56　豫园商城局部鸟瞰夜景(来源:刘其华 摄)

图7-3-57　思南公馆保留建筑(来源:庄哲 摄)

图7-3-59　思南公馆街道空间(来源:庄哲 摄)

图7-3-60　思南公馆公共空间（来源：庄哲 摄）

周边街区的面貌。在尊重现有历史建筑的基础上，在建筑的尺度与街道走向位置的设计上都延续了周边街区的状态，这才有了那9座坡面屋顶、东西走向的低矮型建筑单体房子，作为历史街区与中部单体高楼之间的过渡，避免产生过分僵硬的突兀之感（图7-3-61、图7-3-62）。

办公和商业综合体"外滩SOHO"勾画了一个充满活力的商业步行街区，为传承城市地域文脉做出了贡献。建筑的设计理念在于延续万国建筑群的历史风格，并在以古城公园和豫园为标志的老城区之前定义出历史建筑群的尾声。外滩SOHO所处基地位置显赫，由6座单体建筑构成，形体参差错落构成空间上的突出和退进，极富雕塑感。修长的窗带贯穿建筑体始终，立面丰富多变适应并配合了周边城市环境中存在的多元化尺度。四栋办公楼的高度在60米~135米之间，一方面在南面界定出了清晰的边界，另一方面将自身纳入外滩历史建筑群的序列之中。位于西侧和北侧两栋建筑略为低矮，参考了周围建筑的基本体量。楼宇之间错落形成一系列街巷和微型广场，是周边城市空间中狭长"里弄"、星罗的街道路网形式的延续。薄片叠加肌理在这里以条带状元素出现，这一主题还重复出现在大堂的内装设计上（图7-3-63~图7-3-70）。

上海衡山路十二号酒店位于衡山路-复兴路历史风貌区，区域内拥有大量的文物保护单位和优秀历史建筑保护单位。建筑尺度适宜且密度适中是该风貌区的一大特点，街道两旁栽满树龄超过一个世纪的法国梧桐。如何将一个商业建筑融

图7-3-61　SOHO复兴广场鸟瞰图（来源：庄哲 摄）

图7-3-62　SOHO复兴广场入口（来源：庄哲 摄）

入区域环境之中成为设计师思考的重点所在。在平面布局上，整个基地呈长方形布置，以短边与衡山路相接，进深较大。在入口处，设计以一个斜向插入的灰空间，形成一种从城市空间到建筑庭院的过渡。由于酒店设计对于经济性和功能性

图7-3-63 外滩SOHO总平面图（来源：乔伟 提供）

图7-3-64 外滩SOHO多层建筑外观（来源：阴杰 摄）

图7-3-65 外滩SOHO景观（来源：阴杰 摄）

图7-3-66 外滩SOHO街巷对景（来源：阴杰 摄）

图7-3-67 外滩SOHO入口细部（来源：阴杰 摄）

图7-3-68 外滩SOHO入口序列（来源：庄哲 摄）

图7-3-69　外滩SOHO建筑室内（来源：阴杰 摄）

图7-3-71　衡山路十二号酒店庭院U形布局（来源：庄哲 摄）

图7-3-70　外滩SOHO屋顶细部（来源：阴杰 摄）

图7-3-72　衡山路十二号酒店庭院景观（来源：庄哲 摄）

的要求，最终设计师采用兼顾性的U形布局。室外庭院成为整个客房空间的视觉中心，设计师将庭院进行1米的抬升，营造出一种盆景式的绿化体验空间。在庭院的端头处，庭院客房和城市客房分布于两侧，形成庭院和周边的双重景观，分别领略城市和庭院带来的不同感受。除了建筑室内与城市环境的良好对话之外，景观设计也通过软硬铺装加以融合，庭院依次描述了流水硬地、草地植载以及竹林小径，在客房屋面呈现了木平台和植载的简约对话，入口广场则以角部的水池和石材的硬质铺装建立对话，形成一种具有东方韵味的区域化布局[①]（图7-3-71~图7-3-76）。

图7-3-73　衡山路十二号酒店入口空间（来源：庄哲 摄）

---

① 李瑶. 衡山路十二号 一个低调的上海故事[J]. 时代建筑，2013(02)：88-93.

图7-3-74　衡山路十二号酒店餐厅室内（来源：庄哲 摄）

图7-3-75　衡山路十二号酒店室内中式装饰（来源：庄哲 摄）

图7-3-76　衡山路十二号酒店客房室内（来源：庄哲 摄）

## 三、保存与铭记城市历史记忆

上海周春芽艺术研究院的基地原先是一片业已停用的乡村工业厂房,三面环水,南沿马路,周围是典型的江南水乡风貌,遍布着香樟苗圃,葡萄庄园,芦苇渔塘。这种自然而野趣的环境也成为建筑设计的起点。首先确定的是建筑材料。在这样一种多雨潮湿的乡村环境中,清水混凝土是一种很自然的选择,因为它坚固、持久、耐腐,更重要的是,随着时间的推进,它可以更加完美而且毫无障碍地与所有的自然因素融为一体。由于基地西侧在进行设计之前已有一幢移建的传统木构建筑,它在项目改造过程中被完整保存下来,并成为新建工作室的一个主要构成线索,以此形成由建筑——庭院组合而成的空间序列。另外,工作室的设计也融入了对于江南建筑的传统记忆。江南春季多雨,碧竹黛瓦,烟影檐滴,为了能够融入对于这一情境的想像,屋面的雨水收集采用明排系统,或与采光天窗的构造相结合,或与下方的水池相对应,或与外周的池塘相衔接,从而使得雨水的流淌为人所见,并以天地交融的方式为人所闻(图7-3-77~图7-3-83)。

上海文化广场位于原卢湾区的西北部,在上海最大的历史风貌保护区内,其前身是在法租界内围地建造的跑狗场,是上海滩除跑马场之外的另一个文化娱乐中心。新中国成立之后,从殖民者手中收回的文化广场成为上海市的演艺文化中心。但不久之后,文化广场毁于一场大火。20世纪70年代重建的文化广场以重要的舞台演出活动重新成为上海的文化交流中心。到了20世纪80年代后期,随着人们文化观念的逐渐转变以及上海各处新兴剧场的建设,文化广场日渐衰落,逐渐转变成为一个繁华的花市。进入新世纪后,政府决定重新改造文化广场。最终实施方案核心包括下沉式的剧场,其目的是在历史保护区域符合建筑高度控制的要求。设计旨在将基地内的历史建筑和剧院有机地结合起来,大跨度网架所具有的历史意义与环境创造性地结合,并与露天剧场一起

图7-3-77 周春芽艺术研究院概念分析(来源:童明 提供)

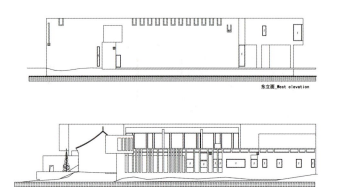

图7-3-78 周春芽艺术研究院立面图(来源:童明 提供)

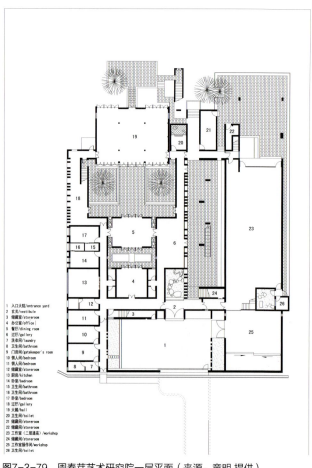

图7-3-79 周春芽艺术研究院一层平面(来源:童明 提供)

面，此前已经形成的从基地本身，到周边区域乃至整个城市的物质文化特征是新的设计赖以形成的出发点，有机的建成环境不是从"白纸状态"开始的，而是扎根于既有的文脉。另一方面，只有通过这样既关注整体性，关注历史延续性，又体现当下经济社会和生活方式需要的层层叠加，才能形成具有多样性的建成环境。换言之，地域文脉既是新建设的基础，也是其目标，正因为这种层层递进的延续性，地域文脉传承在传统建筑传承与形成具有地方特色的建成环境中具有非常重要的地位。对于上海的现当代建筑而言，地域文脉传承的独特性在于兼具江南水乡小而美的自然地理文脉，以及现代都市紧凑高效的城市肌理文脉。其优势在于上海中心城区的历史街区是在近代欧美现代化城市管理制度下形成的现代建筑和城区，相对于古代传统城市更为接近当下的城市生活方式，加之上海地区较为完善的从历史建筑到历史文化风貌区的保护，通过地域文脉的保护和传承可以实现城市的文化特色，也是在全球城市竞争中颇具价值的文化资本，上海的城市管理者，房产投资者，乃至社会公众都越来越重视文脉的传承和延续。在最近不到两个世纪里，上海城市的尺度、功能和对于中国和世界的地位都发生了翻天覆地的变化，在全球资本的推动下，在世界城市的竞争里，经济利益和文脉传承之间存在着不可调和的矛盾。虽然在这样的压力下，上海的地域文脉传承仍旧取得了非常显著的成就，但是未来，上海现当代建筑的地域文脉传承需要不断思考如何调和历史遗产保护与城市发展需求之间的矛盾。

行仓库"。仓库西侧1～3层,总建筑面积3800平方米,分为序厅、"血鏖淞沪"、"坚守四行"、"孤军抗争"等6部分。它见证了1937年8月13日爆发的淞沪会战中"八百壮士"死守孤楼与日寇力战四昼夜的动人篇章。矗立在上海闸北区苏河湾边上的四行仓库西立面的抗战纪念墙经"修旧如旧"后,掀开"神秘面纱"。墙上的8个炮弹孔、430个大小枪弹孔清晰可见,全部按原来面貌及实际位置复原,让人瞬间回忆80年前激战的场景(图7-3-87～图7-3-91)。

总之,地域文脉并非一种确定的物质形态,而是一种跟自然地理和社会历史变迁相融合而不断变化的状态。比如上海的里弄建筑就是一种江南传统居住空间与都市现代经济和生活方式有机融合的产物。地域文脉的传承对于在新的城市建设和建筑实践中实现传统精神的传承具有双重意义。一方

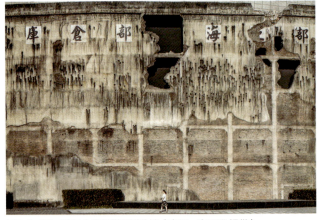

图7-3-89　四行仓库修缮后弹孔墙(来源:唐玉恩 提供)

图7-3-87　四行仓库修缮后鸟瞰(来源:唐玉恩 提供)

图7-3-90　四行仓库修缮后南立面(来源:唐玉恩 提供)

图7-3-88　四行仓库修缮后西立面弹孔墙及北立面(来源:唐玉恩 提供)

图7-3-91　四行仓库修缮后南立面清水砖墙(来源:唐玉恩 提供)

布置，利用灯光和音响效果，唤起人们对文化广场历史的回忆[①]（图7-3-84～图7-3-86）。

四行仓库建造于1931-1935年间，原是金城、中南、大陆、盐业等4间银行共同出资建设的仓库，因此称之为"四

图7-3-84 上海文化广场总体鸟瞰（来源：上海市建筑学会 提供）

图7-3-85 上海文化广场入口（来源：上海市建筑学会 提供）

图7-3-86 上海文化广场细部（来源：上海市建筑学会 提供）

---

① 刘家仁. 上海文化广场[J]. 时代建筑，2009(06)：96-99.

图7-3-80 周春芽艺术研究院外观（来源：吕恒中 摄）

图7-3-81 周春芽艺术研究院内部庭院（来源：吕恒中 摄）

图7-3-82 周春芽艺术研究院景观（来源：吕恒中 摄）

图7-3-83 周春芽艺术研究院架空空间（来源：吕恒中 摄）

# 第八章 上海现当代建筑的形式符号传承策略与案例

地域建筑的风格形式体现了某一地区独特的自然地理条件和历史文化发展。对地域建筑的传承要求建筑师把握深层次的历史文脉和文化内涵，从传统建筑中抽象出具有识别性的风格形式和符号细部，继承其表象下隐含的文脉、意境、历史、文化等，并与现代生活所需要的功能、空间，以及工业化的材料和技术所带来的现代工艺和建构方式加以融汇，使得传统建筑文化的精华得以延续和发展。

对地域建筑的形式符号传承包括对其具体形式和象征意义两方面的提炼和转化。具体形式包括整体的风格造型，如中国建筑中台基、立面和屋顶的造型和秩序，局部构件形态、颜色和装饰图案，如斗栱出挑，江南建筑的镂空门窗，砖雕纹样等。象征意义则是建筑形式符号的所指，即：形式与传统建筑之间约定俗成的关系，如对称的轴线和秩序代表中国的官式建筑，而相对灵活自由的虚实空间布局和粉墙黛瓦则常被视为江南建筑的象征。建筑形式和符号的运用又分为显性表现"形似"与隐性表现"神似"两种。显性表现主要运用简化、拼贴、结合现代材料等手法，本质仍是模仿。隐性表现则旨在从地域建筑深层文化关系和传统思想内涵中提炼、转化出各种建筑设计手法、风格造型和营造技艺等。

## 第一节　宜人性与精致性：通过提炼和转化地域建筑的形式符号实现传承

上海的地域建筑形式，无论从整体还是细部看，都具有宜人性和精致性两大特征，这既揭示了上海传统建筑的形式风格主要以江南水乡的江浙皖民居为基调的渊源，也体现了其地域港口性和产业商业化所造成的不同时代各类移民五方杂处的重要事实。上海的传统风格基调之中又夹杂着我国其他移民地域的建筑风格特点，其传统建筑的符号类型也是江南传统建筑符号与中国传统建筑符号（移民地域）并存的状态。到了近代以后，又融入了更为复杂的中西合璧。正是因为上海资源有限、活动密集、疏离正统、文化多元，因此上海传统建筑形态不断追求设计细节，追求精致而非繁复，并将其以适度低调的姿态呈现，同时与融合了地方生活形态的空间有机结合，最终创建了上海特有的地域文化符号。现当代建筑中很多优秀之作延续了这种精神，以里弄这种独特的建筑类型来看，从肌理风格到色彩装饰都是历经磨砺之后而沉淀成熟的，精致适宜而又特色鲜明，实为上海特有的文化象征。

通过提炼和转化地域建筑的形式符号来实现上海传统建筑的传承主要有以下三种具体的模式。

一、对传统建筑的风格形式进行转化的模式。其中用作参考的主要是江南地区粉墙黛瓦的传统建筑风格、上海里弄建筑的形式以及其他地区传统建筑风格（主要是北方官式建筑形制风格）。

二、对传统建筑细部和符号进行演化的模式。比如近代建筑中对于斗栱、传统建筑彩画和装饰纹样的变形，用石材和混凝土铸造传统木构建筑的细部纹样。现代时期在细部中采用的传统纹样变体。当代时期采用金属等材料对传统民居或里弄建筑的细部进行效仿等都属于此类传承模式。

三、传统文化隐喻的模式。随着城市的发展，今天的建筑大多是大体量或高层建筑，简单地将传统的三层以下的传统建筑的形态或细部放大效果肯定不佳。因此在大型建筑，尤其是城市性地标的设计中，为了实现传统文化的传承，常常采用传统文化的意象加以抽象。比如在高层建筑中对塔、玉佩等文化形态以及"大珠小珠落玉盘"等意境的引用和转化，此外"天圆地方"等概念也是大型标志性建筑常用的文化意象。

## 第二节　传统建筑的风格形式转化模式

建筑的形式符号最直接的来源是具有独特性和直观性的本土建筑的外观要素，比如坡屋顶形式、墙体、门窗的形态、颜色和细部做法等等。如果说太湖流域建筑的外观风格、体量空间、材料构造和装饰细部的形式就像上海建筑的吴语方言文脉的话，那么北方官式建筑的规制和风格则如同普适和正统的中国建筑官话，被全国各地，也包括上海的近现当代建筑实践所延续和发展着。因此，上海对传统建筑的风格形式传承既包括对江南地区传统建筑风格形式的延续发展和创新演绎，也包括受到中国传统官式建筑风格形式的启发和相应所做的转变。建筑师在传承传统建筑风格时，沿袭传统民居院落、材料、颜色、肌理的同时，也对历史文脉和意识形态进行研究并加入到设计中。

### 一、演绎发展江南建筑的风格形式

上海古代建筑的主流与苏、浙、皖等地的传统建筑相似，由于商贸往来，上海的传统建筑风格也较为混杂，部分建筑有闽、粤等地传统建筑的影子：平出马头墙、起翘马头墙、观音兜式样的山墙有时会毗邻而居，民居的开间、屋顶形式较自由，采用歇山、庑殿等屋顶形式的民居也屡见不鲜。上海近代建筑则更多地受到海外文化的影响，形成中西混合的风格。上海现当代建筑对传统建筑风格形式传承主要是对江南地区传统建筑风格形式的延续发展和创新演绎，有的模仿和转化江南民居典型的风格形式（如院落式的空间布局、素朴的双坡硬山屋顶、风火山墙等），在20世纪50年代~80年代，这种模仿和发展基本上延续粉墙黛瓦的材料和结构，如鲁迅纪念馆、上海音乐学院琴房、西郊宾馆、龙柏

图8-2-1 上海音乐学院琴房滨水外观（来源：寇志荣 摄）

图8-2-2 上海音乐学院琴房柱廊（来源：寇志荣 摄）

饭店、园林饭店等，而到了新千年以后，则多有引入新的材料和建构形式，比如金属幕墙材质等，相关案例如浦东新区的东郊宾馆、九间堂和朱家角的证大西镇住宅区和悦椿酒店等。同时，独特的材料和建造形式构成了江南民居的符号特征，也是形式符号传承的重点，如精巧木构体系等。

## （一）模仿和转化江南民居的建筑风格

1953年建造的上海音乐学院琴房（今上海师范大学音乐学院琴房）则借鉴了与"民族形式"有关的单廊单坡传统民居，但建筑师通过对其屋顶体块化处理、柱廊的几何形态和空间营造提升了传统江南民居的固有意象。这座两层的单廊式单坡建筑平面呈较为规整的"一"字形，北侧布置琴室，南侧为连续的砖柱廊，走廊狭长深远，柱廊里的柱子正对琴室间的分隔墙。整座建筑底部抬升，形成明显的台基。①3栋琴房依水而建，形成错落的关系，虽采用同一设计，但仍保持了园林建筑随性洒脱的性情。江南民居建筑形态语言的引

图8-2-3 上海音乐学院琴房立面细部（来源：寇志荣 摄）

入赋予建筑强烈的个性，诠释了琴房建筑的艺术内涵和精神境界。琴房的外饰面以清水红砖为主，为使立面不显单调，增添了白色粉刷，色彩上红白两色对比突出，生动有趣（图8-2-1～图8-2-3）。

1958年建成的鲁迅纪念馆是具有代表性的带有江南民居形式符号的现代建筑。根据鲁迅先生故居的绍兴地域建筑风格，建筑师从中抽取了白色墙面、灰色瓦顶、马头式山墙和

---

① 彭怒，谭奔. 中央音乐学院华东分院琴房研究黄毓麟现代建筑探索的另一条路径[J].时代建筑，2014(06)：126-134.

绦环式漏空的柱廊栏杆几个细部符号[1]。总体设计上，鲁迅纪念馆自然地交融在虹口公园园景及鲁迅墓地整体之内，互相谐调、因借；同时又具有江南民居朴素的格调，黛瓦、白墙、坡屋顶同丛林草坪打成一片。设计同时加入了新结构来解决在构造中遇到的实际问题，立面的处理也更符合现代审美。比如坡屋顶屋脊线上镶嵌透光玻璃，用于需要顶部采光的陈展。材料构造上沿袭了江南民居的代表材料——砖，但为了使立面有凹凸、结构和色彩上的变化，将勒脚突出了20公分，白色粉刷，下层的墙则全用毛石墙面，因结构处理较难，所以改做了石柱花架。这样减少了墙面过长和单调的感觉，增加了凹凸和阴影，显示出材料结构的变化，同时也使进口处的毛石前廊有了延续[2]（图8-2-4~图8-2-6）。

1960年建成的西郊宾馆是江南传统建筑风格延续发展和创新演绎的典型。其中"睦如居"在构图中建筑师注意整体与局部的关系以及不同局部之间的联系，在局部上利用院落成为建筑组成部分，以不同方圆的院落和不同形体的建筑相配合，构成不同氛围的独立空间，同时用自然地形结合改造环境，堆山叠石，形成天然之趣，建筑与庭院相结合，居室空间与自然空间相结合，气势贯通[3]。高低起伏的屋面有机地组合成优美轮廓线，在墙面处理上有上挑下悬的，也有下实上虚的，给人以活泼轻巧的感受。色调方面在青瓦白粉墙的基调中采用青石片作瓦，在阳光下产生青、黄、紫多种颜色，丰富多彩。整个建筑形象传统中有所新意，变化中有统一。西郊宾馆的"怡情小筑"取意于江南传统民居建筑风

图8-2-5　鲁迅纪念馆入口花架（来源：上海市建筑学会 提供）

图8-2-4　鲁迅纪念馆外观（来源：上海市建筑学会 提供）

图8-2-6　鲁迅纪念馆入口（来源：上海市建筑学会 提供）

---

[1] 陈植，汪定曾. 上海虹口公园改建记——鲁迅纪念墓和陈列馆的设计[J]. 建筑学报，1956，09：1-10.
[2] 同上.
[3] 魏志达. 改旧翻新小中见大——上海西郊宾馆[J]. 时代建筑，1990（02）：6-11.

格，在大片的青瓦粉墙基调下，局部添加花岗岩虎皮石和泰山面砖饰面，朴素大方，明朗简洁。"翠园厅"建筑形象吸取江南居民山地和平地上传统建筑手法，屋面起伏，墙面分隔和色彩用料方面，力求造型新颖又具传统艺术之感。建筑物的用料与色调力求高雅，以青砖黛瓦为基调，局部墙面点缀棕红色泰山面砖，花岗岩虎皮石饰面，现代的装饰贴面材料和江南建筑空间意象结合，达到传统与现代交融的内涵意境[1]（图8-2-7～图8-2-11）。

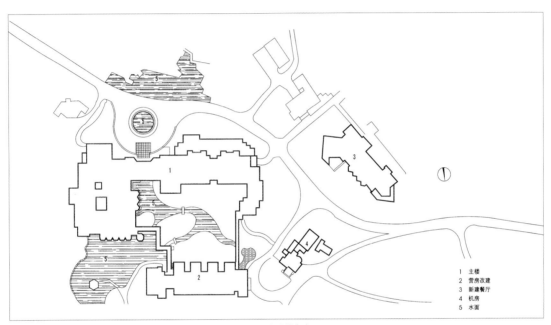

图8-2-7　西郊宾馆总平面图（来源：《ECADI作品选：酒店建筑》）

图8-2-8　西郊宾馆立面图（来源：《ECADI作品选：酒店建筑》）

---

[1] 魏志达. 改旧翻新小中见大——上海西郊宾馆[J]. 时代建筑，1990（02）：6-11.

图8-2-9 西郊宾馆外观（来源：刘大龙 提供）

图8-2-10 西郊宾馆庭院（来源：刘大龙 提供）

图8-2-11 西郊宾馆室内（来源：刘大龙 提供）

朱屺瞻艺术馆1期坡屋顶下的空间曾废弃不用，在2期改造中，设计师打开了南部坡屋顶下局部的山墙体，并有意暴露坡屋顶的构造体系，形成别有趣味的顶层办公区[1]。南入口及西入口的处理采用金属构件穿插组合形成一组连续界面，其形制取自"竹帘"意向，而内部支撑体系有源自中国木构中层层起翘的构造方法，以现代的手法演绎传统形制，是对传统的创造性认知和建设性传承（图8-2-12～图8-2-14）。

陈云故居暨青浦革命历史纪念馆是在"陈云故居"和原"青浦革命历史陈列馆"的基础上改扩建而成的，扩建内容包括纪念馆主体建筑和附属设施。主体建筑前为广场，广场正中设陈云同志铜像，广场两侧设长廊和水池，周围种植苍松、翠柏，后方设青石铺地的小广场，陈云故居毗邻主体建筑。基地后方是风貌依旧的市河。总体规划把河道引伸到基地中，通过一池湖水，分割主体纪念馆与辅助建筑区，在视线上又使纪念馆与故居沟通，经过曲桥方亭的转折互为因借[2]。主体纪念馆采用集中式布局，运用中轴对称的手法来表现崇高的纪念主题，掩映在花园树丛中，形象突出又不失江南传统建筑的风格明快。建筑屋顶吸取江南传统民居的做法，对屋面进行分解形成主次分明，高低错落，庄严有序的整体形象。纪念馆中央天窗处理可见对江南民居中天井的重构，使传统民居中的"天井"为纪念性功能服务。设计继承传统，但并非简单地模仿，而是融会贯通与新的建造技术结合，既具有现代感，又融入地方历史文化的深刻内涵，达到形式与内容的完美统一[3]（图8-2-15～图8-2-18）。

---

[1] 章明，张姿. 再生实践朱屺瞻艺术馆改造[J]. 时代建筑，2006(2)：110-113.
[2] 邢同和，段斌. 平凡与伟大朴实与崇高——陈云故居暨青浦革命历史纪念馆设计谈.建筑学报，2002(1)：25-28.
[3] 同上.

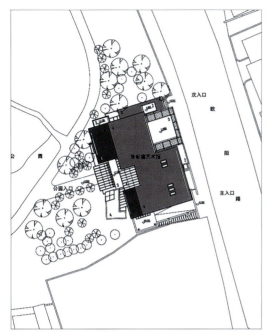

图8-2-12 朱屺瞻艺术馆总平面图(来源:章明 提供)

图8-2-13 朱屺瞻艺术馆外观(来源:章明 提供)

图8-2-14 朱屺瞻艺术馆入口正面(来源:章明 提供)

图8-2-15 陈云故居暨青浦革命历史纪念馆外观(来源:上海市建筑学会 提供)

图8-2-16 陈云故居暨青浦革命历史纪念馆公共空间(来源:上海市建筑学会 提供)

图8-2-17 陈云故居暨青浦革命历史纪念馆景观(来源:上海市建筑学会 提供)

图8-2-18 陈云故居暨青浦革命历史纪念馆庭院（来源：上海市建筑学会 提供）

图8-2-20 龙柏饭店外观设计草图（来源：《悠远的回声》）

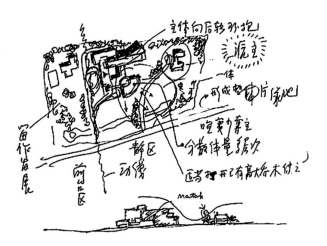

图8-2-19 龙柏饭店平面设计草图（来源：《悠远的回声》）

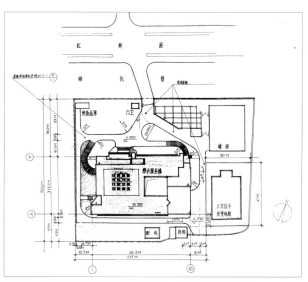

图8-2-21 龙柏饭店总平面图（来源：《悠远的回声》）

## （二）延续和发展江南民居的材料和建造形式

延续江南民居的材料和建造形式也是实现形式符号传承的重要手段。在20世纪五六十年代，较常见的做法是直接沿用乡土民居的材料，在形式和构造上适当简化或进行重新组合，既经济适用，又兼具地方特色和时代气息。比如鲁迅纪念馆对砖，粉墙和毛石勒脚的处理，上海音乐学院琴房的清水红砖等。

如果说西郊宾馆是对于江南民居形式的再现，那么位于虹桥俱乐部内的龙柏饭店则是对于传统园林空间的一次现代重现（图8-2-19~图8-2-24）。

龙柏饭店的建筑师希望保持并强化原有环境幽美典雅的气氛，使新建筑、原有建筑及绿化环境组成一个有机整体，因此在规划中，饭店主楼尽量紧靠基地西北面，这样可以在南面留出大面积的草坪景观，使建筑物正面视野开阔。

主入口不设在楼的正面，而是安排在西侧的一个骑楼下面。这种安排很巧妙：客人进入饭店，无法一眼窥见饭店全貌，因而进入饭店后就能不断有新的发现，产生新的视觉趣味。进入门厅豁然开朗，展现在面前的是一个进厅和一个层次丰富、生机盎然的水庭，粼粼水光，远处是屋角起翘的竹亭。池边有假山叠石，颇具江南韵味。这里借助了中国园林

图8-2-22 龙柏饭店外观（来源：刘其华 摄）

图8-2-23 龙柏饭店入口（来源：刘大龙 提供）

图8-2-24 龙柏饭店室内（来源：刘大龙 提供）

设计中先抑后扬和西方近代建筑中室内外空间一体化的处理手法，在整个活动序列中产生了一鸣惊人的效果。

整体规划分散体量、化整为零，在形式与色彩上求同存异。在六层客房前布置两层高的贵宾用房，使之与原有建筑物较低矮的体量取得协调。既满足了功能分区要求，又起到了体量分散、层次丰富、空间由低到高的衔接过渡作用。把贵宾厅处理成向上倾斜的1/4圆台体，并用波形瓦作饰面，强调陡直屋面形象，这不仅在尺度上与原有英国式木构架别墅建筑取得协调，同时也加强了与前面大片绿地及整个基地的有机联系[1]。黄色面砖墙，红色小瓦顶，形式色彩与环境十分协调，可谓藏而不露，新而不争。

龙柏饭店新楼的外墙装修选用了饰面波形瓦（近似面砖）及泰山牌面砖，用波形瓦构成整个建筑的檐部。公共部分整个两层外墙用波形瓦作饰面，在尺度上与原有的英国庄

---

[1] 姚彦彬. 1980年代中国江南地区现代乡土建筑谱系与个案研究[D].上海：同济大学硕士学位论文，2009.

园风格建筑取得协调，给人一种具有乡土气息的感觉。龙柏饭店在建筑造型处理上，空间体量组合错落有致、发挥了材料的本色美，处理手法朴实无华，与江南传统民居建筑有异曲同工之妙，同时也与原有英国式半木架别墅建筑神似[1]。龙柏饭店在室内设计中也涉及新饰面材料与传统地方风格结合的问题。大餐厅平顶采用中国传统的藻井形式，但做法是用现代的铝合金压条和墙纸的做法。中餐厅平顶选用江南民居的特色的斜坡顶形式，椽子外露，朱红色嵌金线，使用的装饰材料则是墙纸、茶色镜面玻璃、铝合金压条等的现代装饰材料[2]。用现代装饰材料表达传统形式也是对传统建筑形式的继承和发展的一种手段，而这样的趋势在经济和技术不断发展的新世纪变得尤为突出和普遍。

位于浦东新区的上海东郊宾馆建成于2006年，是接待国内外政要和贵宾的重要建筑，整体布局采用江南园林的空间格局，主楼和宴会厅强调建筑与环境的融合。建筑形式从传统官式建筑中提取典型要素，参考庑殿顶，出檐深远，屋角起翘，将传统的坡屋顶屋脊转变为表现建筑轮廓的重要装饰构件。出挑的檐口创新性地采用了透空的金属幕墙系统，在墙面上留下虚实相间的阴影，使端庄的大屋顶呈现更多轻盈飘浮的感觉，突破厚重陈旧的印象，为整个园林式宾馆带来明快的时代气息（图8-2-25、图8-2-26）。

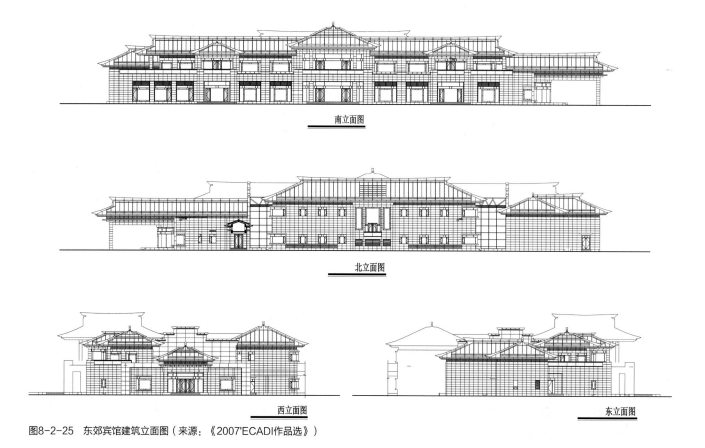

图8-2-25 东郊宾馆建筑立面图（来源：《2007'ECADI作品选》）

---

① 张耀曾，凌本立. 龙柏饭店建筑设计构思[J]. 建筑学报，1982(9)：12-15.
② 张乾源，张耀曾，凌本立. 龙柏饭店[J]. 建筑学报，1982(09)：14-20.

图8-2-26 东郊宾馆建筑入口（来源：《2007'ECADI作品选》）

## 二、官式建筑风格形式的启发与转变

中国官式建筑风格形式对现当代建筑的影响更偏向于隐性表现，即"神似"，旨在表现地域建筑的深层文化关系和传统思想内涵。包括将传统建筑的有象征性的具体形式提炼出来，作为新建筑的形式借鉴或当作细部运用到新建筑局部中。中国古建筑中的坡屋顶作为传统建筑的一个重要特征，是最能传达中国传统文化的深厚意蕴的建筑形式。为将坡屋顶这种传统元素引申发展用以表达中国的地域特征，现当代建筑师们做了做了很多创新与实践。官式建筑另一个瞩目的特征是其有象征性的建筑局部构件与细部。相比于坡屋顶的灵活多变，对建筑局部的概括简练更趋于显性表现。大型的现代建筑，尤其是城市地标性建筑，为在城市建筑群中树立自己"独树一帜"的威严，往往借鉴中国官式建筑的对称轴线和秩序，来彰显自己在城市中的地位。本节通过对金茂大厦、上海商城、上海大剧院案例的分析，来阐释中国现当代建筑中潜藏着的官式建筑的内涵。

### （一）借鉴中国官式传统建筑坡屋顶形式

1998年建造的上海大剧院借鉴了中国古典建筑中坡屋顶的形式，将坡屋顶简化为面和边界线进行处理，取消了传统建筑中繁琐的装饰构件，抽象表达了传统建筑的主要构成部分。在一片仰天翻翘的巨大弧形屋顶下，建筑师设置通透的公众活动空间及观众厅、舞台等功能组块，形成天、地、人融合一体的气势。建筑消减了传统坡屋顶的重量感和体积感，整体上给人以玲珑剔透，飘逸典雅的形象，可以说是把"天人合一"的理念展现在建筑的整体造型上[1]（图8-2-27～图8-2-30）。

同时期由SOM设计成的金茂大厦（图8-2-31）是上海超高层建筑能体现中国传统的典型建筑，建筑师用隐喻的手法，并非套其形，而是师其意，抓住河南嵩岳寺塔的轮廓和密檐效果的内在精神，保持原型的整体突出特征，达到联想隐喻的效果。整体阶梯状造型以逐渐加快的节奏向上伸展，直到高耸的塔尖，双轴对称的塔楼形式使人们无论在哪个角度观赏，均可获得完美的景观[2]。对称格局和独特的建筑构图使其在陆

---

[1] 陈缨. 细部的魅力——谈参加上海大剧院立面设计的一些体会[J]. 时代建筑, 1998(04)：27-31.
[2] 邢同和, 张行健. 跨世纪的里程碑——88层金茂大厦建筑设计浅谈[J]. 建筑学报, 1999(03)：34-36.

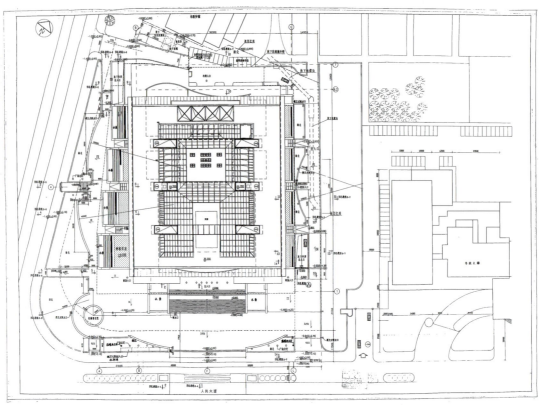

图8-2-27 上海大剧院总平面图（来源：乔伟 提供）

图8-2-28 上海大剧院外观（来源：刘大龙 提供）

图8-2-29 上海大剧院局部外观（来源：刘大龙 提供）

图8-2-31 金茂大厦（来源：上海市建筑学会 提供）

图8-2-30 上海大剧院室内（来源：刘大龙 提供）

家嘴建筑群中别具一格。此外，其变化丰富的金属幕墙不仅勾勒出砖塔层层叠涩的外轮廓，近观时，底层竖向层层叠涩的金属肋与穿孔金属板构成精致而稳重的基座，而上层金属百叶悬浮在玻璃幕墙上，形成空灵的层次感和丰富的阴影。

## （二）借鉴中国官式传统建筑局部构件形式

1990年建成的上海商城地处南京西路上海展览中心对面，三栋主楼（中间48层的酒店和两翼高层公寓楼）与七层裙楼形成坐北朝南对称布局的"山"字形。这栋由美国建筑师设计的城市商业综合体从总体布局到整体造型到细部都源自对中国官式传统建筑的借鉴。首层平面参考故宫永乐宫的平面布局，整体平面基本呈正方形，沿南北轴线按直线柱网对称布局的几个独立体量共同构成建筑群，通过一个开敞式的通道进入，每栋建筑底层标高高出中央广场，需要通过台阶进入。这个开敞的广场同时成为一个城市中庭，与外部的街道形成空间对比。三座塔楼的外轮廓修长，立面是连续整齐的横条窗，在顶部逐渐向外出挑，形成类似中国古代建筑砖叠涩的效果。中间圆鼓形的入口表面用波纹状条带点缀，整体立面端庄文雅又富于变化（图8-2-32～图8-2-37）。

中国官式建筑的建筑符号，在上海商城的内外部空间处处可见，更使人感受到中国传统建筑空间的神韵。比如取自于官式建筑的架空层广场中红色的柱子及其顶部斗栱状的柱头形式，源于中国殿堂高台上的白玉栏杆的内院走廊上的栏杆，另外主广场入口两侧的厚重拱门与中国传统庭院空间中的月牙门相似[①]。这些细部加上中心广场内庭院里自然光、树木、水流的引入，在拥挤的城市环境里创造出都市园林的意境。充分体现了建筑师尊重中国历史文化的人文主义创作思想。

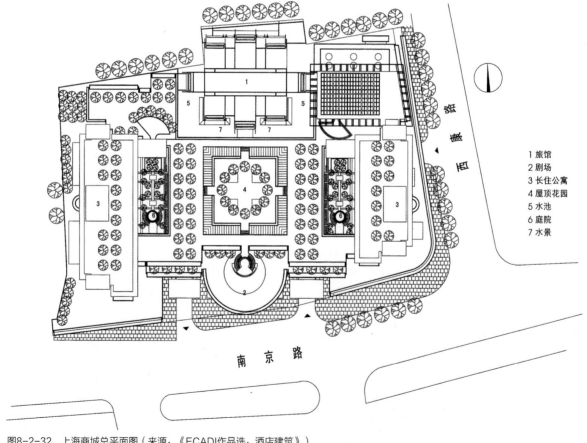

图8-2-32 上海商城总平面图（来源：《ECADI作品选：酒店建筑》）

1 旅馆
2 剧场
3 长住公寓
4 屋顶花园
5 水池
6 庭院
7 水景

---

① 李建成. 以上海商城为例谈传统空间的当代继承[J]. 山西建筑，2011，37(8)：2-4.

图8-2-33 上海商城外观（来源：刘其华 摄）

图8-2-34 上海商城拱门（来源：刘其华 摄）

图8-2-35 上海商城室内庭院（来源：刘其华 摄）

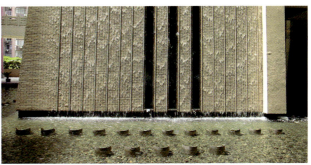

图8-2-36 上海商城叠水（来源：刘其华 摄）

图8-2-37 上海商城构件细部（来源：《ECADI作品选：酒店建筑》）

## 第三节 传统建筑的细部和符号演变模式

相比于文化隐喻的隐性表现,借用传统建筑的形式符号实现传承的效果更直接也更明显。里弄作为上海早期地域建筑的典范,马头墙、清水红砖、半圆拱券门及松弛有度的街巷空间都是上海带给居民的历史记忆点,这些也是建筑师们在形态操作中会借鉴的元素。对里弄建筑符号的转化包括对里弄建筑肌理、形式和符号的抽象和应用。传统建筑形式中,另一个象征性极强的意象是江南建筑的色彩和装饰符号。通过对其色彩的抽取、应用及对民居建筑中的一些装饰符号的转化实现继承,建筑的粉墙黛瓦、"回"字形图案、窗花灵枢都能轻易触动人们心中的江南建筑情结。本章节以对里弄建筑以及江南民居建筑的借鉴及传承为例,探究现当代建筑师对传统建筑的细部和符号进行演变的具体操作手法。

### 一、里弄建筑肌理、形式和符号的转化

#### (一)转化里弄建筑的整体肌理

在建业里保护整治试点项目中,按照建筑状况对其西弄进行保护整治、东弄和中弄进行复建。在充分保护西弄历史

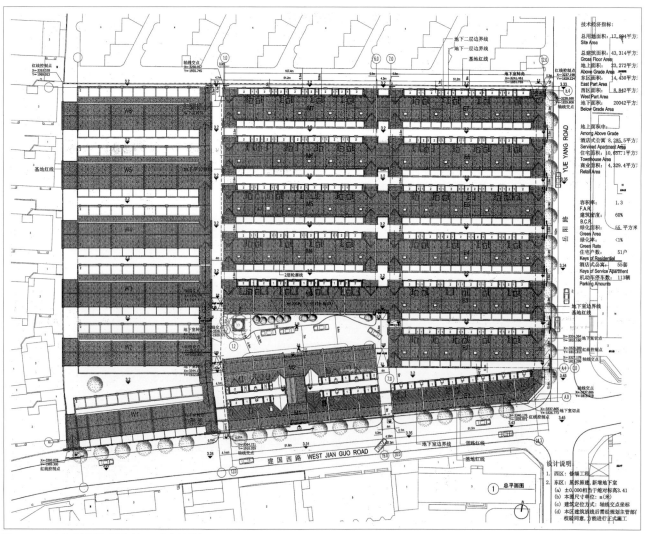

图8-3-1 建业里总平面图(来源:凌吉 提供)

建筑和环境景观的基础上,通过新功能的配置(酒店式服务公寓、工作室单元、沿街商铺),为这座沉睡在闹市中的里弄注入新生命。总体平面遵循原有严谨、清晰的空间流线布局,有明显的主弄与支弄之分。东、中弄总计14栋里弄建筑复建后,恢复到1930年后石库门式单元。复建的建筑也严格按照原来的尺寸和空间进行改造。项目修复并延续了里弄建筑的整体肌理(图8-3-1~图8-3-6)。

上海世博会主题馆从里弄得到灵感。将里弄住宅极富

图8-3-2 建业里西区鸟瞰图(来源:庄哲 摄)

图8-3-3 建业里弄堂(来源:庄哲 摄)

图8-3-4 建业里西区沿建国西路立面(来源:庄哲 摄)

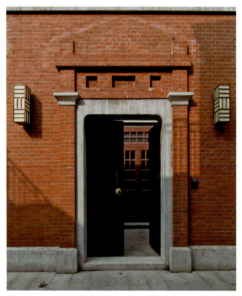
图8-3-5 建业里复建的东区石库门（来源：庄哲 摄）

图8-3-6 建业里水塔及小广场（来源：庄哲 摄）

韵律感的屋顶肌理、虚实相间的天井、错落有致的老虎窗这些"里弄肌理"提炼到主题馆屋面中。主题馆屋面设计为折线形屋面，利于大面积屋面的分区排水；在屋面设置水平支撑，将太阳能光电板与屋面结构进行一体化集成，形成单元式有韵律的菱形构图；在屋面有规律地设置若干三角形采光天窗。"抽象意念—具象形态"的过程使得超大尺度的屋面具有了类似城市纵横交错、凹凸起伏的肌理效果，展现了上海这一传统城市空间的独特风情[1]。此外，主题馆17米的大挑檐则受到了传统斗栱支撑的木构屋檐出挑深远效果的启发（图8-3-7～图8-3-11）。

上海会史馆陈列馆以现代的功能要求、构造与材质重新建构具有中国传统意韵的空间意向。以简洁而序列化的外观元素与中国传统建筑的形象相呼应，通过立体化的纵横交错的连续屋顶和意象化的里弄天井结合的模式，体现传统建筑灵动的屋面体系。这是对城市肌理的不断更新和探索，也是向历史与城市致敬的最佳方式（图8-3-12～图8-3-15）。

图8-3-7 上海世博会主题馆屋面肌理理念（来源：曾群 提供）

---

[1] 曾群，邹子敬. 2010年上海世博会主题馆建筑设计[J]. 时代建筑，2009(4)：36-41.

图8-3-8　上海世博会主题馆挑檐理念（来源：曾群 提供）

图8-3-9　上海世博会主题馆南立面挑檐（来源：曾群 提供）

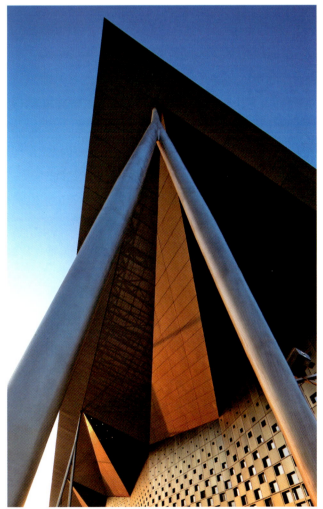

图8-3-10　上海世博会主题馆人字柱（来源：曾群 提供）

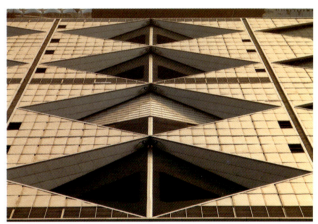

图8-3-11　上海世博会主题馆屋顶局部（来源：曾群 提供）

图8-3-12　上海会史馆陈列馆鸟瞰图（来源：张嗣烨 摄）

图8-3-13 上海会史馆陈列馆主入口（来源：张嗣烨 摄）

图8-3-14 上海会史馆陈列馆西北向入口平视（来源：张嗣烨 摄）

图8-3-15 上海会史馆陈列馆二楼外廊（来源：张嗣烨 摄）

### （二）转化里弄建筑的风格形式

里弄风格形式的转换，在新天地的改造中表现得更为明显。在改造过程中，建筑师尊重原有建筑的空间关系与布局。在建筑原本作通风采光用的后天井的位置设计了天窗，既满足了室内的光线需要，也给室内空间增加了新的效果。石库门内原是里弄建筑的通风内院，新的设计中将玻璃天棚覆于天井上部，在保留原有空间格局的基础上创造了新空间[1]。设计中对材料和装饰材料也保持了尊重的态度。例如，保留原有的木屋架来表现石库门里弄建筑原有的结构体系，用旧建筑拆下的青砖来铺设弄堂的路面[2]。这种"整旧如旧"的方法，使得旧建筑改造后满足现有功能要求的基础上仍具有原有的建筑风貌。

静安别墅——梅陇镇地块改造手法是把构件的运用和群体的组合通过新旧的对比展现时间差异，从而表现老建筑的历史。单元组合和交通组织参照原有里弄"主弄主要用于交通、支弄用于交往"的模式。建筑形式上，采用单纯而明确反映建筑内部功能关系的外形，再辅以建筑外部附加的一层百叶构件，与原有里弄形体丰富、错落有致的坡屋顶及具有稳重色调砖木材料形成对比。群体组合和连接上，既强化原有里弄的结构特征，又产生与原有里弄互为图底的效果。

高福里的规划改造方案也传承了里弄街区的风貌特征。虽然地块的建筑整体平和而均质，没有特别醒目和突出的单体形象，但石库门、里弄入口、山墙等细部处理仍显多彩，这些部位体现出20世纪二三十年代建筑手工艺的成就。

### （三）转化里弄建筑的细部和装饰

华东电力调度大楼是20世纪80年代由本土建筑师原创设计的颇具影响力的高层建筑，曾荣获1999年新中国成立50周年"上海经典建筑优秀奖"等诸多殊荣。因为地处南京东路外滩段的风貌控制区，如何在密度很高的历史街区建造一座超过百米的高层建筑对设计构成了很大的挑战。设计者在建筑形式上没有直接采用很多装饰、山花、门楣、线脚等建筑装饰符号，而是用现代语言去转译传统的里弄建筑装饰符号。为了让塔楼不过分逼近南京路，主楼整体布局旋转45°，并根据力

---

[1] 李婷婷. 从批判的地域主义到自反性地域主义比较上海新天地和田子坊[J],世界建筑，2010，12：122-127.
[2] 同上.

学的考虑，切除了应力集中的四角。办公楼主楼10层以下的立面为规整的矩形窗；10～21层设置竖向的三角凸窗；为了满足功能要求，凸出了21层的调度室体量；22层以上做成倾斜的屋面，屋面上的五角形和三角形的小窗，使人们想到上海里弄的屋顶、老虎天窗；顶部塔楼处理成五边形平面，既能满足微波通路畅通的要求，也实现了规划所需要的透空效果。为呼应临近的历史建筑——圣三一堂的形式和材质，立面采用了红褐色的面砖，而三角形和五边形的窗户则试图与哥特式教堂的尖券窗取得某种联系，以实现与周围历史街区的共生[1]。建筑师完全用现代手法抽象概括并演绎了里弄的细部，将其作为建筑的装饰符号，反映了对历史的理解和强烈的现代意识的表现欲[2]（图8-3-16～图8-3-20）。

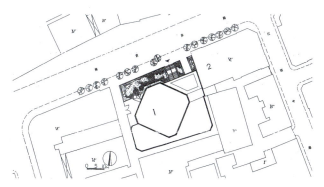

图8-3-16　华东电力调度大楼总平面图（来源：《悠远的回声》）

图8-3-18　华东电力调度大楼外观（来源：庄哲 摄）

图8-3-17　华东电力调度大楼1986年北立面（来源：《悠远的回声》）

图8-3-19　华东电力调度大楼入口（来源：《悠远的回声》）

---

① 1989年9月华东建筑设计研究院内部资料《[华东院之春]华东电管楼工程建筑设计介绍》（秦壅）转引自：刘嘉纬. 时代语境中的"形式"变迁——华东电力大楼的30年争论[D]. 上海：同济大学硕士学位论文，2017：10-12.
② 徐洁，华镭. 再创海派风格——评华东电业调度大楼[J]. 时代建筑，1989(01)：8-10.

图8-3-20　华东电力调度大楼细部（来源：庄哲 摄）

上海图书馆（新馆）是上海标志性的文化建筑之一，其多维台阶状的体量组合象征对知识的攀登。造型吸取上海建筑传统进行再创造，包括简化的拱式梁架，柱式柱帽，高层塔顶的四方锥和墙中央的券心石。立面主要为竖向规矩的长条窗，裙楼顶层开了对称的半圆窗，让人联想到里弄中被抽象后的老虎天窗。建筑入口采用了传统建筑中斗栱的意象，与大面积的反射玻璃材质的门厅立面形成鲜明对比，体现了中西合璧的上海建筑文化特色。建筑顶部的方形石基座、线脚的运用，不仅是对里弄建筑的传承，也表现了图书馆的简洁、典雅的性格（图8-3-21～图8-3-24）。

## 二、江南建筑色彩和装饰符号的转化

### （一）再现江南建筑粉墙黛瓦意象

中欧国际工商学院秉承了贝聿铭建筑一贯的中式风格，

图8-3-21　上海图书馆（新馆）总平面图（来源：上海市建筑学会 提供）

图8-3-22　上海图书馆（新馆）外观（来源：上海市建筑学会 提供）

图8-3-23　上海图书馆（新馆）入口广场（来源：上海市建筑学会 提供）

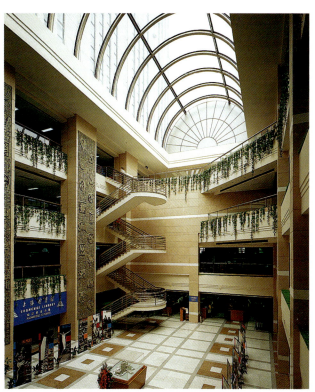

图8-3-24　上海图书馆（新馆）室内（来源：上海市建筑学会 提供）

是一座由青砖灰色带等距离间隔的白色主调建筑，围绕整个校园的是类似苏州园林式围墙，围墙上开有贝氏建筑中常见的灰色菱形花窗，菱形窗户均用预制青砖部件组装，是中国园林建筑中最基本也是最经典的建造手法。建筑底部均为暖色花岗岩，接着是水泥幕墙砌上来，窗口模仿江南园林和民居，主体是深灰色，大面积白墙是水泥上涂色[1]。贝氏美学的渗入，对江南粉墙黛瓦的意象的提炼和运用，使建筑既具有现代建筑凝练的骨干，又兼具中国美学的神韵（图8-3-25～图8-3-27）。

坐落于青浦区的朱家角证大西镇，也是上海现代建筑中极具江南建筑色彩的典型案例。在项目设计之初，结构已近封顶，空间框架明晰，但建筑形体较为收紧[2]，遂从传统建筑中汲取经验，将墙作为塑造空间的因素，构建了高低错落、虚实相间、近疏远紧的片片白墙，并添加廊道和窄巷，院落曲进，最大限度地丰富空间层次。设计中虽然追求空间的流动，但建筑色彩仍以江南建筑抽象的黑白灰加暖木色。材料也进行了新的演绎，以铝代木，以钢代瓦，以石代砖，再配以干净通透的玻璃幕墙。设计中不仅材料有变，也结合了新

图8-3-25 中欧国际工商学院外观（来源：刘其华 摄）

图8-3-26 中欧国际工商学院中央庭院（来源：刘其华 摄）

---

[1] 方振宁. 没有贝聿铭的贝氏美学——中欧国际工商学院巡礼[J]. 时代建筑,, 2001(3)：65-69.
[2] DC国际建筑设计事务所, 董屹. 江南续——上海朱家角证大西镇E1地块设计随感[J]. 城市建筑, 2013(21)：68-77.

的构造手法，例如金属管所做的屋顶和披檐，管与管交错相扣，以螺栓铰接，似椽非椽，似瓦非瓦，却兼有飞椽之形，瓦当之韵[①]。新旧结合，使得其构造在秉承江南一贯的轻巧隽秀的基础上也有崭新的趣味（图8-3-28～图8-3-31）。

图8-3-27 中欧国际工商学院立面（来源：刘其华 摄）

图8-3-28 朱家角证大西镇粉墙黛瓦（来源：吕恒中 摄）

图8-3-29 朱家角证大西镇总体外观（来源：吕恒中 摄）

---

① DC国际建筑设计事务所, 董屹. 江南续——上海朱家角证大西镇E1地块设计随感[J]. 城市建筑，2013(21)：68-77.

图8-3-30 朱家角证大西镇水廊道和披檐（来源：吕恒中 摄）

图8-3-31 朱家角证大西镇建筑色彩（来源：吕恒中 摄）

## （二）引用和转化江南建筑装饰图样和细部

20世纪五六十年代的诸多建筑，即使外观上遵循"实用、经济"的原则采用现代的形式，在门窗等细部不乏引用江南建筑装饰图案和细部，这些细部同精心推敲的尺度比例一起为这一时期造价低廉的本土建筑增添了典雅的气息。

以同济大学南北教学楼为例，建筑师在朝着中央广场的南北向的主入口部位设计通高三层的混凝土镂空简化万字纹装饰图案，敷以白色，简朴而醒目。同方向的主体上部四层在中央两侧适中位置，设计了少许挑出的两端各四扇排窗，仅在其下沿作浅图案雕饰并配仿江南蝴蝶瓦滴水板形状的收边，下面则以简化的高牛腿支撑，阳光之下形成一段象征性的江南特有的檐部阴影，以点到为止的手法增加节奏变化，丰富了立面。而在主入口大木门的门心板上，创作的木雕万年青图案和两只和平鸽衔着打开的书的图案等，都从细部设计表现出对上海这座城市文化的追寻[1]。建筑外墙为清水红砖墙，建筑为上下三段、左右五段式构图，大楼顶部作挑檐处理，上有砖砌镂空女儿墙。中央是南北贯通的主入口门厅，建筑主入口门厅两侧和北部两端次要入口处的楼梯间均设有水泥钢筋花窗，敷以白色抹灰，正面四楼两侧的中部各有稍加挑出的教室，下端有雁翅板式挂落。底层以水泥粉刷做成仿须弥座式的基座，建筑简洁匀称，古典端庄[2]（图8-3-32～图8-3-35）。

差不多同一时期建造的文远楼（图8-3-36～图8-3-38）和电工馆（图8-3-39～图8-3-41）整体为现代风格，但前者在墙面通风窗、楼梯扶手的装饰图案、女儿墙压顶转角等部位都采用了中国传统建筑的纹样[3]，而后者入口带有古典线脚的雨棚、主入口上方的花格窗棂、山墙两端仿马头墙的叠涩，东西墙钢筋混凝土圈梁下是抽象了的砖砌仿"斗栱"[4]。

新千年以后，上海建筑师更多地采用现代的材料和工艺来表现传统的细部和符号，通过形式的对比和反差同时实现传承和新颖感。比如朱家角行政中心建筑外形采用外挂青砖、清水混凝土、花格砖墙等朴素的材料，并以砖模数来界定外墙的竖向模数，这些花格砖墙所造成的空间通透的关系和立面上有机的韵律感让人联想到江南民居中木格门窗的空间和阴影效果。

---

[1] 唐玉恩. 高山仰止，师恩永存，见：同济大学建筑与城市规划学院. 吴景祥纪念文集[M]. 北京：中国建筑工业出版社，2012：7-15.
[2] 吴景祥先生的建筑作品介绍同济大学南北楼，见：同济大学建筑与城市规划学院. 吴景祥纪念文集[M]. 北京：中国建筑工业出版社，2012：142-145.
[3] 卢永毅. "现代"的另一种呈现 再读同济教工俱乐部的空间设计[J]. 时代建筑，2007(05)：44-49.
[4] 朱晓明、祝东海. 建国初期苏联建筑规范的转移——以原同济大学电工馆双曲砖拱建造为例[C]. 工业建筑遗产，2017(1)：94-105.

图8-3-32　同济大学南北教学楼入口细部（来源：庄哲 摄）　　图8-3-33　同济大学南北教学楼立面出挑细部（来源：庄哲 摄）

图8-3-36　同济大学文远楼南立面次入口（来源：上海市建筑学会 提供）

图8-3-34　同济大学南北教学楼次入口（来源：庄哲 摄）

图8-3-37　同济大学文远楼楼梯扶手细部（来源：上海市建筑学会 提供）　　图8-3-38　同济大学文远楼水平长窗和勾片栏杆纹样的通风窗（来源：上海市建筑学会 提供）

图8-3-39　同济大学电工馆今夕对比（来源：祝东海 提供）

图8-3-35　同济大学北教学楼入口（来源：庄哲 摄）

图8-3-40　同济大学电工馆鸟瞰图（来源：庄哲 摄）

图8-3-41 同济大学电工馆拱顶（来源：祝东海 提供）

图8-3-42 青浦私营企业协会办公楼外观（来源：张嗣烨 摄）

图8-3-43 青浦私营企业协会办公楼中庭（来源：张嗣烨 摄）

图8-3-44 青浦私营企业协会办公楼内庭院（来源：张嗣烨 摄）

位于上海郊区的青浦私营企业协会办公楼系环绕青浦新城夏阳湖的城市景区内的建筑之一。为取得统一的城市景观，政府要求建筑物的外场对外开放，但因为其功能为办公，又希望建筑内部不受干扰，因此，该设计采用轻巧透明的玻璃围墙，其内部无论虚实，面层材料均采用玻璃，但并非简单地使用透明玻璃，而是通过丝网印刷改变了玻璃实际的视觉效果。玻璃的透光功能和视觉效果在这里被分开处理：外侧为丝网印刷玻璃，内侧则是普通玻璃。外侧的玻璃负责统一的质感，内侧玻璃则选择性使用透明玻璃或磨砂玻璃来满足透明或不透明的要求。作为实面的玻璃印刷图案根据江南地区传统建筑门窗花格中常用的冰裂纹图案重新设计成一种无缝连接的整体图案，这种熟悉的传统符号虽然被转译到全新的材料和构造中，却为上海郊区水乡肌理中这座围绕着中心内院组织空间的全新建筑带来了适宜的传统韵味（图8-3-42～图8-3-45）。

图8-3-45 青浦私营企业协会办公楼室内（来源：张嗣烨 摄）

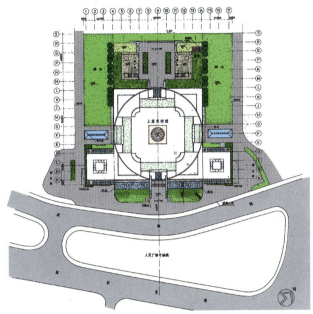

图8-4-1 上海博物馆总平面图（来源：上海市建筑学会 提供）

## 第四节 中国传统文化隐喻模式

隐喻在建筑中的文化是对于历史的阐释，或是建筑师哲学观的反映，相比于直接的宣扬更容易引起观者的共鸣。对于大尺度的城市地标性建筑，直接模仿传统建筑形式不太适宜，文化隐喻是比较常用的设计手法。传统文化的隐喻总的来说分为物质和精神两大类。物质化的表达对象可以是对建筑形式的隐喻，也可以是对某一传统文化思想、历史时代的隐喻，隐喻的对象一般较为常见，大众对其的认同性比较广。精神化的表达方面，主要通过对某个事物感觉的表达，对某类情怀的抒发，对某项哲理的认知或是对某一事物的感情的表达。本节以上海博物馆、东方明珠为例，来阐释建筑中中国传统文化的几种隐喻模式。

## 一、具象隐喻

上海博物馆建设于1995年，是大型的中国古代艺术博物馆，作为文物界"半壁江山"，又位于上海市中心人民广场中轴线的得天独厚的位置，重要性可见一斑。建筑师在设计构思时为彰显其独特的地位，引入"天圆地方"的概念，设计出方体基座与圆形出挑相结合的建筑造型。四座门拱挺拔屹立，象征向四面八方开放，同时又汇聚于历史的中心——建筑的几何中心。从高处俯瞰，上海博物馆圆顶犹如一面硕大的汉代铜镜，若从远处眺望，新馆建筑又仿佛如一尊青铜古鼎，圆顶方体基座构成了不同凡响的视觉效果，使整个建筑把传统文化和时代精神融为一体[1]。馆内采用开放式布局，通天中庭成为联系中枢。明清式的民间"花窗"，商周文化的象形"栏杆"，立面的纹样装饰，从汉唐石刻中精选的8个汉白玉神兽，共同营造出古雅端庄的城市地标（图8-4-1~图8-4-5）。

---

[1] 吴若明. 论博物馆建筑与文物展示的关系——从故宫博物院和上海博物馆说起[J]. 文博，2006(6)：74-76.

图8-4-2　上海博物馆草图（来源：上海市建筑学会 提供）

图8-4-3　上海博物馆全景（来源：上海市建筑学会 提供）

图8-4-4　上海博物馆夜景（来源：上海市建筑学会 提供）

图8-4-5　上海博物馆建筑室内外细部（来源：上海市建筑学会 提供）

## 二、抽象隐喻

具象隐喻除了文化参考外，还会模拟传统器物的形象，而抽象隐喻主要是传统文化的意境，并没有确定的形象作为参考，诗歌意境是比较典型的灵感来源。比如，东方明珠电视塔是上海地标性文化景观之一，它做到了建筑与传统文化、建筑与结构的完美统一。460米高的"东方明珠"塔的主体是一组呈"品"字形布置的钢筋混凝土垂直筒体，筒体直径9米，高286米，下部有3个与地面成60°角的直径7米的筒体斜撑，有较好的稳定性和抗震性。塔身有下球、上球、太空舱3个大型球体建筑，3个直筒体中间还嵌有5个小球体，再加上塔体旁的3个球体建筑，形成"大珠小珠落玉盘"的意境①。"珠"的这个元素表达上海这座城市的活力、光芒，表示该城市在历史上起到的重要作用，以及上海在全国乃至国际上的地位。建筑与传统文化精神的一致性是东方明珠成功的精神支柱，而"大珠小珠落玉盘"这个概念的引入使得最后的设计方案一下子多了几分特别的意境，变得活灵活现了（图8-4-6～图8-4-9）。

借用传统建筑的形式符号实现传承的效果比较直接。19世纪中叶以来，现代技术、文化的引进和生活方式的改变对建筑传统造成冲击，因此在中国传统建筑的延续和发展中，建筑形式和符号的引用和转化一直是主流的方向。从近代的"中国固有式"建筑、20世纪50年代的"民族形式"和"现代乡土"、20世纪80年代在后现代历史主义理论影响下的历史元素和文化隐喻，直到2000年以后在全球化文化冲击下，对地方特色、地域主义或者是"新中式风格"的探索中，传统与现代矛盾冲突的最大焦点都是如何将现代材料技术和中国传统的

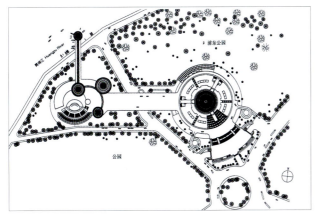

图8-4-6　东方明珠电视塔总平面（来源：《ECADI作品选：广电建筑观演建筑》）

图8-4-7　东方明珠电视塔手绘图（来源：《ECADI作品选：广电建筑观演建筑》）

---

① 陈青，李明星. 上海"东方明珠"电视塔设计方案创作始末——总设计师江欢成院士访谈记[J]. 设计，2017(07)：139-141.

建筑形式、构件和符号结合，探索既现代又中国的建筑，以满足中国当下的社会生活需要，创造地方特征。然而，因为现当代建筑的功能空间、建筑尺度和材料技术都已经发生了巨大的改变，形式符号的传承容易流于表面而产生生硬牵强的感觉，或者是与实际的功能和技术表里不一，反而成为无谓的装饰，因此，在传统建筑智慧传承中关于形式符号策略的分析更需要谨慎。传统形式符号与新的建筑类型和材料技术的创新融合既有利于拓展此类传承的范围，也能为其带来让人熟悉亲切又耳目一新的感受，使传统的形式在不断发展中保持生命力。

图8-4-8 东方明珠电视塔全景（来源：刘其华 摄）

图8-4-9 远眺东方明珠电视塔（来源：《ECADI作品选：广电建筑观演建筑》）

# 第九章 上海现当代建筑的空间场所传承策略与案例

建筑表面的风格形式、符号装饰等属于地域传统的表层结构，形式符号的传承虽然简单直接，但是可适用的范围毕竟有限，在大体量项目中只能通过转化用作局部的装饰，否则容易形成与现当代城市环境格格不入的仿古气息或夸张流俗的效果。无论从单体建筑的虚实关系，还是从村镇和城市的图底肌理来看，地域传统的深层结构更在于独特的空间和场所，它们既回应了特殊的地理气候条件，也印刻着该地区经济社会发展和生活方式变迁的痕迹。所谓"江南风物的本质并非那些水乡民居的形式要素，而是基于庭院组织的生活模式。[①]"因此，空间关系与场所精神的传承应该成为传统建筑传承的核心内容。空间场所的传承具有更大的兼容性和开放性，适合运用于不同类型和形式的建筑中。如何采用现代化的材料和技术将地域特色的空间和场所精神融入当代建筑类型和城市环境中，在建筑的传统传承中挑战很大，也是极有潜力和意义的发展方向。

---

① 张斌，周蔚. 风物之间，内化的江南 上海青浦练塘镇政府办公楼设计策略分析[J]. 时代建筑，2010 (5)：108-115.

## 第一节 适宜、有机与多样性：通过营造现代江南特征的空间和场所实现传承

对于上海近代和现当代建筑而言，作为地域传统的空间和场所特征主要有三个来源：一、院落式民居空间形式；二、传统园林空间或者是传统园宅合一的空间布局；三、江南水乡城镇的水网与街巷交织的致密肌理。这三种空间关系都具有尺度宜人和布局紧凑的特点，所谓小而美是长江三角洲高密度人居环境由来已久的理想诉求。当然从历史来看，上海的建筑空间和城镇格局主要是苏南和浙北传统的延续或边缘状态，就开埠前有限的上海辖区而言，移民和通商所带来的包容开放的心态使其空间和场所呈现出一种更为混杂和务实的状态。这种特性在近代形成的里弄民居的空间组织中可以说是发挥到了极高水平。院落式江南民居与西方联排住宅的灵活融合，让上海形成独特的地域空间特征。既重视单元内部的紧凑舒适，又实现了城市用地的集约高效，同时形成既经济又精致的建筑内部空间和城市街巷肌理。在古代为了应对密集的人口和有限的自然资源而发展出的灵活的合院式住宅空间逻辑，以及背后所蕴含的精打细算的集体智慧，到了近代上海的都市化发展中，则充分地体现为一种在寸土寸金的城市中精明开发的现代都市精神。这种因地制宜地进行空间的精明组织构成了建成环境的适宜性，有机性和多样性，如何营造这种富有现代江南都市特征的空间和场所正是实现上海建筑传统传承的成败关键所在。

跟其他的传承模式所面临的同样挑战是，随着现代化和城市化的高速发展，土地政策顺应社会经济的需求而持续变革，一方面是城市建筑充满生机地不断自我更新，另一方面则是传统的庭院和街巷生活形态的迅速消解。本章想要探讨的是在这一城市日益变大、变高、变复杂的过程中，以上海为代表的现代江南都市的空间内在结构，以及与之相应的精明精致的生活方式，是如何实现内化、延续和发展的。比如院落、园林、街巷，相应的建筑与自然的有机融合关系，比如近人空间，无论是私密场所还是公共领域的亲切宜人尺度，等等。本章介绍的大多数上海现当代传承作品，主要是从空间关系和场所精神这些建筑的内在结构出发而获得"一种朴素低调的具有地方性的气质"[1]，即所谓的现代江南都市特征。

上海现当代建筑在空间场所方面的传承策略大致可以概括为4种模式：

一、院落空间类型引入、演变和转化的模式，具体包括引入单个院落，组织多个院落以及对院落形式进行变形与创新三种方法。

二、推敲宜人的体量、虚实、密度与尺度的模式，以期在功能类型、规模尺度和材料技术方面均发生了巨大改变的现当代城市和建筑设计中，同样能实现江南城市紧凑而精致的场所精神和生活氛围。

三、营造江南园林空间意境的模式，包括在现代园林空间或新的单体或群体建筑空间中进行传统园林空间序列和诗意情境的探索。

四、延续和发展多元融合的街巷空间氛围的模式。这种探索不仅涉及在城市更新项目中对传统尺度和城市肌理的延续，也涉及在新的建筑类型和城市空间的塑造中，通过引入传统街巷空间肌理和氛围，在较大的项目规模中实现人性化的尺度和丰富的互动空间。

## 第二节 院落空间类型引入、演变和转化的模式

庭院是中国建筑不可缺少的部分，中国庭院的生命精神不仅体现在单独的天井、庭院之中，更体现在独特的院落群体结构之中[2]。早期上海是一个水网密布，江海交汇的鱼米之

---

[1] 张斌，周蔚. 风物之间，内化的江南 上海青浦练塘镇政府办公楼设计策略分析[J]. 时代建筑，2010 (5)：108–115.
[2] 庄慎. 中国庭院的生命精神[D]. 上海：同济大学硕士学位论文，1997：4.

乡，其民居具有与江浙传统民居相似的典型特征。不管是品官宅第还是普通民宅，上海古代居住建筑是通过院落，或称"庭心"或"天井"进行群体组织的。由于人口密度大，用地紧张，这些院落通常布局灵活，可大可小，一些窄而高的天井对于促进夏季遮阳、拔风，形成冬暖夏凉小气候具有重要作用[1]。近代城市中的里弄建筑就是江南院落式民居与现代联排式城市住宅空间类型有机融合的典范。

对于低层和多层建筑来说，通过院落组织空间迄今依旧是一种适合当地气候，有益于被动式节能，也符合本地生活方式的有效模式，因此在小规模的上海现当代建筑设计中得到了广泛运用。

## 一、引入单个院落

引入单个院落的模式是指建筑单体以单个院落为中心形成围合效果。由于主院落的引入，周围的建筑与室外空间产生多样的互动关系。20世纪50年代设计的同济工会俱乐部，通过吸收这种江南传统民居的空间特征，形成室外院落空间与室内建筑空间的相互渗透关系。当代都市语境下，上海衡山路12号酒店则体现了建筑内部的绿色中庭与周边城市环境的相互协调。这种内外的关系也存在于华鑫会议中心在建筑自身体系和周围场地环境之间所做的微妙平衡之中，而星巴克世博会最佳实践区特别店则体现出庭院与外部环境的巧妙过渡。

同济工会俱乐部不论是平面布置还是内部处理都体现了设计者对于传统院落空间的认识和塑造[2]。除了在建筑内部空间里强调不同房间之间的"沟通"与"引伸"外，更是在俱乐部的室内外之间强调空间的相互渗透。在平面布局上，同济工会俱乐部为传统的分散式院落布局，设计师将建筑体量化整为零，在与庭院空间协调的过程中，保证每个室内功能空间的规整与适宜，从室内望去都能观赏到其对应的不同的庭院景观。而这些房间的活动亦可延伸至室外去，比如对于舞厅，南立面是一大片落地门，室外大平台与舞池处于同一标高，成为舞厅的延伸空间，舞会热闹时可从室内跳到室外。所以无论是在视觉感受还是身体行为上都加强了空间的流动性与贯通性。俱乐部的墙体细节设计也共同营造出一种传统的江南园林趣味。墙体通过对空间进行限定，产生了很强的引导性，而墙与院的围合，交接，分离，以及红砖墙、清水砖墙等材料的细腻运用，都使庭院空间产生了丰富的变化与趣味，从而更好地体现了室内外空间的相互渗透与流动感（图9-2-1～图9-2-3）。

图9-2-1　同济工会俱乐部鸟瞰图（来源：庄哲 摄）

图9-2-2　同济工会俱乐部入口（来源：庄哲 摄）

---

[1] 王海松，宾慧中. 上海古建筑[M]. 北京：中国建筑工业出版社，2015：127.
[2] 王吉螽，李德华. 同济大学教工俱乐部[J]. 同济大学学报，1958 (1)：12.

图9-2-3 同济工会俱乐部庭院（来源：庄哲 摄）

图9-2-4 华鑫会议中心鸟瞰图（来源：陈屹峰 提供）

华鑫会议中心地处上海漕河泾地区的华鑫科技园内，是一个专为园区内科研人员服务的集展示、会议、休闲等功能为一体的建筑场所。因为基地狭小局促，建筑倾向于自我完善，同时兼顾与整个园区环境的整体协调，以期给场地带来一种新的体验。最终设计师采取的是双向平衡的策略：以一道悬浮着的环形混凝土围墙在基地内限定出一个边界领域，建筑被分解为相互游离的四个不同功能组成的体量，呈风车状布置在围墙之内。为了压缩建筑体量，设计师采取一种将室内交通空间尽量室外化的策略，使四个游离的建筑实体之间的外部空间通过路径和园区连为一体，同时也是整个建筑的中庭。尽管场地已经非常局促，但是个体量之间仍然有适度的扭转，这在庭院中间造成一种微妙的不安定和紧张感，建筑实体墙面的向外倾斜也进一步加剧了这种感觉。围墙的悬浮使得墙内和墙外的空间若即若离，人在建筑内穿行，会不断经历室内室外的场景交替[1]。这个建筑并非以单个庭院为中心展开，但因为统一的围墙限定，所有内部实体空间犹如沉浸在一个院落中。设计在建筑内部功能诉求和外部面对的各种错综复杂的因素之间重新塑造了平衡，并在这个过程中营造了新的丰富且多意的场所经验，从而获得了属于自身的诗意[2]（图9-2-4~图9-2-7）。

星巴克世博会最佳实践区特别店位于2010年世博会期间的奥登塞案例馆原址，毗邻上海案例馆，南侧紧邻园区内的成都活水公园，在设计最开始建筑师便将充分考虑了这一景观资源，将建筑面向公园的一侧界面完全打开。建筑师选择植入形体简单的玻璃方盒子来回应周边造型多样的世博案例馆群。方盒子的长边平行于步行道，中间面向道路有一个宽度为边长1/6的小开口，内部有一个旋转45°的庭院，将外部的行人巧妙地从道路引入到内院之中。盒子表面连续的外置斜向45°的玻璃肋不仅放大了视觉上的存在感，同时将周遭极度丰富的影像切片化处理，在纷繁中寻找一种统一。整体为白色的院子展现出一种文人画似的场景[3]。庭院由几片白卵石肌理的片墙围合而成，片墙提供了一种隐约的指向，它带有含蓄的邀请意味，在进入与不进入之间存在着些许犹豫与微妙的不确定感。而建筑外的横向长窗以极平静的方式悄然打开窥视的通道，却又拒绝实质性的接触，在"迎"与"拒"之间左右摇摆，构成了暧昧的态度。庭院的地面为白色卵石铺砌，院内栽植了一棵业主与设计师共同挑选的乌桕，提供了四季多变的表情。建筑围绕庭院一分为二，东西对称，两处租户可共享庭院。循着一个藏于片墙之后的室外钢楼梯一路向上，便可上到建筑的屋面，屋面兼做咖啡厅的

---

[1] 陈屹峰, 柳亦春, 高林, 伍正辉, 马丹红, 加纳永一, 陈颢. 华鑫慧享中心[J]. 城市环境设计, 2016 (6): 210-223.
[2] 陈屹峰, 柳亦春, 高林, 伍正辉. 华鑫慧享中心, 上海, 中国[J]. 世界建筑, 2017 (3): 74.
[3] 王辉. 透明的姿态 原作设计的一个小品[J]. 时代建筑, 2014 (4): 112-117.

图9-2-5 华鑫会议中心建筑局部（来源：陈屹峰 提供）

图9-2-6 华鑫会议中心庭院（来源：陈屹峰 提供）

图9-2-7 华鑫会议中心廊道（来源：陈屹峰 提供）

图9-2-8 星巴克世博会最佳实践区特别店北向鸟瞰图（来源：苏圣亮 摄）

图9-2-9 星巴克世博会最佳实践区特别店南立面（来源：苏圣亮 摄）

室外服务区，提供了一个不同标高的观园视角。作为底层庭院的延续，屋顶平台的地面铺装亦选用白色卵石，在非营业时间向公众开放[1]（图9-2-8～图9-2-12）。

## 二、组织多个院落

通过多个院落的组织实现多中心并列的布局方法，在上海现当代建筑案例中十分常见。由于建筑功能的复合性与多样性，建筑师倾向于采用一种将院落与体量更加多元组织的手法，来满足不同功能的需求。比如在青浦练塘镇政府办公楼中，对于传统院落形式的探讨就和不同工作性质的办公楼相关联；在朱家角人文艺术馆中，对于不同院落的组织则是和展览空间的形式和性质密切相关；同样，在嘉定区图书馆新馆中，游览序列和院落空间的组织巧妙地凸显了图书馆的静谧性格；而上海朱家角行政中心所采用的具有江南水乡特色的院落布局和材料形式则体现出其营造具有亲和力的政府行政中心的设计意图。

上海青浦练塘镇政府办公楼位于青浦新工业区，建筑师在充分考虑了城市景观、文化氛围之后，营造出一个现代元素与中国传统元素相互融合的场所氛围。该设计与印象中"现代化"的政府大楼形象不同，设计师努力寻求一种新的可能性，以体现江南的建造传统及其价值取向。练塘古镇是一个典型的江南水乡小镇，而该项目所在地块与原生江南村落、古镇以及农田的关系有着很敏感的场地约束。设计师认

---

[1] 孙嘉龙，章明. 星巴克世博会最佳实践区特别店设计建造手记[J]. 建筑技艺，2014 (7)：50-57.

图9-2-10 星巴克世博会最佳实践区特别店庭院日景(来源:苏圣亮 摄)

图9-2-11 星巴克世博会最佳实践区特别店庭院夜景(来源:苏圣亮 摄)

图9-2-12 星巴克世博会最佳实践区特别店庭院局部(来源:苏圣亮 摄)

图9-2-13 青浦练塘镇政府办公楼东侧外观(来源:张嗣烨 摄)

图9-2-14 青浦练塘镇政府办公楼行政栋二层连廊(来源:张斌 提供)

为,江南风物的本质并非那些水乡民居的形式要素,而是基于庭院组织的生活模式。所以庭院空间形态为一个四面围合的多重院落结构,行政主楼和会议辅楼分居南北,东西两厢分别是社区服务中心和政府直属业务部门,一系列大小不一、功能不同的独立庭院围绕着内向的大尺度主庭院在不同位置、不同层高上依次铺展开来。这些独立庭院由于分布的位置不同,从而营造出不同的空间性格,层层相应,左右逢源,形成宜人的工作环境。这种以庭院为纽带来组织空间的策略促使建筑师更注重房间之间的布局关系,同时充分利用廊子这种半室外空间作为中介来确立房间和庭院之间的组织关系[1]。参考江南水乡民居青砖素瓦的意象,练塘镇政府办公楼使用与青砖相似的石材作为整个建筑的主要材料,与渗透着自然的景色,植物、石、水共同构成了生态的办公环境。在建筑构造的选择上,通过地砖设计、江南园林的窗屏、地面的拼花等材质表达传统建筑符号,结合简洁现代的空间布局和细部构造,营造出具有地方特色的现代园林建筑格调[2](图9-2-13~图9-2-17)。

朱家角人文艺术馆是青浦朱家角古镇保护和更新中的一栋半开放、具有多重空间体验的现代建筑,其空间设计试图营造出一种园林意境,所采用的形式不是模仿某个特定的传统形式细节,而是通过表现传统建筑中对形式的一般处理手法,在新建筑中再现传统空间体验。建筑所呈现的半开敞的院

---

[1] 张斌,周蔚. 风物之间,内化的江南 上海青浦练塘镇政府办公楼设计策略分析[J]. 时代建筑,2010 (5):108–115.
[2] 侯雨蒙. 庭院深深,深几许——上海青浦练塘镇政府办公楼项目对中国传统庭院空间类型的继承[J]. 时代建筑,2012 (22):197–198.

图9-2-15 青浦练塘镇政府办公楼行政栋前庭（来源：张斌 提供）

图9-2-18 朱家角人文艺术馆银杏广场（来源：Iwan Baan 摄）

图9-2-16 青浦练塘镇政府办公楼直属业务栋小庭院（来源：张嗣烨 摄）

图9-2-17 青浦练塘镇政府办公楼主庭院（来源：张嗣烨 摄）

落形态自然地融入水乡古镇传统的江南风貌固有的文脉中[①]，从内部空间的多样性到室外空间的多个院落都将江南情结显露无疑。而散落的方式则同时制造了几个大小不一的展示空间和院落空间，一个个院落既可成为室外展场也可成为相关活动的空间。院落所形成的与古镇景观的对话也赋予艺术空间以当地属性[②]。在室外公共空间的处理上，通过整理入口的古银杏广场，形成一个新的公共空间。在建筑整体布局上，通过半开敞的院落，以一种能够从周边的老宅中找到原型的空间形态，将自身自然地融入水乡古镇传统的江南风貌固有的文脉中。在动线设计上，在人在移动过程中体验到江南园林空间中步移景异、借景等设计手法所创造出的独有的空间意境。穿过一层的精心营造的展厅的参观动线，进入整体建筑空间动线的核心——"阳光天井"，光线也被导入该核心；沿曲线楼梯循梯而上，二层展厅空间将原有的内聚形态翻转成发散形态，阳光天井外圈的环廊串联起院落和散落的展厅，将人的注意力引向院落，人们在展厅与院落之间体验艺术品和古镇的真实风景。东侧的水院占据大半个院子，在人与古银杏树间嵌入水色，不仅屏蔽掉一楼广场的嘈杂，而且使空间得到抽象和纯化，池水和古树的相互映衬，形成借景，水面被院界定了形态，与古树相连的边缘得到消解，同时恰恰将古树纳入，把庭院与古树连接起来，江南画境跃入眼帘；最后，穿过精心设计的楼梯，透过咖啡厅的室内空间的落地窗，让人再次遇到了古树，看到曾在外面看到的坡顶空间[③]（图9-2-18～图9-2-22）。

从院落式民居中提炼出来的虚实相间的空间逻辑同样可以延续到今天的大尺度项目中，只是因为功能和目的的差异，在形式上与传统建筑的风格和尺度也存在明显的差异。在大型交通和商业综合体的项目中，不同层面的院落，包括地下广场和空中平台常常被当作连接和转换不同功能，解决采光通风问题的有效方式，这些垂直方向上错落叠合的开敞

---

① 戴春. 嵌入—山水秀设计的上海青浦朱家角人文艺术馆[J]. 时代建筑，2011 (1)：96-103.
② 同上.
③ 戴春. 嵌入—山水秀设计的上海青浦朱家角人文艺术馆[J]. 时代建筑，2011 (1)：95-103.

图9-2-19　朱家角人文艺术馆水庭院（来源：Iwan Baan 摄）

图9-2-20　朱家角人文艺术馆中庭（来源：Iwan Baan 摄）

图9-2-21　朱家角人文艺术馆茶室（来源：Iwan Baan 摄）

图9-2-22　朱家角人文艺术馆设计分析（来源：祝晓峰 提供）

空间也是主要的景观空间和公共交流场所。比如在迄今世界最大的空陆一体化设施——综合航空、高铁、地铁、客运公交、出租车等众多交通方式的虹桥综合交通枢纽（图9-2-23、图9-2-24）的设计中，通过众多天井、地下架空层和半室外换乘夹层，共同构成了一个室内外自然通风的对流系统，通过天窗，不仅是高铁候车厅，地下负16米的2号线地铁站台居然也有柔和的自然光引入，既实现了在过渡季节通过立面开窗减少空调热负荷的绿色环保功效，也因为室内外环境的互动营造了舒适宜人的人性化氛围[1]。

院落式建筑虚实相间的空间逻辑在商业建筑中的引入

---

[1] 华东建筑设计研究总院.《时代建筑》杂志编辑部.悠远的回声：汉口路壹伍壹号[M].上海：同济大学出版社,2016：240-249.

## 三、对院落形式进行变形和创新

前述两种设计模式中，无论是以单个院落为中心形成围合效果，还是通过多个院落组织实现多中心并列的布局，院落大多是从首层开始上下贯通的，基本沿袭了江南建筑的传统模式，建筑是围合院落的界面，而院落为建筑提供了良好的采光和通风，并引入了景观。但在地价越来越高昂，用地面积不足和建筑密度较高的情况下，即在没有条件布置底层院落时，如何实现虚实相间的空间氛围，则必须有所变通和创新。近年来建成的上海文化信息产业园B4/B5地块中漂浮在空中的"悬挂庭院"，朱家角人文艺术馆在屋顶设置的"水庭院"，以及华鑫中心（亦作华鑫商务中心）都是这种院落变形模式中优秀的设计案例。

上海文化信息产业园地处嘉定马陆镇，前期策划定位为"新江南园林意境"。其中B4/B5地块的设计要求是，在1.83万平方米的两个标准场地上建造2.49万平方米3~4层的独立式办公楼，为中小型文化和信息类企业服务。因为建筑密度要求比较高，如果在每个单元底层设置院落的话，就只能留下狭窄的公共道路，根本没有什么景观和环境质量可言，而且每个办公单元都是彼此分离，也无法做出单元空间的变化。因此，设计师提出了"悬挂的庭院"的设计策略，在标准的单元核心体之外的3~4层之间的不同方向来设置空中庭院，而不是占据南向底层基地。这一方面缩小了每个办公单元占用基地的面积，被解放的底层可以用来组织丰富的公共景观和交流空间，另一方面，在上层不同位置悬挂的庭院又能在最简单的标准单元实体外形成高低错落的形态和空间效果。更进一步，仅仅依靠调整挑院的位置，标准化的矩形办公单元转变成了每户不同的独特空间。这些空中庭院大部分规格统一为宽8.8米，出挑5米，高3.6米（与层高一致）。采用钢结构悬挂的方式固定在外墙上。足够大的出挑距离加上足够高的围护界面，为办公室内部造成了较为私密的庭院感，而外部则具有足够的体量感和空间分隔效果。立面和底面开孔率为60%的方形穿孔钢板好似一层薄纱，若有若无地限定并分割着空间和建筑，并在外墙面上洒落串串光

图9-2-23 虹桥综合交通枢纽室内天窗（来源：郭建祥 提供）

图9-2-24 虹桥综合交通枢纽室内（来源：郭建祥 提供）

除了开敞的庭院、广场、屋顶平台外，从20世纪90年代的东方商厦（图9-2-25）、友谊商城（图9-2-26~图9-2-28）、华亭伊势丹开始不断探索的中庭空间事实上是一种遮蔽的内院，其在景观共享和空间节点上的意义正是对这种传统的空间和场所逻辑的延续和发展。

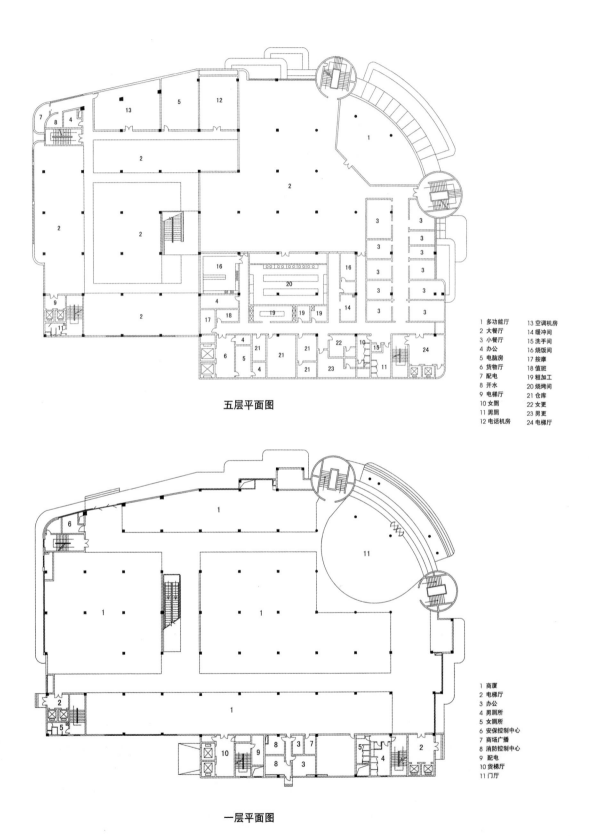

图9-2-25 东方商厦典型平面图（来源：《ECADI作品选：商业建筑》）

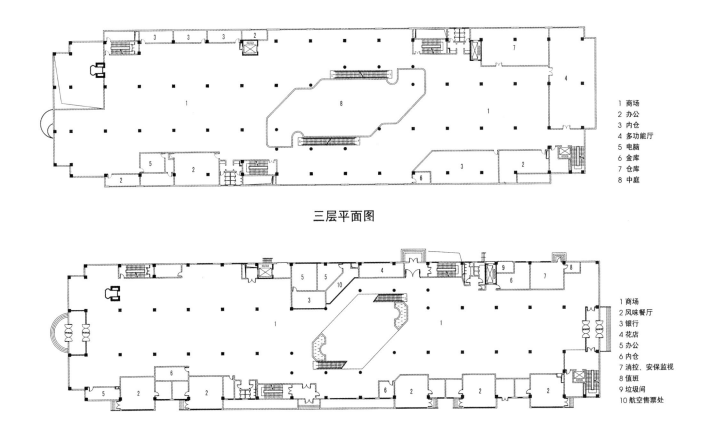

图9-2-26　友谊商城平面图（来源：《ECADI作品选：商业建筑》）

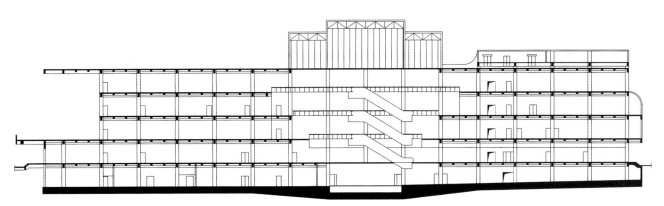

图9-2-27　友谊商城剖面图（来源：《ECADI作品选：商业建筑》）

图9-2-28 友谊商城室内（来源：《ECADI作品选：商业建筑》）

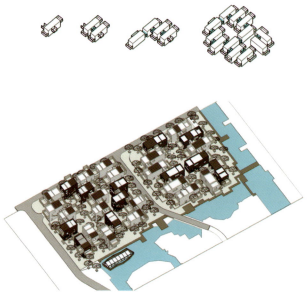

图9-2-29 上海文化信息产业园一期B4/B5地块群组分析及鸟瞰图（来源：庄慎 提供）

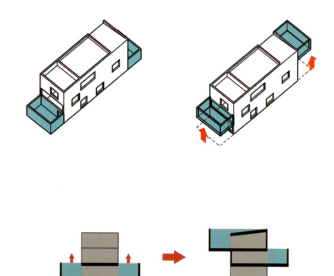

图9-2-30 上海文化信息产业园一期B4/B5地块悬挂庭院概念（来源：庄慎 提供）

格，透过孔隙则朦胧可见树梢绿叶，饱含江南园林所特有的恬静气息。一系列高高低低，不同面向的轻盈挑院，跟底层宽宽窄窄，明暗不一的景观庭院共同构成立体的公共交流系统和有趣的室内外互动的交流体验。通而不透的空间关联既体现了现代办公楼所需要的公共性和私密性的平衡，也用新的抽象的形体和工业化的材料塑造出了江南建筑传统那种含蓄而文雅的气质（图9-2-29～图9-2-34）。

华鑫中心设计于2012年，该设计的出发点是基于场地入口南侧一块面向城市干道的开放绿地，以及其中6棵大的香樟树。设计师采取了2个场地策略：一方面为了最大程度地开放地面的绿化空间，将建筑主体抬高至2层；另一方面，保留6株大树的同时，在建筑与树之间建立亲密的互动关系。建筑总体是由4座独立的悬浮体串联而成，4个单体围合成通高的室内中庭，透过四周悬挂的全透明玻璃以及顶部的天窗，引入外部的风景和自然光，使室内外空间相互沟通交融。建筑底部由10片混凝土墙支撑，其内收纳了所有垂直上下的设备

图9-2-31 上海文化信息产业园一期B4/B5地块隔樊家泾南望（来源：张嗣烨 摄）

图9-2-32 上海文化信息产业园一期B4/B5地块半透明的庭院（来源：张嗣烨 摄）

图9-2-33 上海文化信息产业园一期B4/B5地块悬挂庭院外观（来源：张嗣烨 摄）

图9-2-34 上海文化信息产业园一期B4/B5地块底层庭院（来源：张嗣烨 摄）

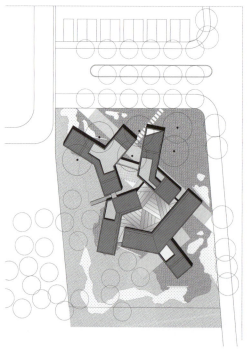

图9-2-35 华鑫中心总平面（来源：祝晓峰 提供）

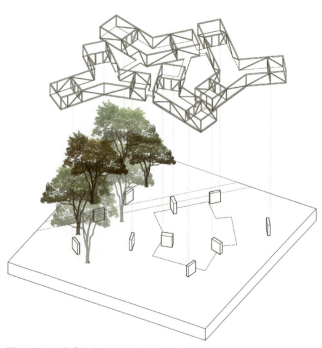

图9-2-36 华鑫中心空间分析（来源：祝晓峰 提供）

图9-2-37　华鑫中心连桥（来源：苏圣亮 摄）

图9-2-38　华鑫中心树木与空间（来源：苏圣亮 摄）

图9-2-39　华鑫中心外观（来源：苏圣亮 摄）

管道，混凝土墙表面覆盖着一层镜面不锈钢板，外部的自然环境映射在镜面中，一方面消隐了建筑自身在环境中的存在感，同时也彰显了建筑体量的悬浮感以及地面层的城市开放性。沿着中庭内的折梯抵达二层，会进入一种崭新的空间秩序。4个悬浮体在水平方向上以Y或L形的姿态在大树之间自由伸展，其悬挑结构由钢桁架所实现。大树的枝叶在建筑内外自由穿越，成为触手可及的亲密伙伴。在这里，建筑的结构、材质和大树的枝干树叶交织在一起，营造出一个个纯净的室内外空间，这些建筑和庭院在时间与路径的组织下，共同实现时空交汇的环境体验[①]。华鑫中心是一件由建筑和自然合作完成的作品，设计师将建筑与城市空间有机融合，其所形成的空间场所既有具有开放的城市公共属性，又有江南园林院落的静谧宜人的气质，是一种对于传统院落模式的转化与创新。建筑师希望通过这座建筑，启发我们思考人与自然、社会之间的关联（图9-2-35～图9-2-39）。

## 第三节　推敲宜人的体量、虚实、密度与尺度的模式

高密度和小尺度是江南地区舒适宜人的建筑和城市空间的根本格局。在现当代的城市和建筑设计中，尽管功能类型和材料技术上发生了巨大的改变，但是通过在建筑体量的虚实和疏密变化上不断地推敲，同样可以达到舒适宜人的空间尺度感，从而实现紧凑而精致的江南城市空间场所精神和生活环境。在接下来的案例中，青浦青少年活动中心再现了青浦老城区的小尺度城市空间；螺旋艺廊更加内向地探讨了尺度与人，建筑与环境的关系；上海国际汽车城东方瑞仕幼儿

---

① 山水秀建筑事务所. 上海华鑫中心[J]. 城市建筑，2013 (23).

园探索了单元体量与内部双重尺度之间的关系,九间堂则是参照了传统江南民居的小尺度空间格局。

青浦青少年活动中心,位于青浦的东部新城,整个建筑把对青浦老城区的小尺度城市空间以一组适当大小的方块体量的聚集来再现,通过抽象的方法,产生了新的具体性。具体体现在,它存在2条穿越流线,第一条是从东入口及其庭院经过中部的水庭院再到北入口的大庭院的穿越流线;第二条是从北入口进入后可经坡道上二层平台,再下楼梯到东入口庭院的另一条穿越流线。这2条主要穿越流线上还有一些屋顶花园、庭院与之相连。所有的建筑单体被串联在这2个大的结构性流线上。这些建筑单体根据青少年活动中心的功能,按照音乐、舞蹈、美术、科技、展览、小剧场自然分区开,青少年可以自由到这各自的目的地,并可以在不同的功能体量间游荡。青浦青少年活动中心建筑根据具体的使用特点将不同的功能空间分解开来,化为相对小尺度的个体,再利用庭院、广场、街巷等外部空间类型将其组织在一起,从而成为一个建筑群落的聚合体,这样把对青浦老城区的小尺度城市空间尝试以适当大小的方块体量的聚集来再现。青少年在不同功能空间之间活动无论是彼此联系还是无目的的游荡以及随机的发现,就像在一座小城市里的活动,这也是对郊区城市化过程中日益放大的城市尺度所做出的回应,在已经被放大了的城市建筑尺度的前提下,创建一个内在的人性化的小尺度公共空间,重建传统城镇的尺度记忆。如果允许的话,城市人群从各个方向进入这个建筑,那么该建筑就会成为一个拥有江南民居形式的次等级尺度的小城市[1](图9-3-1~图9-3-5)。

螺旋艺廊位于嘉定紫气东来公园,建筑师通过对体量和尺度的推敲与设计探讨了风景与建筑之间的关系,其独特的螺旋结构带给人们特有的空间体验。从空间体验的角度解释,螺旋大体上有2层意思:一个是入口处的楼梯把流线抬到了空中,让人感觉到流线在向上旋转开去;另一个是指该建

图9-3-1 青浦青少年活动中心总平面图(来源:柳亦春 提供)

筑被内卷的方式。环状的廊厅、潜伏在楼梯下的辅助性房间(包括预设的厕所或是可能的厨房及卧室空间),绕着内院紧紧地卷了起来,然后用一层穿孔铝板将之捆扎在一起,所形成的形体并不是完美的筒体,而是柔化的四面体或是近圆形体。外部切入内院的楼梯路径,切断了底层空间的连续性,用自己的螺旋线,与廊厅的螺旋线,形成彼此微妙的转角错位。这样的路径的渐宽渐窄与廊厅空的渐宽渐窄,彼此错开,一路上形成了两三处人们可以驻足、停留或是便于日常使用的地点。有趣的是观者在建筑外部,甚至沿着内部的廊

---

[1] 柳亦春等. 青浦青少年活动中心[J]. 城市环境设计, 2012, 91 (9): 20-26.

图9-3-12 上海国际汽车城东方瑞仕幼儿园庭院上空（来源：苏圣亮 摄）

图9-3-13 上海国际汽车城东方瑞仕幼儿园庭院与室外楼梯（来源：苏圣亮 摄）

式。有"宅"的概念、"园"的概念以及传统的"一进一出"的概念，还有一些手法更偏国际化一点，把中国传统的片段感受结合在现代建筑里。比如传统的"一进一出"概念的设计起点是江南民居，空间是一明一暗，室内、室外以这样一种空间的序列横向拉开，强调空间的流动性和秩序感。这种布局十分符合现今中国中上阶层的生活模式，同时亦迎合传承至今的传统中国伦理观念。以院落式的方法来组织室内外空间的设计原则不仅除了保护私隐，功能分区明显外，还维持着人和自然的关系，院落跟房屋一阴一阳，互为补充，给人们带来一个平衡的居住环境。以此为出发点，九间堂以墙垣将基地界定后，于中轴线上安排主要院落，纵向为进，横向为落。功能不同的楼房如主厅、主卧、起居室、卧室等分居其中。并用以界定院落的相应功能[①]。总体来看，九间堂在空间、场所、材料、色彩和理念方面是统一的，即用

---

① 严迅奇. 九间堂——另类的别墅文化[J]. 时代建筑，2005 (6)：108-113.

计师试图还原那种小尺度的江南地区民居院落的进深感,所以2的交接处用天窗的光线来做出一种明暗的层次变化,并希望这两个空间能够对望,形成一种"暗—明—暗"的关系。这是一种营造自由感的尝试,同时也就形成建筑的外部形象[①](图9-3-10~图9-3-13)。

九间堂别墅在空间布局上,呈现出多种不同的布局方

图9-3-10　上海国际汽车城东方瑞仕幼儿园鸟瞰图(来源:张斌 提供)

图9-3-11　上海国际汽车城东方瑞仕幼儿园二层空间与屋顶(来源:苏圣亮 摄)

---

① 庄慎,张斌. 关于上海国际汽车城东方瑞仕幼儿园的一次对谈[J]. 时代建筑,2014(1):92-101.

厅行走时，并不会感受到这种空间塑形上的错位，可一旦走到了院子里，或是走到了屋顶上，观者就像在观看这一建筑的生活纪录片，院子里的墙面转折逐段展示着建筑的空间演化过程[①]。这是一个观赏风景视点视角和视高不断发生变化的过程，也是一个行进方向与高度不断变化、体验外部空间由幽闭变为开敞再变为幽闭的过程。这是一种被抽象了的游览园林的方式，会给人带来游弋的愉悦。在这里，看风景也是进入建筑的方式[②]（图9-3-6~图9-3-9）。

上海国际汽车城东方瑞仕幼儿园与国内一般3层为主的幼儿园模式不同，相对宽裕的场地面积让设计师有机会去探讨如何在规模偏大的幼儿园建制空间中让幼儿更自主、便利地与自然接触。同时，设计师也更希望为幼儿创造一种更接近人类原初生存经验和空间原型的内部感知，让他们在这样一种富有启发性的空间环境中更有想象力的成长。所有的公共活动空间成为从主体量中向沿河方向自由伸出的3个相对通透的单层体量，它们之间及外围与河道之间形成一系列形态各异的绿化及活动庭院。三个体量层高各不相同，屋顶成为高低错落的带有绿化的活动平台。这些沿河一侧的地面及屋顶的户内户外活动空间成为屏蔽了交通干扰、景观优越的公共交流空间[③]。设计师解释到起伏的屋顶时候谈到三个出发点：第一，来自于对于安定空间的理解。第二，对幼儿教室的感知尺度的控制。第三，来自从小在江南生活的记忆。设

图9-3-5  青浦青少年活动中心百草园（来源：姚力 摄）

图9-3-6  螺旋艺廊外观（来源：柳亦春 提供）

图9-3-7  螺旋艺廊庭院（来源：姚力 摄）

图9-3-8  螺旋艺廊楼（来源：舒赫 摄）

图9-3-9  螺旋艺廊建筑内卷（来源：舒赫 摄）

---

① 刘东洋. 观游大舍嘉定螺旋艺廊的建筑之梦[J]. 时代建筑，2012（1）：120-127.
② 姚力，舒赫. 螺旋艺廊，上海，中国[J]. 世界建筑，2012（12）：100-103.
③ 周蔚，张斌. 上海国际汽车城东方瑞仕幼儿园[J]. 建筑学报，2014（1）：56-65.

图9-3-2　青浦青少年活动中心外观（来源：姚力 摄）

图9-3-3　青浦青少年活动中心北立面局部（来源：姚力 摄）

图9-3-4　青浦青少年活动中心大庭院（来源：姚力 摄）

现代的手法诠释传统的概念,总体上传承了传统江南民居的尺度空间气质和场所氛围,并且用今天的技术和建造工艺摒弃传统的过多的装饰[①]。轻盈通透的屋檐出挑,将自然光线隔滤后渗入大厅,使室内光线柔和均匀。书房或卧室旁的光线可从上方缝隙泻下的蟹眼天井,则是取材于传统民居的惯常手法(图9-3-14～图9-3-20)。

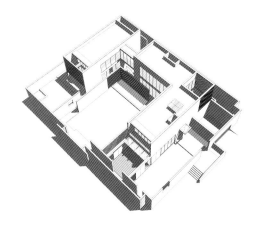

图9-3-15 九间堂别墅一期C2C3轴测图(来源:俞挺 提供)

图9-3-14 九间堂别墅平面图(来源:《时代建筑》2005)

---

① 东方式的人文关怀——对话九间堂[J]. 室内设计与装修,2005(6):22-29.

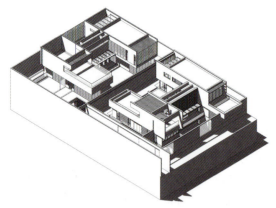

图9-3-16 九间堂别墅二期轴测图（来源：俞挺 提供）

图9-3-19 九间堂别墅一期庭院（来源：蔡峰 摄）

图9-3-17 从张家浜远望九间堂别墅（来源：《时代建筑》2005）

图9-3-20 九间堂别墅二期景观（来源：胡义杰 摄）

图9-3-18 九间堂别墅外院夜景（来源：《时代建筑》2005）

## 第四节 营造江南园林空间意境的模式

江南园林如画的空间体验是中国传统文化精神及建筑园林艺术的最高精华。从传统园林的空间格局以及美学体验中汲取现当代建筑的设计原则是从近代以来中国建筑师长久的夙愿，这种探索在20世纪80年代末的方塔园规划，以及2000年以后的诸多景观，文化小建筑中有着持续的追求。以园林空间体验和意境创造为出发点的探索也被视为探索中国当代本土建筑学的一种极有潜力的方向。

## 一、在现代园林中发展传统园林空间意境

通过解析中国传统建筑文化，我们可以认识到，在中国文化传统中，空间绝非抽象的几何形式，而是承载了使用者活动的容器，因此除了客观的空间尺度、空间构成之外，主观的审美体验也是极为重要的传承和营造的内容。在这方面，松江方塔园的创作是典型的代表作品。其设计并不是对任何具体园林的空间原型和形式要素的借鉴与模仿，而是一种对中国传统文化及其内涵更深层次的理解。建筑师将传统文化看作一个有机整体，将园林空间与古典诗词视为同一文化构造的不同表达，以一种"移情"的方式在现代的物质空间中建构传统的美学意境。

方塔园坐落于上海市松江城区的方塔园，是冯纪忠先生的倾心之作。全园面积11.52公顷，以保护基地遗存的北宋方塔及明代照壁为主题，同时为松江城区市民增添一片休闲游乐的公园绿地。冯先生设计的核心理念就是"与古为新"。冯先生做了严格的考古工作，尊重古迹，保持原真。冯先生对于场地特征的把握也极其敏锐，设计贯彻了崇尚自然的传统精神，全园所有植物自然生长，没有假山，不出现水泥地面，不做人工造型，营造传统大型园林的质朴天然的氛围。

园林的规划设计自始至终是为了突出宋塔的主体地位，园林氛围的营造也是为了体现与宋塔韵味相一致的宋代典雅、疏朗、朴素、简远的风格意境。规划打破传统的轴线布置方式，将迁建的清代天后宫错位布置在东北侧，不与方塔抢戏。而围绕方塔以院墙围合塔院，这样于方塔视线所及，避免添加其他建筑物，取"冗繁削尽留清瘦"之意，又不拘泥于传统寺庙格式，而是因地制宜地自由布置，灵活组织空间[①]。

"通过山体与水系的整理把全园划分为几个区，各区设置不同用途的建筑，形成不同的内向空间与景色。这也是学习我国大型园林布局的特点。"方塔园在空间的规划上，强调空间的"旷与奥"、"开与合"、"收与放"的对比效果，正是这一系列的空间转换，丰富了游人空间体验。在视线组织上，通过对游线的引导，让游人视点随着不断变化的空间一起游动，从视觉层面获取对景物变化的不同体验（图9-4-1～图9-4-5）。

何陋轩是方塔园东南部一小岛上的竹构草盖茶室。以轩为主，配以周围的水与翠竹。设计者冯纪忠借用唐代刘禹锡的"陋室铭"命此轩为"何陋轩"。何陋轩没有窗，也无墙，四周通透，可谓"敞轩"也。何陋轩高7米，长16.8米，宽14.55米，总面积510平方米。其建筑造型仿照松江地区的一些乡村农舍形象生动的庑殿顶形式，这种不受礼

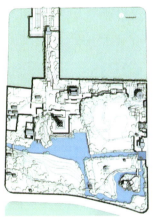 

图9-4-1 方塔园总平面图（来源：上海市建筑学会 提供）　　图9-4-2 方塔历史照片（来源：上海市建筑学会 提供）

图9-4-3 方塔园园景（来源：寇志荣 摄）

---

① 牛艳玲. 园林设计中传统与现代的契合初探——松江方塔园设计研究. 南京林业大学，2006.

制束缚的现象在全国绝无仅有。将其拿来作为何陋轩的设计主题，取其弧脊形态作为地方特色符号予以继承。它采集了乡土民间质朴的建造方式，采用竹结构，将草顶赋予何陋轩。何陋轩在方塔园里铺展延续地方文脉，将地方符号展现得淋漓尽致[1]。上海市郊农舍四坡顶弯屋脊形式，毛竹梁架，大屋顶，茅草屋，方砖地坪，四面环水，弧形围坪，竹椅藤几，古朴自然，与四周竹景互相交融，融为一体，浑然天成而别有风致（图9-4-6～图9-4-9）。

从园林发展来讲是这样。整个方塔园的设计，取宋代的精神，以宋塔为主体通过大水面、大草坪及植栽组织等传达自然的精神。何陋轩则从写自然的精神转到写自己的"意"。主题不是烘托自然而是摆在自然中，"意"成为中心。

## 二、在新的建筑类型中创造园林空间意境

嘉定博物馆新馆，位于上海5大古典园林之一的秋霞圃西侧，与传统江南园林仅有一墙之隔。如何在传统园林的隔壁建造一个新的建筑，如何处理新与旧的关系，如何将大众化的商业与高雅的园林混合成为该建筑设计的关键问题所在。整体建筑设计采用了混合策略，分为2个部分，一部分是传统的园林，另一部分是当代的景园。传统园林一部分是秋霞圃的新入口，一部分是秋霞圃北园的扩展。而新建筑的本身又分为2类空间，展示部分与公共空间部分，分别创造新旧截然不同的两种形式和空间，通过两者的并置和交替，形成对比强烈的

图9-4-4 方塔园景观（来源：上海市建筑学会 提供）

图9-4-5 方塔园堑道（来源：寇志荣 摄）

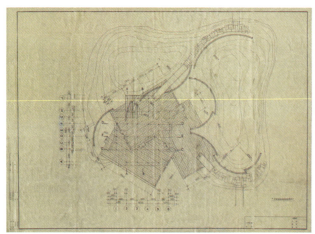
图9-4-6 何陋轩平面图（来源：上海市建筑学会 提供）

图9-4-7 何陋轩外观（来源：宋雷 摄）　　图9-4-8 何陋轩局部外观（来源：寇志荣 摄）

图9-4-9 何陋轩入口（来源：上海市建筑学会 提供）

---

[1] 金云峰，方凌波. 基于景观原型的设计方法——探究上海松江方塔园地域原型与历史文化原型设计[J]. 广东园林，2015（5）：29-31.

体验。新与旧的建筑，各成一体，而放在一起，又形成一个全新的整体。两类空间通过分合的管理能形成数种不同的使用模式，而每次，使用者在截然不同的功能和形式之间穿越，产生类似蒙太奇的效果（图9-4-10~图9-4-14）。

八分园体现出一种对于传统园林空间意境克制性的致敬。是一个专门展出工艺美术作品的美术馆，也是一个微型文化综合体。因为内院园子占地1亩不到约400多平方米，恰好八分地而得名八分园。设计师希望建造一个园子能展现出基于生活的上海性，向20世纪70年代的上海街道公园致敬，

向当地的园林历史致敬，让园子和建筑彼此成为一个统一的整体。建筑师们在前院设计了竹林通幽的入口，将八分园独立出来。建筑师用对偶展开空间关系。园子是外，形式感复杂，建筑是内，呈现朴素。但这些朴素又有些不同，美术馆要朴素有力，而边上的书房和餐厅要温暖柔软，3楼的联合办公接近简陋，而四楼的民宿则回到克制的优雅，还要呈现出某些可以容易解读的精神性，在屋顶通过营建菜园向古老的文人园林致敬。4层的民宿是隐藏在整个八分园的惊喜和高潮。每间民宿都有一个空中的院子，公共区域有一个四水归

图9-4-10　嘉定博物馆新馆总平面图（来源：庄慎 提供）

图9-4-11 嘉定博物馆新馆外观（来源：唐煜 摄）

图9-4-14 嘉定博物馆新馆外立面局部（来源：唐煜 摄）

图9-4-12 嘉定博物馆新馆沿街立面（来源：唐煜 摄）

堂的天井。每个院子都是当代的中式庭院，取材于仇英的绘画而加以提炼，是一次关于垂直城市的实践，试图打造一个真正意义的空中别墅①（图9-4-15～图9-4-20）。

在荷合院中，院落与建筑之间的视线景观关系是传统园林意境的现代表达。荷合院最初的功能设定是公园管理用房、公共厕所、垃圾站和一个小型茶室。因为功能的设定，所以很难以其建筑自身的形态为公园景观增光添彩。所以建筑师在苗圃场地之中划分出一块相对限定的空地作为施展设计建造的天地。该建筑的整体布局呈现分散式布局，按照功能体块的体量关系形成一个丰富的空间构成。由于周边的城市环境是一个高楼林立的背景，周边的树木在短时间内也不可能成形，因此原先由苗圃限定边界的想法在设计的进程中还是被替换成为一圈实墙，但实墙中的空洞将沟通庭院内部与外部的视线交流，也为茶室中的游客提供一个相对安逸和尺度宜人的环境。院墙与建筑之间的空隙则被水面填充，同样可以快速形成的莲花池也将为建筑提供一个可以聚焦的观景对象。与之相应，建筑的观景视窗也被压低成为仅距地面1.4米高的长条，与建筑体量错动所形成的褶皱贴合在一起，构成了具有动感的莲花图景，以期望在一个更加广泛的景观中，为公园提供一个带

图9-4-13 嘉定博物馆新馆局部立面（来源：唐煜 摄）

① http://www.gooood.hk/eight-tenths-garden-wutopia-lab.html.

图9-4-16 /分图向廊图(来源：CreatAR images，文筆 摄)

图9-4-18 /分图向假山效(来源：CreatAR images，文筆 摄)

图9-4-15 /分图总本面图(来源：CreatAR images，文筆 摄)

图9-4-17 /分图建筑与夜效(来源：CreatAR images，文筆 摄)

图9-4-19　八分园庭院（来源：CreatAR images、艾青 摄）

图9-4-21　荷合院一层平面（来源：童明 提供）

图9-4-20　八分园庭院景观（来源：CreatAR images、艾青 摄）

图9-4-22　荷合院庭院（来源：童明 提供）

有一些时空距离的小型环境[1]（图9-4-21~图9-4-24）。

　　夏雨幼儿园的基地位于青浦新城区的边缘，从大的地域特征来看，青浦是上海周边几个卫星城镇中仍然保留着一些江南水乡民居的区县之一。设计师从江南园林里提取出2个设计概念，一是"内向性"，二是"游园式"的路径组织，都偏重于总体布局和宏观架构[2]。幼儿园的设计强调"内""外"有别，通过边界的确立来适度隔离"内""外"，创造出"内""外"的差异。幼儿园总共有15个班级，每个班都要求有自己独立的活动室、餐厅、卧室和室外活动场地，在给定的狭长的用地内，排列开来就是非常长的一条。就既定的基地

图9-4-23　荷合院公共空间（来源：童明 提供）

---

[1]　童明. 荷合院[J]. 时代建筑，2012 (1)：88-91.
[2]　祝晓峰. 取与舍：对夏雨幼儿园建筑构思的评论[J]. 世界建筑，2007 (2)：35-37.

图9-4-24 荷合院框景（来源：童明 提供）

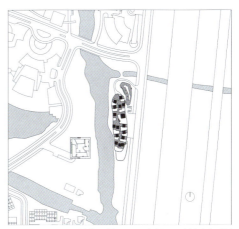

图9-4-25 夏雨幼儿园总平面图（来源：陈屹峰 提供）

图9-4-26 夏雨幼儿园全景（来源：张嗣烨 摄）

图9-4-27 夏雨幼儿园入口（来源：张嗣烨 摄）

图9-4-28 夏雨幼儿园游园路径（来源：张嗣烨 摄）

而言，一个柔软的曲线形边界可能会比直线更容易和环境相融合。围墙内的交通组织结构是空间状态的关键，设计以一条曲折的线性长廊作为主要交通骨架，各个班级依附在这个骨架上[①]（图9-4-25～图9-4-28）。

嘉定区图书馆新馆的建筑格局也传承了传统园林的思想。建筑师采取的场地策略是以一种以"园"为核心的分解

---

① 大舍. 上海青浦夏雨幼儿园[J]. 时代建筑，2005 (3)：100-105.

图9-4-29 嘉定区图书馆新馆鸟瞰图（来源：张虔希 摄）

图9-4-30 嘉定区图书馆新馆外观（来源：张虔希 摄）

图9-4-31 嘉定区图书馆新馆立面（来源：张虔希 摄）

图9-4-32 嘉定区图书馆新馆入口广场（来源：张虔希 摄）

方式，从院落出发，围绕由十几个匀质的院子衍生出各个相同体量的群落，内外景观都成为项目中的山水意象，而且是开放的"山水"。公共廊道和大厅将各个院子和室内空间串联起来，能体验其中丰富的空间感受[1]。这样的做法将主体建筑的尺度拆分成一个个小的体量，以一种更加含蓄和隐逸的姿态融入场所和自然，与中国古典园林所崇尚的意境颇有共通之处。主体二层的建筑，几乎平铺在场地中，二层上覆以错落的坡顶，若从空中俯瞰，"实"的坡顶与"虚"的庭院互相渗透，建筑与周围环境有机地融合在一起[2]（图9-4-29～图9-4-32）。

## 第五节 延续和发展多元融合的街巷空间氛围的模式

有序又复杂的街巷肌理既是传统江南城镇的空间特征，也是近代上海在都市化过程中因为发挥土地高效利益而演化出来的理性经济的发展结果，无论是在里弄的格局还是紧密的街区都有所体现。在城市的改造更新以及新的区域设计中，在城市尺度不断扩大的过程中，如何延续这种近人空间的丰富结构和场所体验，是上海建筑传承的一大重点。

### 一、在城市空间更新中延续和发展传统街巷空间氛围

新天地广场的改造就延续和发展了传统街巷空间的氛围。在空间形态上，在梳理了旧地块中旧建筑的关系之后，从密密麻麻的旧屋中掏空出一些公共空间，把一切能为广场增色的、具有石库门里弄文化特征的建筑与部件保留下来加以利用。空间形态完美体现了林奇（Kevin Lynch）的城市意象五元素，元素之间的关系和意象的转换及意象质量的设计共同构成了好

---

[1] http://www.madaspam.com/project/?type=detail&id=177.
[2] 王艺彭. 建筑园林融合的诗性——读上海嘉定区图书馆[J]. 城市建筑，2016（26）：231-232.

的城市形式①。在空间结构组织上,新天地依循了现代主义的空间观念,并以现代空间概念替代了原有的基本架构,而不是形成一个更加多元的空间网络②。在设计手法上,新天地将石库门、天井等建筑元素予以保留,采用了与钢结构、玻璃等新的建筑元素"陌生化"的拼接,来创造观者眼中美学上的距离感。新天地通过功能置换的方式将新的城市功能赋予其中,而并没有将它们保留为没有再生能力的博物馆,它也实现了从住宅向文化消费体验的功能置换。从功能置换的结果来看,无论是在城市设计尺度方面,还是对地段内历史建筑的尊重方面及运营管理上,它都成功地成为上海城市的新名片和最具上海地域特色的地方③(图9-5-1)。

八号桥位于建国中路8号,原来是20世纪五六十年代上海汽车制动器厂的厂房,为了延续这一城市历史文化理念,改造将原有工厂的8幢建筑物用不同的方式联系起来,取名"八号桥"。总的来说,八号桥的规划设计力争保持原厂房的整体布局,外部空间和内部空间更新组合,将原工厂内不适合的危房、隔断等除去,加入新的元素(或称为种子),使用了钢与玻璃,旧的厂房布局与新的材料及色彩形成强烈的对比,突出

图9-5-1 新天地弄堂广场空间(来源:庄哲 摄)

---

① 罗小未. 上海新天地广场——旧城改造的一种模式[J]. 时代建筑, 2001 (4): 24-29.
② 孙施文. 公共空间的嵌入与空间模式的翻转[J]. 城市规划, 2007, 31(8): 80-87.
③ 李婷婷. 从批判的地域主义到自反性地域主义——比较上海新天地和田子坊[J]. 世界建筑, 2010 (12): 122-127.

时尚氛围,特殊的背景形成园区内多个丰富多彩的外部空间及半室外空间,这样便于设计师的相互交流。整个园区的建筑设计、景观照明、室内设计等统一计划而系统实施,改造后的旧厂区被全面地打造成时尚创造的办公亮点,成功地引进多个行业的时尚创作中心[1](图9-5-2~图9-5-6)。

新改造的上海大戏院,其项目前身是一座建于20世纪30年代的电影院建筑。现存的建筑在过去的几十年中经历了数番改造,最后留下来的是一座糅杂了各种风格和功能的建筑。2011年,这栋建筑因年久失修存在消防安全隐患,被下发了整改通知书,随后开始停业整顿[2]。因此,设计所面对的最大挑战是如何清晰且统一地重现这座历史建筑,让它能够为现在所用的同时,更具有成为一座地标建筑的潜力,并持久地存在于上海这座千变万化的城市里。设计师把重点放在了建筑的外观和入口处的设计,希望任何人都可以享受独特的天光和空间的戏剧效果,而不用支付门票。通过这个设计,建筑师希望传达一种良好的社区意识,让公众觉得这个空间是属于他们的[3]。从街面上看去,改造后的建筑如同一块悬浮在地面上的巨石,坦然且紧密地嵌入相邻的建筑物之间。除地上一层之外,其余楼层的表皮皆采用石材包裹,表面放弃开口,凸显出向内的天光。该设计从戏剧院里的行为表演汲取灵感,使内部和外部的空间成为一系列犹如戏剧场景一般的空间。参观者在深入体验建筑的过程中,能够感受

图9-5-2 八号桥建筑外观(来源:庄哲 摄)

图9-5-3 八号桥建筑外观(来源:庄哲 摄)

图9-5-4 八号桥建筑公共空间(来源:庄哲 摄)

图9-5-5 八号桥建筑要素(来源:庄哲 摄)

图9-5-6 八号桥室内(来源:庄哲 摄)

---

[1] 广川成一,万谷健志,东英树.上海八号桥时尚创作中心[J].时代建筑,2005(2):106–111.
[2] http://www.qdaily.com/articles/37201.html.
[3] 同上.

到场景的戏剧感会随着空间和光线的变化而不断增强。屋顶的天井为室内引入不断变化的自然光,从而制造出动态的空间,夜间的室内照明也模拟类似的光线变化,增添了更多的戏剧色彩。戏院的入口和售票区向建筑内部退进,形成一个半开放式的公共广场,从而连通了室内外的空间,模糊了两种空间之间的界限[1]。改造后的上海大戏院入口空间不仅成了戏院的售票区,同时也是街道的延伸,观众及经过的路人,都可以窥视到这座建筑的内部场景。切身地感受到光线的变化为空间带来如同戏剧场景般的魅力[2](图9-5-7~图9-5-10)。

图9-5-7　上海大戏院立面（来源：Pedro Pegenaute 摄）

图9-5-9　上海大戏院室内（来源：Pedro Pegenaute 摄）

图9-5-8　上海大戏院入口（来源：Pedro Pegenaute 摄）

图9-5-10　上海大戏院建筑材料（来源：Pedro Pegenaute 摄）

---

[1] http://www.gooood.hk/new-shanghai-theatre-china-by-nerihu.html.
[2] http://www.qdaily.com/articles/37201.html.

## 二、在新建筑类型和城市空间中引入和转化传统街巷空间氛围

在传统的江南居住空间中，建筑的外部空间常常和内部空间同等对待甚至优胜于之，青浦青少年活动中心、尚都里等位于郊区新城的案例都希望在已经被放大了的城市建筑尺度的前提下，仍能创建一个内在的人性化的小尺度公共空间，重建传统城镇的尺度记忆[1]。

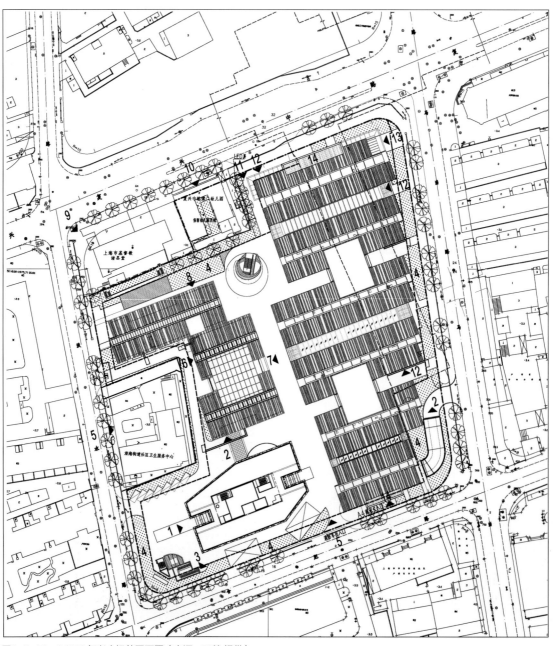

图9-5-11 SOHO复兴广场总平面图（来源：王慧 提供）

---

[1] 张斌，柳亦春，陈屹峰. 对话大舍 关于上海青浦青少年活动中心的讨论[J]. 时代建筑，2012 (04)：100-107.

如果说对于上海的郊区，在新建项目中引入传统街巷的空间和尺度是一种对周边水乡城镇肌理的自然延续的话，在寸土寸金的中心城区新建的高密度大尺度的商务街区是否还可能再现这种亲切宜人的公共氛围，则成为更有挑战也更有普遍意义的话题。新天地南里、SOHO复兴广场和外滩SOHO都是探索这一方向的成功案例。其中SOHO复兴广场（图9-5-11～图9-5-14）通过九9座坡屋顶、东西走向的条状多层建筑单体作为公共街道的界面，既延续了周边里弄街区的肌理，也跟高层办公塔楼形成过渡，避免产生突兀之感。作为办公和商业综合体的外滩SOHO通过高低错落的单体界面和体量创造了一个尺度丰富，充满活力的商业步行街区。其中南侧四栋办公楼高度在60～135米之间，既界定出了

清晰的边界，又将自身纳入外滩历史建筑群的序列之中。西侧和北侧两栋建筑略为低矮，参考了周围建筑的基本体量。楼宇之间错落形成一系列街巷和微型广场，是周边城市空间中狭长"里弄"、星罗的街道路网形式的延续。

有些大型项目没有条件进行街巷式布局的，也会采用其他方式与所在城市空间协调融合，比如上海商城主楼整体后退，底层架空形成城市广场，还有南京东路的海伦宾馆采用大面积玻璃幕墙覆盖高层主体及部分裙房以减少对街道的压迫感等，都是对大规模高层建筑与城市历史街区不同尺度的矛盾冲突所做出的巧妙有效的回应，体现了灵活务实的空间场所和文化精神。

综上所述，上海现当代建筑的空间关系与场所精神，更

图9-5-12　SOHO复兴广场公共空间（来源：庄哲 摄）

图9-5-13　SOHO复兴广场内部街道（来源：庄哲 摄）

图9-5-14　SOHO复兴广场连廊（来源：王慧 提供）

多的是对传统院落式民居空间、传统园林空间以及江南水乡城镇肌理特征的传承与发展。这种根植于江南地区文化深层结构中的建筑建造传统，成为现代建筑师们设计创新源源不断的养分。一方面，人们的生活方式已经发生改变，新的建筑不可能完全回归到原来传统的基于院落组织的生活方式中去；另一方面，新的建筑作品在传承场所精神的同时又以其独特的设计转化与应用在形塑着人们全新的生活方式。试图去理解上海现当代建筑是如何将地域特色的空间和场所精神融入到建筑类型和城市环境中去的，是本章重点想要讨论的内容，也是对建筑传统的传承过程中挑战最大也最有意义的思考关键所在。

# 第十章　上海现当代建筑的材料建构传承策略与案例

　　物质性和建构性是作为实体生活空间的建筑的本质。无论是地域文脉，形式符号还是空间场所，无论是表层现象还是深层结构，无论是自然地理还是历史人文，所有的建成环境都需要通过物质的材料和切实的技术工艺加以建构。抽象的时代精神和地域特征只有在具体的材料和营造中才得以彰显。因此，有目的地选择恰当的材料和建造方式是普遍的建筑活动，当然也是传统传承不可回避的基础工作。时代的发展和社会的现代化，既带来了社会需求和生活方式的巨大变迁，也带来了建筑材料、技术和施工工艺的不断进步。建筑服务目标和建筑实践基础的这些改变为建筑传承至少带来了两方面的挑战，一是如何传承和转化传统建筑的形式、空间和场所，使其适应于当代生活和社会发展的需要。二是如何采用现代的工业化的材料和技术，或者是将传统的材料和技术在新的工艺下重新组织和运用，使其能建构出既具有地方特征，又富有时代气息的生活环境。

## 第一节　得体、精巧与新颖性：通过扬弃选择材料和建构实现传承

同时因为江南文化和商贸逻辑的影响，上海传统建筑的材料和建构具有得体、精巧和新颖的特征。得体性来源于疏离正统，五方杂处造成的包容心态，不过分招摇但也不避讳彰显，也来源于兼容的形式和灵活的技巧，并不拘泥于确定的风格和做法，只要合适，可以接受也有能力拿来直接应用。无论来源是古代的中国其他地区，还是近代的其他国家，无论是引经据典还是因地制宜，最后适宜和体面的效果是主要的衡量标准。精巧性是江南文化的整体特征，对于上海而言，也是现代城市生活中强调视觉文化的结果。这些都受到上海地区市场经济的完善，手工业和工业化程度高，材料技术先进等的保证。而新颖性主要来自上海历史上的边缘性，近代的中西交融而形成的开放且高度竞争的社会环境，追求新颖，追求时尚是上海城市活力的来源，也造成了在建筑中不拘陈规，灵活变通，善于转弊为利的优势。从今天已经被列为中国非物质文化遗产名录的石库门里弄建筑营造技艺在近代的形成和发展，到新中国成立后30年经济制约下所做的技术革新，还有当代建筑中新旧材料的灵活组织和创新应用中，都可以看到上海建筑这种得体、精巧和新颖传统的延续和发展。

本章把上海现当代建筑的材料建构传承策略大致分为3种模式：

一、建筑形式与材料工艺的新旧对比模式，包括新结构与旧材料融合或完全采用新的材料和工艺来实现和延续传统建筑的形式风格与空间意象。

二、新旧材料和工艺的有机融合模式，这种模式既运用于单体建筑的改造，也体现在城市的区域性更新之中。

三、传统材料和工艺的创新建构模式，可进一步细分为传统材料的创新建构与新旧材料的创新建构2种方法。

在这3种模式中，上海地区建筑的材料建构传统传承策略各有侧重：第一种模式从新的材料工艺与传统材料融合使用发展到单纯使用新的材料工艺，来营造传统的建筑形态与空间氛围；第二种模式以新旧有机融合的方式呈现新旧差异，通过对比的方式使新与旧互相烘托，以此实现传统与历史的延续；第三种模式中则不拘泥于传统材料与工艺，也不完全采用新的材料与工艺，强调去符号化，去意义，平等地对待不同历史时期的材料和工艺，超越材料和建构的习惯性思维以实现灵活创新。

## 第二节　建筑形式与材料工艺的新旧对比模式

在现当代时期，建筑风格和形式的变迁常常由材料和技术的更新换代所刺激带动。新技术和新材料自然倾向于召唤新形式，至少是希望呈现出一种不同于以往的形式。然而，也正是因为当下的技术更新过于迅速，建筑风格形式的迭代也极有可能滞后于此。比如近代上海外滩采用西方复古形式的大楼和江湾地区拥有大屋顶的市立公共建筑，采用的都是当时最新的钢结构和钢筋混凝土结构，而且均采用了很先进的设备设施。更进一步，文化传统最容易获得共识意义的是形式符号方面的传承，然而，直接用传统材料建构传统风格无疑会被诟病为对传统形式的简单模仿，引入新的技术和材料才能体现时代精神。因此材料形式新旧对比的模式主要涉及采用全新的，或是新旧融合的技术和材料来实现传统的，至少是具有明显传统意象的建筑风格和空间场所。

### 一、融合新结构与旧材料实现传统形式与空间

20世纪中叶到20世纪90年代，因为技术水平，尤其是经济条件的限制，工业化的技术和材料主要运用于量大，效率要求高的工业建筑，大型公共建筑和高层居住建筑中，对于较小规模的其他民用建筑，无论在风格形式还是材料建构方面都有较多的传承，对于创新的态度倾向于务实，适当的现代化和改良是最常采用的方式，比如同济大学工会俱乐

部、西郊宾馆、龙柏饭店等案例。

与同时期建成的其他案例相比，松江方塔园的规划和建筑设计，不仅在现代园林空间和场所的营造中表现突出，在材料工艺与形式对比方面的探索也具有很大的先锋意识，充分体现了"与古为新"的设计精神，尤其是三座大门以及何陋轩的细部设计。

方塔园的大门包括北大门、东大门和垂花门。在这几个大门的设计中，具有2个统一特征：采用与历史建筑物相协调的小青瓦顶，以具有时代特征的轻钢结构作为支撑体系，因而对历史文物的态度是充分尊重而非混淆一体。同时从空间意向上来说，建筑师运用了中国传统概念中的"大门"意向。在作为内向型文化的中国城市和街道中，建筑是被墙层层包围的，与外界交流的唯一入口就是"门"，因此在这里"门"被用作暗示表达墙里另一个世界的内容与特征（图10-2-1~图10-2-3）。

其中北大门是争议最大，也最有象征意义的一个作品，现代钢结构与不等坡顶组成的"似是而非"的传统形象，给游客带来很多联想。该门设计于1982年，主体为钢结构支

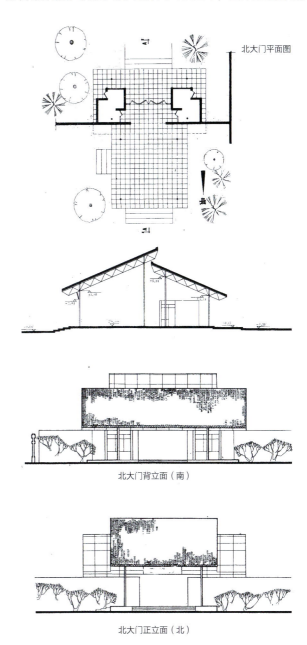

图10-2-1 方塔园北大门正面（来源：寇志荣 摄）

图10-2-2 方塔园北大门侧面与铺地（来源：寇志荣 摄）

图10-2-3 方塔园北大门图纸（来源：寇志荣 改绘）

撑体系，屋顶材料以半圆木为檩，上覆望砖草泥，小青瓦盖顶，墙面与铺地则采用了花岗岩作为主要材料。北门最显著的特征是建筑师将歇山屋顶抽象为两片，一横一竖轻轻地错开——"因为错开，有点距离，所以老远看着，它有点歇山的感觉[①]。" 可以看出屋顶设计直接指向中国建筑意向却又绝非直接的模仿。铺地采用的花岗岩深厚而粗犷，它的大块面与屋顶的灵巧线条形成一组对比、却又融合的历史感。关于这个园门屋顶的轻，用王澍的话来说就是："柱子和梁连续变化，撑起一大片瓦顶，却如此轻盈。现场看，感觉比我想像得更轻。它比一般的园门要大得多，以至产生了一种门房、亭子、大棚的混合空间类型，笔墨节制，风骨清俊[②]。"在北门的设计中，当游客从北面街道入口远望北门，马上会联想到中国传统的建筑，而走近细看钢构架，又是简洁而富有诗意的，在这里，历史意蕴和现代气息融合得非常自然[③]。

## 二、采用新材料与新工艺实现传统形式与空间

在因为不同原因而需要延续传统建筑的风格和形式的项目中，为了体现时代性，也出于建筑材料和技术的经济适宜

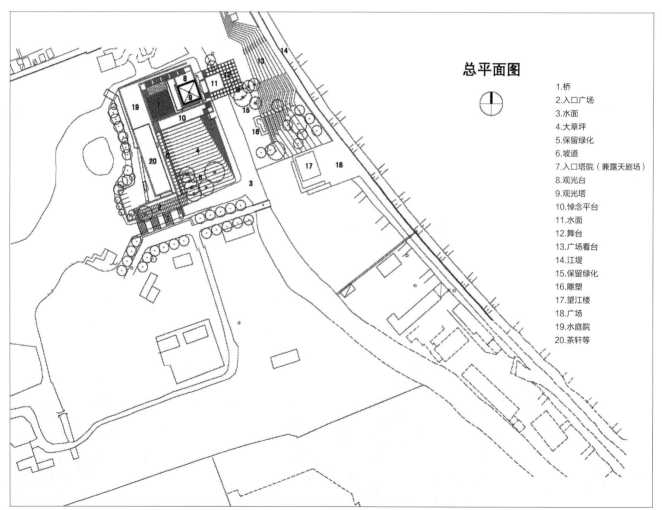

图10-2-4 淞沪抗战纪念馆总平面图（来源：庄慎 提供）

---

① 韩谦，范文兵. "消解"——方塔园的设计策略分析[J]. 华中建筑，2001(11): 33-36.
② 同上.
③ 赵冰. 解读方塔园[J]. 新建筑，2009(06):49-51.

的原因，建筑师很自然地会考虑引入新的工业化的材料和工艺。用新瓶装旧酒的实践有利于促进建筑形式和建造工艺的创新发展。20世纪90年代以来，随着工业化材料和技术的高速发展，越来越多的案例采用了这样的策略。比如：采用玻璃和金属幕墙建构的宝山淞沪抗战纪念塔，采用金属材质重构江南民居坡屋顶和檐口细部的九间堂、朱家角证大西镇、课植园旁边的悦椿酒店，还有采用混凝土砌块、钢和玻璃建构的朱家角尚都里商业街区，这些都是近年来在上海建成的采用新材料与新工艺来实现江南传统建筑的形式与空间氛围的优秀案例。

1999年建成的淞沪抗战纪念馆位于宝山区长江入海口之滨，基地四面环水，东侧为江堤，上有一座仿古建筑望江楼，基地内有大片高耸的香樟和一株大雪松。纪念馆整体设计成L形，空间上作将长江及望江楼包含其中之势。入口一侧是斜坡大草坪，原有树木悉数保留其间。纪念馆采用"塔馆合一"的建筑形式，除了通过内院组织的纪念馆展示空间序列外，临江眺望的9层纪念塔成为整个公园的地标和制高点，也是登高眺望长江，缅怀淞沪抗战历史场景的观光点。纪念馆底层建筑实体主要采用干挂石材饰面，办公区采用火烧面密缝的锈石干挂，纪念馆部分则采用自然面开缝的干挂锈石。纪念塔塔高57米，共9层重，取意于沪松地区传统方塔形式，体现抗战英烈巍巍不屈之精神[1]。虽然形式和细部模仿传统，但材料则全部采用钢结构、玻璃、铝板等现代物料：主体为单元式幕墙体系，每层每面分为5个小单元，施工时整体拼挂。塔身玻璃面采用不锈钢抓节点，可调节通风量的透明玻璃百叶，飞檐采用铝板，深色烤漆。因此，虽然整座塔节点细部均采用现代材料、工艺和设计比例，但依旧保持了传统的空间关系和形式意蕴，而这种组合恰当地体现了纪念建筑应有的庄重感和时代发展应有的创新性（图10-2-4~图10-2-6）。

就材料变化与工艺延续而言，东郊宾馆（图10-2-7~图10-2-10）、九间堂（图10-2-11~图10-2-15）

图10-2-5　淞沪抗战纪念馆外观（来源：庄慎 提供）

图10-2-6　淞沪抗战纪念塔玻璃百叶和金属幕墙屋面（来源：庄慎 提供）

---

[1] 庄慎. 周建峰.上海淞沪抗战纪念馆[J]. 建筑知识，2001-1.

与朱家角证大西镇（图10-2-16、图10-2-17）采用了相似的设计手法，即以现代物料学习传统做法以营造传统的意向。例如：东郊宾馆仿庑殿顶造型，但屋脊等构件，还有出挑的檐口均创新性地采用了透空的金属幕墙系统，在墙面上留下虚实相间的阴影，使端庄的大屋顶呈现更多轻盈飘浮的感觉，为园林式宾馆带来明快的时代气息。九间堂屋顶采用钢骨结构，构建方法直接学习传统建筑中檩式木屋架的做法，最终形成的坡屋顶虽具有极简的趋向，但建筑形象离传统的木构坡屋顶并不遥远[1]。证大西镇同样以铝代木，以钢代瓦，以石代砖，金属管作屋顶和披檐，管与管交错相扣，以螺栓铰接，似椽非椽，似瓦非瓦，却有飞椽瓦当之形韵。虽然建筑师所选用的材料现代感十足，但结构与构件的做法却是遵循传统构造形式和相应的颜色搭配和比例关系，以此勾起人们对传统江南民居意象的联想[2]。

至于颜色肌理，以上项目均直接延续了古镇的传统，通

图10-2-8　东郊宾馆建筑立面图（来源：《2007'ECADI作品选》）

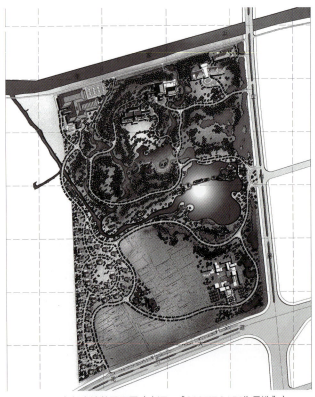

图10-2-7　东郊宾馆总平面图（来源：《2007'ECADI作品选》）

图10-2-9　东郊宾馆建筑立面图（来源：《2007'ECADI作品选》）

图10-2-10　东郊宾馆庭院（来源：《2007'ECADI作品选》）

---

[1] 袁烽. 九间堂集群设计有感[J]. 时代建筑, 2006(1): 44-45.
[2] DC国际建筑设计事务所, 董屹. 江南续——上海朱家角证大西镇E1地块设计随感[J]. 城市建筑, 2013, (21): 68-77.

图10-2-11 九间堂建筑材料（来源：《时代建筑》2005）

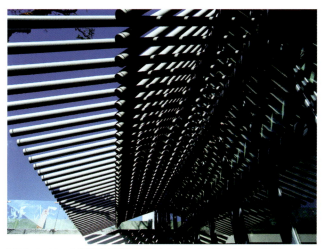

图10-2-12 九间堂金属管子檐蓬（来源：《时代建筑》2005）

图10-2-13 九间堂屋檐（来源：《时代建筑》2005）

图10-2-14 九间堂一期建筑材料（来源：蔡峰 摄）

图10-2-15 九间堂一期细部（来源：蔡峰 摄）

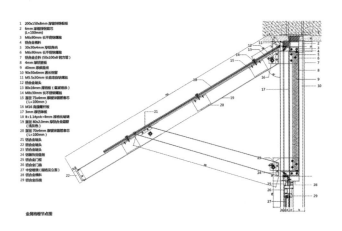

图10-2-16 朱家角证大西镇金属格栅节点图（来源：董屹 提供）

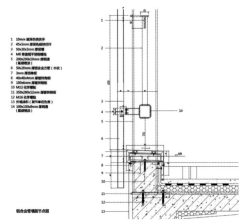

图10-2-17 朱家角证大西镇铝合金管墙面节点图（来源：董屹 提供）

过将黑白两色作为建筑主要色调，让人联想起江南水乡建筑中朴素而又强烈的"粉墙黛瓦"意象，以及与此相关联的依水而生、枕水而居的生存状态。

## 第三节 新旧材料和工艺有机融合的模式

前述的建筑形式风格与材料建构的新旧对比模式主要应用于新建项目，通过再现和转化江南地区乡土建筑具有识别性的形式符号来实现文化传承，通过引入现代的材料，或者融合传统材料进行新的建构实现地方传统的扬弃创新。作为中国最大的城市，上海的城市化发展同时包括以增量为主的新区城市化和以存量更新为主的旧城区再城市化两部分，并且在近年来建设用地零增长的总体目标下，越来越多的建筑项目涉及历史遗产和一般既有建筑的改造和更新。在这些存续再生的项目中，传统的建筑风格和材料工艺是既有现状，除了少部分重要历史文物需要修旧如旧外，大部分建筑都将引入新的使用功能，空间更新自然需要以新的材料和建造方式来实现，因此新旧材料和工艺有机融合的模式是城市更新和建筑改造项目实现传承的主要策略。

### 一、单体建筑改造中新旧材料与工艺对比

首先是2个位于城市中心历史街区的案例：2010年建成的南外滩水舍精品酒店和2012年建成的设计共和设计公社。

位于南外滩的水舍精品酒店的主创建筑师首先明确了新旧有机融合对比的设计理念：尽可能地保留原有的建筑框架与外貌，同时向住店客人提供最现代化的舒适体验。建筑表面的砖墙与内部结构的混凝土框架被保留下来，在公共空间中这种原始状态随处可见：大堂里，裸露的木泥柱子、满是洞隙的墙面成了底色背景，甚至原住民厨房里贴的瓷砖也没有铲除。修复过程中被拆下来的旧物料也得到了再利用，例如大堂的酒吧台由旧地板拼接而成，地坪由旧房子拆散后的青砖侧铺，并一直延伸到电梯轿厢内。由于建筑功能的改变，设计师对旧建筑中损坏构件进行修复，并加入新材料组成新的结构体系。比如，加建了以耐候钢为外立面的第4层，加建部分的钢结构包在原有柱子外面。由于原有墙体已经不能满足承重要求，因此加建结构直接连接基础成为独立体系，暴露出新结构与旧结构并存的建造逻辑。而安装在窗户与天台上的耐候钢板材也象征着运输码头的工业背景[1]（图10-3-1~图10-3-5）。

同一建筑事务所设计的另一作品——设计共和设计公社

---

[1] 钱晨. 既有建筑更新改造与技术策略——以波普罗区五户住宅与水舍为例[J]. 中外建筑，2015.(12) 96-98.

图10-3-1 水舍精品酒店外观（来源：胡如珊、郭锡恩 提供）

图10-3-2 水舍精品酒店滨水公共空间（来源：Derryck Menere 摄）

图10-3-3 水舍精品酒店外墙（来源：胡如珊、郭锡恩 提供）

中，新旧材料工艺的有机融合同样是创作的主题之一。

设计共和设计公社由20世纪初英国人建造的警察总部改造而来。在这一项目中，对原有建筑的保留仍然是首要策略。首先，先采用"整形"的方法，去除腐烂的木头和石膏，恢复仍然充满活力的红砖部分，同时将细部构件移植到需要重建的部分，最后用全新材料构建的附属物，与原构件互不干扰地移植到原有建筑中，使其展现新的功能。下一步的动作则是替换掉临街一排相当残破的商铺，将现代的玻璃引进了砖外墙之中。为了突出主体建筑的历史性，街道的外围均采用透明玻璃，以展现原有的砌砖工艺和粗糙的混凝土结构，视觉主次之间的平衡就通过玻璃这一简单明了的材料和最基本的构造方式得以呈现[1]（图10-3-6～图10-3-10）。

西岸艺术中心位于新兴的徐汇滨江区域，涉及工业遗产单体建筑——原上海飞机制造厂冲压车间的更新，其主要设计策略是"虚实关联"：在朝东的双联山墙上，北侧一联以玻璃为主，南侧则以实墙为主；朝西山墙的虚实关系则正好相反，北

图10-3-4　水舍精品酒店大堂室内（来源：Pedro Pegenaute 摄）

图10-3-5　水舍精品酒店卧室室内（来源：Pedro Pegenaute 摄）

---

[1] iarch. 设计共和设计公社/ 如恩设计研究室/Design Republic Design Commune / Neri.....[EB/OL] http://www.iarch.cn/thread-20152-1-1.html, 2013.9

图10-3-6　设计共和设计公社立面（来源：胡如珊、郭锡恩 提供）

图10-3-8　设计共和设计公社室内（来源：Pedro Pegenaute 摄）

图10-3-9　设计共和设计公社新旧对照（来源：Pedro Pegenaute 摄）

图10-3-7　设计共和设计公社沿街立面（来源：Pedro Pegenaute 摄）

图10-3-10　设计共和设计公社庭院（来源：Pedro Pegenaute 摄）

图10-3-11 西岸名人中心鸟瞰图（来源：柳亦春 提供）

侧一联为整面实墙，南侧则全是半透明玻璃。这样的两端山墙双联形象，其设计意图起于艺术中心的前身：两跨车间厂房。而南北两侧所进行的反转操作带来的认知错觉，又引发了旋转

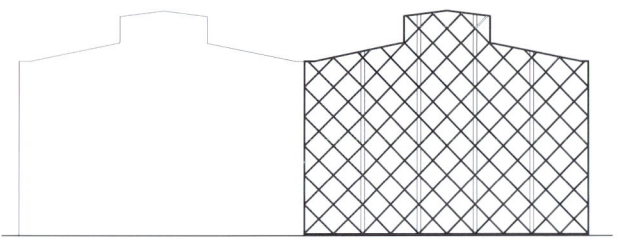

图10-3-12 西岸艺术中心立面图（来源：柳亦春 提供）

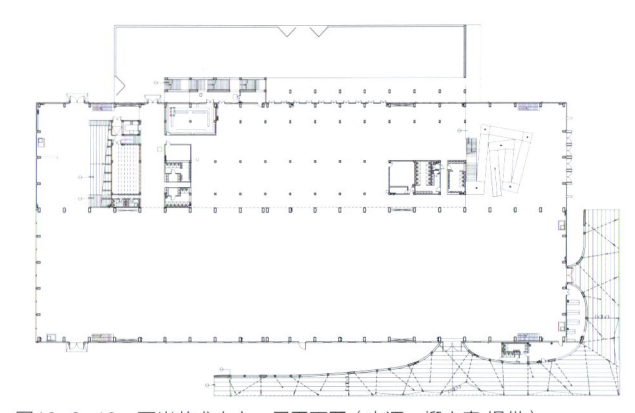

图10-3-13 西岸艺术中心一层平面图（来源：柳亦春 提供）

图10-3-14 西岸艺术中心立面（来源：苏圣亮 摄）

的空间感，这一点不仅为原有形体与空间注入了新的活力，更让新增的外部门廊和内部划分自然地融入整体。建筑师通过这样的对比和关联，使新旧之间划分明确却又相互融合，同时激发了更多的空间想像，如两端山墙的气质也不尽相同：东立面上横平竖直的构建和开窗方式暗示着工业建筑简洁明了的结构和空间形象，西立面上"完整白壁与灯笼表皮"的处理则指向更传统的建筑形象[2]（图10-3-11～图10-3-16）。

图10-3-15 西岸艺术中心立面表皮（来源：苏圣亮 摄）

图10-3-16 西岸艺术中心室内（来源：苏圣亮 摄）

---

① iarch. 设计共和设计公社/ 如恩设计研究室/Design Republic Design Commune / Neri.....[EB/OL] http://www.iarch.cn/thread-20152-1-1.html, 2013.9

## 二、城市区域改造中新旧结构与材料有机融合

在城市区域改造中，新旧结构与材料的融合不仅体现在功能和空间需要满足新的使用需要的建筑单体中，如何使新旧共生的建筑群体形成关联而有意义的整体，也是考虑的重点。

## （一）小尺度住宅建筑改造过程中的新旧结构与材料有机融合

以新天地改造项目、建业里改造和思南公馆为例。这3个项目在改造之前都是富有上海特色的高密度小尺度街区——里弄与花园洋房为主的住宅建筑群，改造的原则是实现功能置换，激发老建筑的活力，同时对建筑特色做最大的保留。

新天地（图10-3-17）改造项目和建业里改造项目的

图10-3-17 新天地建筑材料（来源：庄哲 摄）

设计手法有相似之处，两者都是为了实现在里弄功能替换的同时保持其独特的空间形态与符号。新天地的主要设计策略是两个层面的陌生化设计手法——一是将原有建筑元素石库门、天井等予以保留，结合需要替换的功能，赋予其新的空间使命，例如沙宣美发沙龙利用原有石库门"进入"的仪式感，延续"进入"的功能，但又不直接以其作为"门"，实现了历史元素的再造；二是采用玻璃等新的建筑元素，以"陌生化"的拼接，来创造观者眼中美学上的距离感，例如里弄的室内外联系空间中，常以玻璃作为更新置换和实现商业空间需要的载体[①]。在建业里的改造中，同样为了实现商业功能的改造需求，也采用了类似的手法保留原有的特殊里弄空间与符号，同时加入玻璃等新材料，以实现新的空间需求[②]。

而思南公馆（图10-3-18）则与新天地的改造思路不同。思南公馆原为上海老花园洋房，由于几十年来的使用，已经年久失修，因此设计团队的改造思路是"修旧如旧"：首先对整个区域的历史文化展开调研，找来近1个世纪前的所有建筑图纸参考。除了在实用功能上如卫生、采暖、空调等方面有所改进外，其他方面则尽量恢复历史原貌，甚至地板颜色也是精心选择，尽量原汁原味。残旧的木地板和扶手返厂重拼，老式的铸铜门把手及插销为广东定制，被破坏的壁炉得到修复，绿色小瓷砖原样烧制，等等不一而足。需要特别说明的是卵石墙面的修复。思南公馆花园住宅外墙绝大部分为卵石饰面，设计公司在每栋楼选一片保存较完整的原卵石墙面，将其表面的涂层清洗至原始表层作为修复样板。修复时斩除原楼房的卵石外粉饰。根据楼房外立面粉饰原貌和设计图纸要求以及老卵石的粒径、形态和色泽配比需要，挑选增配用料，最后以陶瓷黏合剂作为卵石与墙面的黏接材料[③]。

新天地、建业里和思南公馆作为城市区域中的改造项目，既是建筑群改造，也要落脚于小尺度建筑单体的改造，因而其着手点往往在于某些建筑元素或细部的更新或再利用或与新材料融合对比的精巧操作，呈现出"小而精"的特点。

世博会最佳实践区上海案例馆的"沪上·生态家"将从传统本土民居中提炼的"低技"元素与最新的构造与节能技术和生态技术相结合，集中展示了上海当代适宜性地域建筑的设计理念。除了利用中庭、下沉式庭院和入口门厅进行空间重构外，尽最大可能对原有建筑设施和材料的再利用，不仅通过新旧融合转化，延续了世博场区的记忆，而且进一步体现和倡导了可持续改造的模式（图10-3-19～图10-3-25）。

## （二）大尺度工业与体育建筑改造过程中的新旧结构与材料有机融合

在大型工业建筑，如四行仓库、1933老场坊和大型体育建筑，如江湾体育场的改造中，建筑空间结构尺度巨大，与

图10-3-18  思南公馆墙面材料（来源：庄哲 摄）

---

① 罗小未. 上海新天地广场:旧城改造的一种模式[J].时代建筑，2001，4：24-29.
② 林华. 历史建筑保护性修缮与节能技术初探——以建业里西弄保护性修缮项目为例[J]. 住宅科技,2010, (11): 43-45.
③ 李戟. 浅议优秀历史保护建筑修复部分方法及工艺——上海卢湾区思南公馆保留保护改造项目的改建工程实践心得[J].城市建筑，2014,（08）: 149-151.

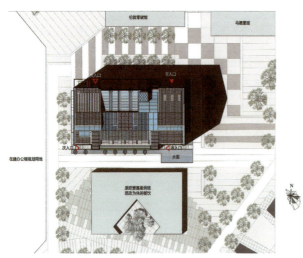

图10-3-19　沪上·生态家总平面图（来源：上海市建筑学会 提供）

图10-3-20　沪上·生态家西南立面（来源：沈忠海 提供）

图10-3-21　沪上·生态家生态核内景（来源：沈忠海 提供）

图10-3-22　沪上·生态家屋顶风力发电（来源：沈忠海 提供）

图10-3-23　沪上·生态家屋顶可移动天窗（来源：沈忠海 提供）

图10-3-24　沪上·生态家屋顶绿化及遮阳（来源：沈忠海 提供）

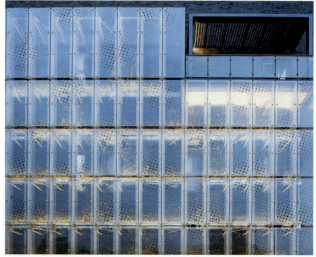

图10-3-25　沪上·生态家西立面立体绿化（来源：上海市建筑学会 提供）

小尺度住宅建筑的改造不可一概而论，其设计手法又呈现出另一种形态，除了建筑细部外，设计师关注的焦点更在于其原有的结构、空间氛围、整体材料等。

在四行仓库改造中，建筑师首先坚持的原则是"修旧如旧"，尽可能保持建筑仍然可以正常使用的部分，并恢复其原初形态。在墙面的整修过程中，原结构的水泥抹灰面层，混凝土结构梁、柱，以及填充墙体红砖都被完整保留，这时建筑师提出的新思路就是：残缺的部分以青砖填补，这样一来新旧材料之间对比分明却又很好地融为一体。在内部的整修过程中，建筑师恢复了四行仓库最特色的大空间——通高中庭，在展现出原有仓库大空间的视觉通透的优势下，重新整合了许多小空间。同时在建筑的细部上，既保留了原有的元素——黑色大铁门，同时又利用老木头改制成隔断，黑、白、灰色的楼梯和地面向前延伸，形成新旧分明又整体如一的效果[①]（图10-3-26～图10-3-30）。

另一个大型工业建筑改造的优秀案例——1933老场坊

图10-3-26　四行仓库沿街立面（来源：庄哲 摄）

图10-3-28　四行仓库黑色铁门（来源：庄哲 摄）

图10-3-27　四行仓库整修墙面（来源：庄哲 摄）

图10-3-29　四行仓库入口（来源：庄哲 摄）

图10-3-30　四行仓库修缮后中庭（来源：唐玉恩 提供）

---

① 刘培根. 旧工业建筑的更新与再利用—以上海四行创意仓库为例[J]，金田，2012，6：386.

（图10-3-31～图10-3-35）的改造思路与四行仓库有共通之处，即尽可能保留原有结构与空间。不同在于，1933老场坊中，建筑师没有以四行仓库中青砖加建这种相对较为"无缝"的方式衔接融合新老结构，而是以更为直接的方式体现新旧融合。1933老场坊原为宰牲场，原结构为无梁楼盖伞帽混凝土柱。首先建筑师尽可能恢复了建筑历史原貌，着重保护和修缮建筑的外立面、坡道、连廊、无梁柱帽、混凝土花饰、铸铁通风口花格等典型特征元素，并且按原式样、原材料、原工艺恢复损毁构件，即"修旧如旧"。其后的改建过程中，建筑师的主要设计原则是新旧的可识别性：对由于功能需要而新增的元素，如卫生间、电梯、中央大厅等，建筑师大量使用了金属构件和玻璃这两种代表了现代建筑的典型材料，以提示人们在这座古老的建筑中也蕴含着新的生

图10-3-31　1933老场坊外观（来源：庄哲　摄）

图10-3-32　1933老场坊入口（来源：庄哲　摄）

图10-3-33　1933老场坊廊道（来源：庄哲　摄）

图10-3-34　1933老场坊内廊道（来源：庄哲　摄）

图10-3-35　1933老场坊原部件复原（来源：庄哲　摄）

命。需要特别说明的是，圆形主楼的4~5层加建了一个占地980平方米的中央大厅，屋顶是钢筋混凝土结构的穹窿顶，用金属杆件互相连接做成与地面平行的吊顶框架，同时可安装固定照明及音响设备；地面为加强型玻璃，周围一圈墙面均为玻璃窗环绕，光线充足，玻璃的简洁纯净与原有的混凝土肌理形成强烈的对比；顶部设有可开启的直径6米的采光孔，除为大厅提供自然采光外，更使得阳光可以投射到内部的廊桥空间，使建筑原有的历史特色空间得以更好地呈现[1]。在玻璃地板大厅的设计中，以形态和空间加强了与历史建筑的对比，形成新旧之间的对话。通过这样的手法，大厅的建筑体量以少量精确的现代语汇强化了自身的形体特征，并得以突出于传统的建筑环境，成为整个建筑的焦点[2]。这也就是建筑师的"可识别性原则"：新的设计元素尽可能明显地与历史元素相区分，保护历史记忆的清晰，即新旧分离。

第3个工业遗产改造项目——上海船厂老厂房剧院，改造时，老厂房尽可能地保留原样，空间改造策略是通过加层形成一个中型剧场和约16000平方米的商场。而细节处历史痕迹的处理更为细腻：老旧的蒸汽管道被改造成剧场里的空调送风管，废弃的材料被设计成装饰物和标识。综合来看，充满历史感又可以灵活使用的空间、斑驳的红砖墙、巨大的布满铁锈的蒸汽管道、裸露在外的横梁和立柱、曲折的烟囱、几何线条的支架构成了一个新旧对话的空间（图10-3-36~图10-3-38）。

最后一个大型改造项目与前3个有所不同，这是一个非工业遗产建筑——江湾体育场改造项目，但其设计策略与1933老场坊等工业遗产改造是相似的："修旧如旧"和"新旧对

图10-3-36　上海船厂老厂房剧院整体外观（来源：戚炜颐 摄）

---

[1] 朱中原. 工业建筑遗产的保护性修缮与再利用—1933老场坊保护性修缮工程[C], 2010年中国首届工业建筑遗产学术研讨会论文集，北京：中国建筑学会，2015.
[2] 赵崇新. 1933老场坊改造[J], 建筑学报，2008,（12）：70-75.

图10-3-37 上海船厂老厂房剧院室内公共空间（来源：戚炜颋 摄）

图10-3-38 上海船厂老厂房剧院室内廊道（来源：戚炜颋 摄）

比"在这里同样统领了这个设计。对可修复和再利用的构件进行修复之后，为了满足原有功能的延续和新加功能的实现，首先是泳池上方加建钢结构。为了使原有的泳池仍然可以发挥职能，屋顶结构需要替换，为此建筑师选择了钢结构，与原建筑结构体系脱开，保证对原结构扰动最小，而钢结构精致的节点则与建筑的历史痕迹形成鲜明而又统一的对比；其次为了满足新加入的商业功能，在疏散人流的2个大楼梯两侧保留斑驳的老清水红砖墙片段的同时，新加入了玻璃橱窗。两者的交替出现，增加了流线空间的变化和舒张节奏感，在比例、材质、色彩、构造上都与原结构保持了清晰的逻辑关系。最后，在建筑的屋面保温层构造中，保留原有基本完好的木檩条结构与木丝板饰面，对其进行防腐防虫处理，此外，应用新的暗扣式氟碳涂层整体钢屋面，并在新旧体系中间增加挤塑板，实现保温隔热的需求[①]。可以说，江湾体育馆在空间、结构与构造方面都很好地实现了新旧的对比统一与有机结合。

## 第四节 传统材料和工艺的创新建构模式

上海现当代建筑的材料建构传承策略的第三种模式是传统材料和工艺的创新建构模式。这一策略与前两种传承模式的不同在于，前两种模式中新与旧的对比，一是通过现有的、新的工艺与材料，以现代的建构营造传统建筑形态与空间的联想，二是在改造更新项目中，新旧材料工艺以更为有机的方式形成直观的对比融合。而在第3种模式中，对传统的传承则既不限于现代的材料工艺，也不把历史作为保留不变的方面，而是打破传统和现代的既有界限，采取平等对待的立场，通过传统材料工艺的创新构建甚至是新材料工艺与传统材料工艺结合而来的创新构建，营造并不简单模仿，却具有可以感知的地方特色的结构、形态与空间，从而实现对传统建筑的传承。这种模式的适用对象更加广泛，也更符合以下价值取向：即所谓传统传承的不应是固有的形式，而应是植根于地域的自然历史特征根据现实技术条件和当下生活需要不断演进创新的精神。在建筑和城市规模与传统社会有着天壤之别的当今时代，这种重视神似而非形似的精神传承更具有可持续性和生命力。

### 一、传统材料的创新建构

针对传统材料的创新构建按照其作用大致可以分为2个方面：作为结构和作为细部的创新建构。区别是前者大量使

---

① 陈凌. 上海江湾体育场文物建筑保护与修缮工程[J]. 时代建筑, 2006, (03): 76-81.

用传统材料，后者只在有限的局部使用传统材料。

## （一）作为结构的传统材料之创新建构

松江方塔园的何陋轩是20世纪80年代末完成的作品，其传承和创新的精神不仅体现在空间和场所的组织上，也体现在材料和建构方式的选择和创造上。其中何陋轩的设计充分体现了中国传统建筑三个最主要的形式要素，基座，支柱和屋顶，但3者都并未简单模仿传统建筑的风格和形式。其中基座由多个不同标高的平台旋转叠加而成，支柱采用了钢、竹两种材料，屋顶具有庑殿顶的轮廓，两脊又有歇山顶意象。屋顶的设计是出于这样的考虑：何陋轩靠近南墙，应该与外面的农舍有呼应，而松江至嘉兴一带农居多庑殿顶，屋脊具有强烈的弧形。屋脊的两端是不对称的自由的两片，整个屋顶更像是把歇山顶的几个面打散后不加缝合的"面"的随意组合，实体被消解，并产生散开飘动的感觉。支撑屋顶的竹结构，基座为钢杯支撑，上部则直接采用钢丝绑扎。为了防腐，柱结构模仿传统建筑的彩画表面涂刷了油漆，大部分涂白，节点被涂黑。在幽暗的屋顶下，这样处理使竹结构的黑色节点部分被隐匿，白色杆件则游离于整体空间中，进一步强化了大屋顶的漂浮感。设计师冯纪忠先生认为，"建筑师不一定非要以建构为模式来展开设计""建构即包容在追求意境的过程中，它的坐标也因此而设定[①]"。何陋轩的主要材料是砖、木、竹和稻草等传统材料，建构了一个临水的敞轩。为了竹子的防腐，也为了便于跟地面和基础交接，每根竹柱下面设计了一个钢杯，上部承接竹柱的荷载，下部则直接嵌入灰砖铺砌的多层平台里。为了避免钢柱基础破坏地面大方灰砖，同时也为了进一步强调空间的轴线变化，结构轴线位置的地面采用的是普通小青砖竖砌的构造（图10-4-1～图10-4-3）。

上海近年完成的一个颇具影响力的强调结构创新的案例是徐汇滨江的龙美术馆，其中采用的混凝土结构并非最常见的梁柱结构体系，而是"伞拱"悬挑结构。这种伞形混凝土结构的想法受到了场地内原有的煤料斗结构形式的启发，而怎样把当时已经建成的地下车库8.4米见方的框架柱网转化为适合展览的大空间也是设计创新的原动力。美术馆原有基地为运煤码头，由混凝土建造的煤料斗卸载桥建于20世纪50年代，现在仍保留在基地内。这座煤料斗卸载桥引发了建筑师最初的、也是与传统建造方式紧紧联系在一起的设计想法：以混凝土的传统建造方式，进行现代的混凝土建造；同时遵循传统的设计原则，以结构而非装饰的方式应用混凝土。最终，龙美术馆的伞体结构是由两道20厘米厚的混凝土墙及其空腔组成，在

图10-4-1 何陋轩歇山顶意象（来源：上海市建筑学会 提供）

图10-4-2 何陋轩竹结构（来源：上海市建筑学会 提供）

图10-4-3 何陋轩结构构件细部（来源：寇志荣 摄）

---

[①] 话语Tectonic[J]. A+D 2002（1），对话者：冯纪忠先生，A+D杂志访问者，一木整理。

伞体的垂直段，两道20厘米厚的混凝土墙体插入地下室中，"夹"住了原地下室的柱子和老的横梁，由此生根向上延展，在必要的高度各向两侧悬挑并由上部顶板做横向拉接平衡。这样的设计满足了新老建筑的交接，空腔可作为"服务空间"发挥新的空间功能，同时在视觉上形成一种无尽的延伸感和流动感，通过一定的空间尺度，营造出艺术文化空间独有的仪式感和沉静氛围[①]（图10-4-4～图10-4-8）。

图10-4-6　龙美术馆外观（来源：苏圣亮 摄）

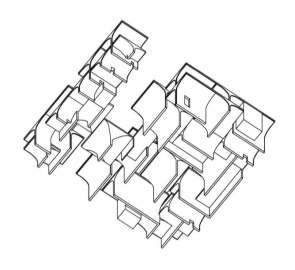

图10-4-4　龙美术馆伞体结构（来源：柳亦春 提供）

图10-4-7　龙美术馆结构（来源：苏圣亮 摄）

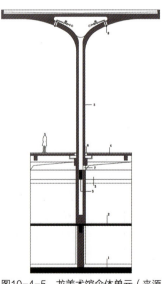

1. 原地下二层结构底
2. 原地下一层结构楼板
3. 原一层结构主梁
4. 新建一层结构楼板
5. 新建清水混凝土墙体
6. 空调地面出风口
7. 空调空腔回风接口
8. 大空间智能大流量喷头

图10-4-5　龙美术馆伞体单元（来源：柳亦春 提供）

图10-4-8　龙美术馆室内（来源：苏圣亮 摄）

---

① 柳亦春，陈屹峰，苏圣亮，夏至. 龙美术馆(西岸馆)[J]. 城市环境设计，2015，(04)：57-67.

与龙美术馆一样，华鑫会议中心也对"混凝土"这一材料的建造形式做出了不同以往的探索，只是创新的重点不在基本的结构形式上，而在其营造的空间形态与氛围上。建筑功能空间内的墙面采用清水木纹混凝土，交通空间的墙面则将混凝土刷成白色，这样的差异化处理，是为了强化场景间的交替转换[①]（图10-4-9～图10-4-12）。

## （二）作为细部的传统材料之创新建构

除了作为结构的传统材料外，作为细部与肌理构建传统材料则有更多的可能性。

复兴中路上的上海交响音乐厅新馆（图10-4-13、图10-4-14）与不少一流剧场不同，因为地处衡山路—复兴路历史风貌保护区，周围大多为底层的里弄和花园洋房，外形如

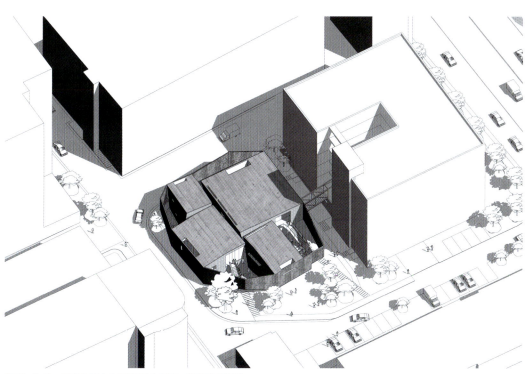

图10-4-9　华鑫会议中心轴测图（来源：陈屹峰 提供）

图10-4-10　华鑫会议中心外观（来源：陈屹峰 提供）

图10-4-11　华鑫会议中心悬浮的墙（来源：陈屹峰 提供）

图10-4-12　华鑫会议中心悬浮围墙与楼梯（来源：陈屹峰 提供）

---

[①] 陈屹峰，柳亦春，高林，伍正辉. 华鑫慧享中心，上海，中国[J]. 世界建筑，2017，(03)：74.

图10-4-13 上海交响音乐厅新馆鸟瞰图（来源：徐风 提供）

图10-4-14 上海交响音乐厅新馆立面（来源：徐风 提供）

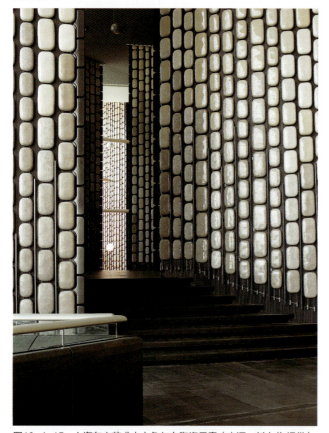
图10-4-15 上海东方艺术中心色灰白陶瓷元素（来源：刘大龙 提供）

图10-4-16 上海东方艺术中心陶瓷元素（来源：刘大龙 提供）

图10-4-17 上海东方艺术中心棕色陶瓷元素（来源：刘大龙 提供）

马鞍形的建筑整体外观虽然对于音乐厅建筑而言并不算高大壮观，但在历史街区里依旧令人瞩目。为了进一步减小尺度并于周围环境融合，除了后退于街道以外，其立面采用了与传统红砖规格一致的面砖体系，形成与环境统一的肌理。

陶瓷作为极具中国传统特色的材料，很容易被外国建筑师视为中国传统建筑的象征，运用于现代的设计作品中，体现传统手工与现代技术的融合。在上海东方艺术中心（图10-4-15~图10-4-17）的设计中，透过最外围的玻璃幕墙可以看到数个由彩色陶瓷构成的实体空间。法国建筑师与江苏宜兴的陶瓷工艺大师合作，特制了浅黄、赭红、棕色、灰色等5种颜色的陶瓷挂件，并采用外挂幕墙的构造做法。颜色的选择不仅代表不同的表演大厅，也被赋予了更多的象征意义：土的色彩和自然的质地。在另一个由外国建筑师事务所承接的项目：衡山路十二号酒店（图10-4-18、图10-4-19）中，建筑师在设计中将材质聚焦在了陶板上。酒店作为特殊的公共建筑，更希望和光线自由交流，因此建筑师引入了全新的陶板幕墙。外幕墙为钢铝支撑的玻璃幕墙，内幕墙则依据功能而决定是实体完成面，也就是陶板幕墙，还是玻璃幕墙完成面。这样一来，通过上下层错开的阳台和开窗部分，墙面在规整之中形成跳跃感，实现了陶板与红砖、玻璃的融合和创新建构。

在本土建筑师的作品中，传统材料在细部的创新建构则显得更为细腻与不露声色。在青浦练塘镇政府办公楼项目中，除了混凝土的主体白墙与大量预制花格之外，仅增加了3种细部材料：条石墙基、局部使用的木质护墙板和木格栅以及在所有敞廊和屋顶铺的大方青砖。这里，建筑师以一种相对陌生的方法去使用这些"随处可见"的传统材料，例如大面积的铺顶方砖用来代替通常的小青瓦；墙基不采用贴的薄石板，而是用条石衬砌；护墙木板的上下通高开启扇的做法又类似于镇上老店铺的木挂门板；预制双层错位花格则采用的是当地小工厂简单的预制混凝土产品，但大面积的嵌砌却又令人想到传统江南繁复多变的漏窗[①]（图10-4-20~图10-4-22）。

图10-4-18　衡山路十二号酒店幕墙（来源：庄哲 摄）

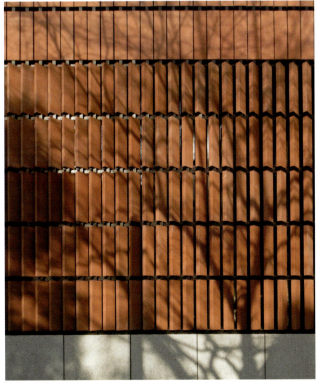

图10-4-19　衡山路十二号酒店陶板幕墙（来源：庄哲 摄）

图10-4-20　青浦练塘镇政府办公楼主体屋顶及白墙（来源：张嗣烨 摄）

---

① 张斌，周蔚. 风物之间, 内化的江南——上海青浦练塘镇政府办公楼设计策略分析[J]. 时代建筑，2010，(05)：108-115.

料，进行了有机的拼接组合。例如公园南入口广场作为景区主要的城市界面，地面铺装就以现代城市空间典型的线形形态，与周边的城市道路呼应，同时体现对游线的引导为目标。通过采用规格不一的古金山石、青砖、卵石，铺设出宽度不一的整体线型地面肌理。又如钢筋混凝土砌筑挡墙，面层以古金山石随意湿贴，展示出类似古民居中砌体毛石墙的视觉效果[①]（图10-4-23～图10-4-28）。

西岸的瓷屋（亦作瓷堂）是一个公共绿地中的景观小公建，采用纯净的圆形平面，并逐渐变异为螺旋形，以容纳一个小型的报告厅和接待室，同时欢迎公共人流的进入。完整连续的外观形态在时尚感空旷的城市新区中确立起自立感。建筑表面覆盖预制的五边形上下交错布置的陶土烧制表面做绿釉的"瓷器"模块，虽然单元尺度远大于传统的釉面砖或者釉面瓦，形状也更为抽象，并采用金属龙骨悬挂，在室内外形成空间的流动，并在内廊造成斑驳的阴影，但是传统的工艺和材质依旧给人留下文化的延续感和亲近感（图10-4-29～图10-4-32）。

位于南京西路繁华商业街区的上海棋院，建筑外立面是对各类棋盘的棋路的抽象处理，并根据室内不同空间采光强度的要求，形成虚实渐变的建筑立面开洞。相对于主要靠体块交错和形体跌落组成的东西界面，朝向南京西路的北立面处理得更为精致细腻。高低错落的5个长向体量的尽端形成类似镂空花墙的表皮，虽然与其他外墙采用同样白色石材，但细腻的花格肌理在白天与丰富的阴影形成虚实相间的纹理，夜晚透过背后的灯光，实体的表皮则变得如同金属一般玲珑剔透[②]（图10-4-33～图10-4-35）。

### （三）传统材料之数字化建构

数字化设计和机器人建造由当下最前沿的科技和设备所支撑，通常让人联想到最新的材料和建造方式，技术的发展

图10-4-21 青浦练塘镇政府办公楼立面材质（来源：张嗣烨 摄）

图10-4-22 青浦练塘镇政府办公楼楼梯材质（来源：张嗣烨 摄）

在广富林遗址公园中，同样的手法也出现在各种细节的营造中：直接选取传统材料，以当代标准化施工的方式进行解构和重组，实现既延续传统又新颖独特的效果。广富林公园中选取石磨盘、青瓦、古金山石、金砖、不同纹样的青砖等传统材

---

① 陈凌峰. 浅析新中式公共空间景观营造：以松江广富林遗址公园、方塔园为例[J]. 城市建设，2016，(10)：41-43.
② 建筑如何优雅地介入高密度城市肌理中？用一方棋院告诉你[J/OL]. 同济尚谷设计教育，2016，(12)：http://fmddd.com/portal.php?mod=view&aid=3491.

图10-4-23　广富林遗址公园文化展示馆总平面图（来源：上海市建筑学会 提供）

图10-4-24　广富林遗址公园全景（来源：寇志荣 摄）

图10-4-25　广富林遗址公园入口广场（来源：寇志荣 摄）

图10-4-26　广富林遗址公园地面铺装（来源：寇志荣 摄）

图10-4-27　广富林遗址公园建筑屋顶（来源：寇志荣 摄）

图10-4-28　广富林遗址公园临街景观（来源：寇志荣 摄）

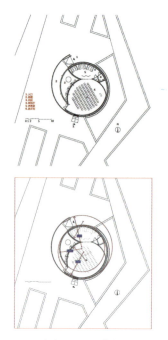

图10-4-29　西岸瓷屋平面图（来源：曾群 提供）

图10-4-30　西岸瓷屋外墙、廊子和院子（来源：曾群 提供）

图10-4-31　西岸瓷屋陶瓷外墙模块肌理（来源：曾群 提供）

图10-4-32　西岸瓷屋透过外墙看庭院（来源：曾群 提供）

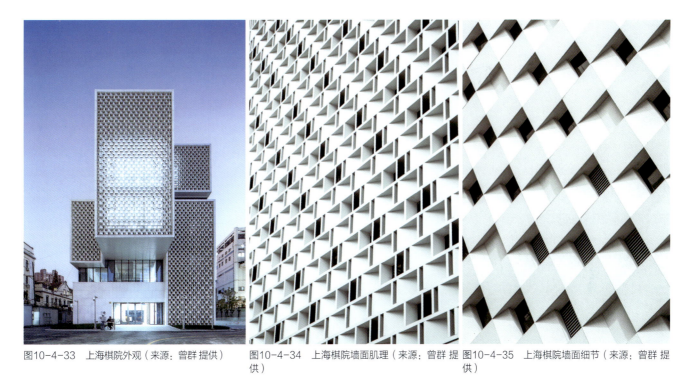

图10-4-33 上海棋院外观（来源：曾群 提供）　　图10-4-34 上海棋院墙面肌理（来源：曾群 提供）　　图10-4-35 上海棋院墙面细节（来源：曾群 提供）

与本土的文化传统和建造工艺相结合，是上海本土建筑师又一传统传承的大胆创新模式。

在绸墙的设计中，因为地处曾经的棉纺厂工业遗产区域，建筑的边界围墙希望能够通过呈现丝绸的肌理来体现历史文脉的延续性。基于丝绸质感的图像，建筑师将其中的灰度读取为参数化元素，并转译为墙体的褶皱，最后采用普通的混凝土空心砌块，根据参数化建模的灰度（即砌块的不同角度），采用直线切分接近曲线形态的低技建造模式，实现了数字化设计采用传统材料和构造加以实现的构想（图10-4-36～图10-4-40）。

在同一工作室内部的另一空间——五维茶室中，建筑中公共空间与私密空间之间的连接空间是一个通过扭转放样得到的非线性六面体，以一般的平面图无法确切表达，必须通过Rhino软件进行形体推敲。但在建造过程中，这样的非线性六面体还无法以完全工业化的手段进行建造，必须和工人们建造手段的低技相结合。最终，设计被翻译成工人们看得懂的一根根线状的模板拼接图，也就是说，在建造过程中，通过线性平面的无限切分模拟接近三维曲面的权宜手段达成了建造异形体

图10-4-36 绸墙建造前（来源：沈忠海 摄）

图10-4-37 绸墙建造中期（来源：沈忠海 摄）

的目标。在这里，不仅建造技术从数字化回归了传统的建造模式，最终的空间表面是粗野的混凝土质感，全手工的施工模式使混凝土的表面出现了很多类似起泡、模板脱胺、钢丝外露等传统生产模式遗留的痕迹[①]（图10-4-41~图10-4-45）。

西岸Fab-Union Space和工作室项目中混凝土的使用与五维茶室极为相似。异状的空间塑形同样成为建筑的统领部分——建筑主体结构的重要部分，而不是与主体结构相分离的自承重表层结构，承担着力学传导、美学表现和交通功能等重要功能。其设计与施工采用了与五维茶室类似的解决办法，以低技传统的手工技术生产方式实现了数字化设计，令人在特殊的空间形态和粗糙的建筑表面中又回想起传统的手工建造模式[②]（图10-4-46~图10-4-48）。

最后一个案例池社，体现的是数字化建造与传统材料的结合。建筑团队借助一造科技（Fab-Union）专项研发的机器臂砌筑工艺，以回收自老建筑的古老灰砖与先进的机械臂在场建设工艺结合，在现场完成了真实建造的首次尝试。建筑立面采用了和老建筑相协调的青砖，并在入口处表面形成波浪状的褶皱肌理。入口面向园区，因此这样不同寻常的立面让人印象深刻：既源自传统，又表达对当下文化趋势以及状态的理解。机械臂装备的精准定位，以及工匠对砂浆与砖块的精心处理，使砖构这一古老的技法能够适应新的时代要求，实现了对设计模型的完整呈现[③]（图10-4-49~图10-4-51）。

## 二、新旧材料的创新建构模式

传统材料和工艺的创新构建模式中，除了对传统材料进行创新构建外，还有更多的可能性在于新材料和新旧材料结合的创新构建以实现传统建筑的传承。而新旧材料的创新构建又可以大致分为新材料新构建去呈现传统空间意向和新旧材料结合实现传统空间意向。

图10-4-38 绸墙建造后（来源：沈忠海 摄）

图10-4-39 绸墙墙体（来源：沈忠海 摄）

图10-4-40 绸墙建造细节（来源：沈忠海 摄）

---

① 李翔宁. 螺蛳壳里的道场 解读五维茶室[J]. 时代建筑，2012，(05)：99-105.
② 王骏阳. 从"Fab-Union Space"看数字化建筑与传统建筑学的融合[J]. 时代建筑，2016，(05)：90-97.
③ 有方. 池社：人机协同的新唯物主义营造. [J/OL].http://www.archiposition.com/information/projects/item/1132-chishe-robot.html，2016，(12).

The Interpretation and Inheritance of Traditional Chinese Architecture 第十章 上海现当代建筑的材料建构传承策略与案例 277

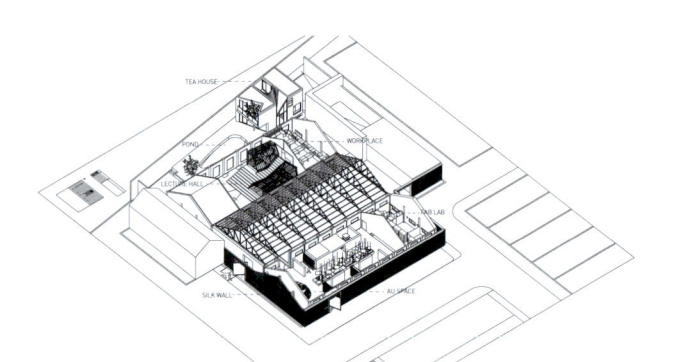

图10-4-41 五维茶室场地轴侧图（来源：袁烽 提供）

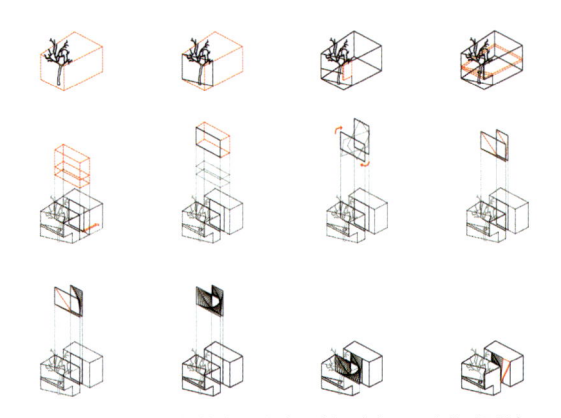

图10-4-42 五维茶室设计过程分析（来源：袁烽 提供）

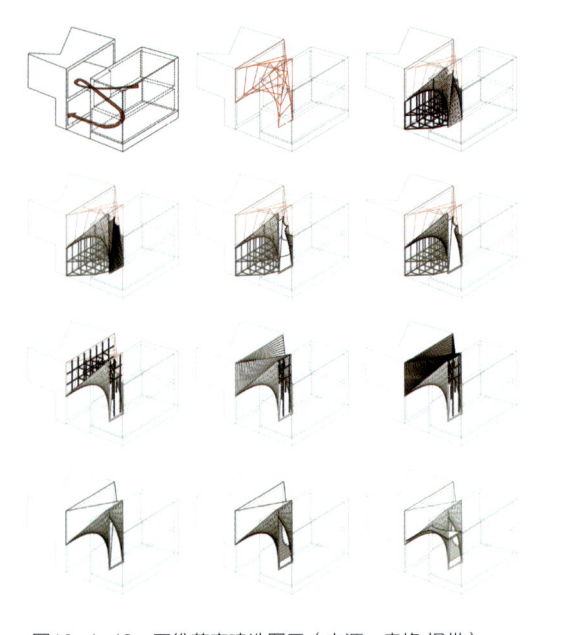

图10-4-43 五维茶室建造图示（来源：袁烽 提供）

图10-4-44 五维茶室外观（来源：袁烽 提供）

图10-4-45 五维茶室室内（来源：袁烽 提供）

图10-4-47 西岸Fab-Union Space和工作室室内（来源：苏圣亮 摄）

图10-4-48 西岸Fab-Union Space和工作室室内空间（来源：苏圣亮 摄）

图10-4-46 西岸Fab-Union Space和工作室外观（来源：苏圣亮 摄）

## （一）用新材料，新建构呈现传统空间意象

关于如何以新材料新构建去呈现传统空间意向，可以粗略分为2个方面，即表皮与空间的不同运用。以上海玻璃博物馆（图10-4-52～图10-4-54）为例说明表皮的运用。在这个项目中，构建材料与技术都是相当现代的：外立面采用德国进口的U形玻璃，经过喷砂和涂层处理勾勒出和玻璃

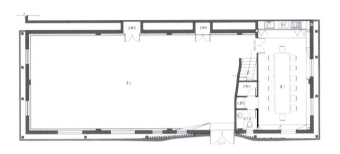

图10-4-49　池社建筑平面图（来源：袁烽 提供）

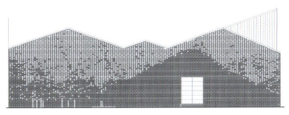
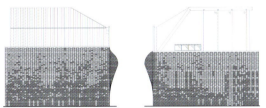

图10-4-50　池社建筑立面图（来源：袁烽 提供）

图10-4-51　池社建筑立面（来源：林边 摄）

图10-4-52　上海玻璃博物馆外观（来源：余儒文 摄）

图10-4-53　上海玻璃博物馆公共空间（来源：余儒文 摄）

图10-4-54　上海玻璃博物馆展厅（来源：余儒文 摄）

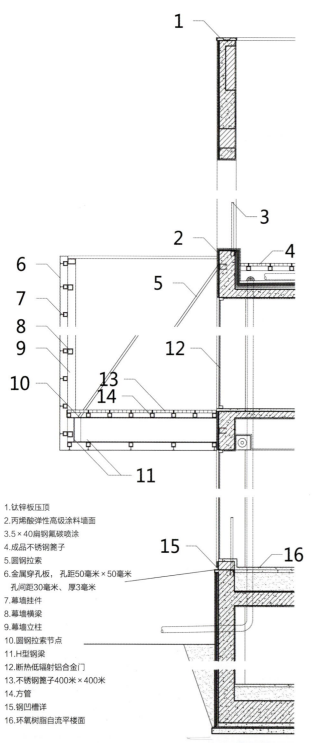

1. 钛锌板压顶
2. 丙烯酸弹性高级涂料墙面
3. 5×40扁钢氟碳喷涂
4. 成品不锈钢篦子
5. 圆钢拉索
6. 金属穿孔板，孔距50毫米×50毫米
   孔间距30毫米、厚3毫米
7. 幕墙挂件
8. 幕墙横梁
9. 幕墙立柱
10. 圆钢拉索节点
11. H型钢梁
12. 断热低辐射铝合金门
13. 不锈钢篦子400米×400米
14. 方管
15. 钢凹槽详
16. 环氧树脂自流平楼面

图10-4-55 文化信息产业园B4/B5地块典型墙身详图（来源：任皓 提供）

有关的多国文字，玻璃立面背后的LED灯管又点亮了黑色背景上的文字。但是与一般玻璃幕墙大块面、大尺度的做法不同，玻璃博物馆中的幕墙其尺度与肌理是类似于砖构件的，这时它的立面呈现出的形象使游客产生了传统的砖构件联想。同时通过控制玻璃的尺度与LED灯的明灭，类似砖的尺度和肌理又产生了新的变化①。

与玻璃博物馆聚焦在表皮一样，上海文化信息产业园B4/B5地块同样在表皮做了一些特殊处理。在设计空中庭院时，为了内部使用时私密的庭院感和外部能够形成足够的体量感和空间分隔效果，采用了金属穿孔板作为一部分围护表皮。这些方孔钢板开孔率约60%，且尺度相对于一般的穿孔金属板要大很多，孔洞达到了5厘米见方，其目的是在墙面上创造明显的阴影，从而获得像传统建筑中木门窗扇的镂空花格所创造的若隐若现的空间隔离和能够感知时间流逝的光影效果②（图10-4-55～图10-4-57）。

在华鑫中心的设计中，新材料新建构指向的传统意向联想更多地聚焦在了空间而非表皮上。初看这一作品，其建构材料

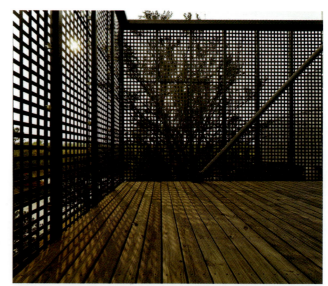

图10-4-56 文化信息产业园B4/B5地块建筑金属穿孔板（来源：任皓 提供）

---

① Tilman Thuermer. 上海玻璃博物馆[J]. 城市建筑，2011(10)：98-105.
② 庄慎,任皓,彭旭,邱梅,杨舒婷. 上海文化信息产业园B4/B5地块[J]. 城市环境设计,2011,(Z3):86-105.

与方式都是非常"现代":底层架空的空间、作为主结构的桁架以及波纹扭拉铝条。但如果进入其中就会发现,由波纹扭拉铝条构成的半透"粉墙",以若隐若现的方式呈现了桁架的结构,并成为一系列室内外空间的容器和间隔。穿行于这些半透墙体内外时,小屋、小院、小桥以及它们所接引的不同风景,在漫步的路径上交替出现。这样的空间体验确实令人联想到传统空间的营造手法,虽然材料与工艺是全新的,空间体验却是传统的[1](图10-4-58~图10-4-60)。

### (二)新旧材料混合的创新建构

新旧材料混合的创新构建同样可以从表皮与空间的营造2方面来阐释。

衡山路890弄更新项目是一个把花园洋房和里弄历史街区改造成精品商业区的案例,其中8号楼外立面改造设计的重点是如何与周围的历史街区协调,同时能在不断变化的徐家汇商圈实现新的变化和独特性。为此,建筑外表面被设计为一层"新旧质地的包裹",旧的材料是青砖,新的部分则

图10-4-57　文化信息产业园B4/B5地块建筑材质(来源:任皓 提供)

图10-4-58　华鑫中心室内(来源:苏圣亮 摄)

---

[1] 山水秀建筑事务所, Scenic Architecture.上海华鑫中心[J].城市建筑,2013 (23).

图10-4-59 华鑫中心庭院空间（来源：苏圣亮 摄）

图10-4-60 华鑫中心小庭院空间（来源：苏圣亮 摄）

使用"发光砖"。发光砖主材为不锈钢空心灯盒，内部以不锈钢加固以承载重量，与青砖尺寸相同，并用水泥砂浆砌筑在一起，砌筑后的外露面内部为导光亚克力板，侧边布置光源，外部附加拓彩岩石面板。因为新的发光砖与传统青砖的尺寸、色彩和质感基本一致，微有差别，白天整体形成与传统砖砌建筑"融为一体"的朴素氛围。每当夜幕降临，一部分发光砖被点亮，形成有质感的发光体，穿插在实体的青砖中间，砖墙的包裹感又通过上下两侧金属收边与收檐得到强化，强调方形的发光轮廓，每片发光砖的内部则通过疏密的布置再次形成两个层次的方形图案，同时有些发光砖与门窗洞口进行错位咬合，层次更加丰富。因此通过与传统材料相似而又不同的创新材料与传统材料的融合构建，在这个项目的立面建造中形成全新的建筑体验[1]（图10-4-61～图10-4-66）。

陈化成纪念馆移建改造的难点在于通过对一个不规则平面的公园附属商业用房的改造，同时实现历史人物纪念馆应有的端庄肃穆气氛和与公园周边环境的互动，形成积极而融合的公共活动场所，实现日常空间应有的熟悉感。除了通过设计4条长短不一，宽窄各异的单坡顶敞廊环绕在既有建筑周围，形成连续的柱廊和方整统一、富有韵律的外部形象外，设计师还通过与公园内其他建筑，尤其是临近的孔庙的形式类似的传统的木梁、木椽、望砖、坡屋顶、小青瓦屋面的做法，以创造熟悉的日常空间。钢木结构的柱廊则采用了非常

---

[1] 庄慎，王侃. 上海衡山路890弄8号楼外立面改造[J].时代建筑，2014，(04)：128-131.

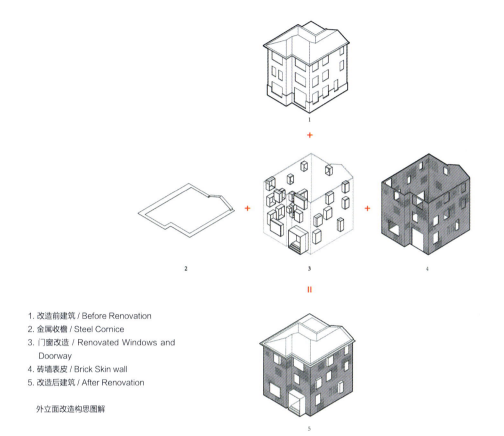

1. 改造前建筑 / Before Renovation
2. 金属收檐 / Steel Cornice
3. 门窗改造 / Renovated Windows and Doorway
4. 砖墙表皮 / Brick Skin wall
5. 改造后建筑 / After Renovation

外立面改造构思图解

图10-4-61　衡山路890弄8号楼外立面改造构思图解析（来源：庄慎 提供）

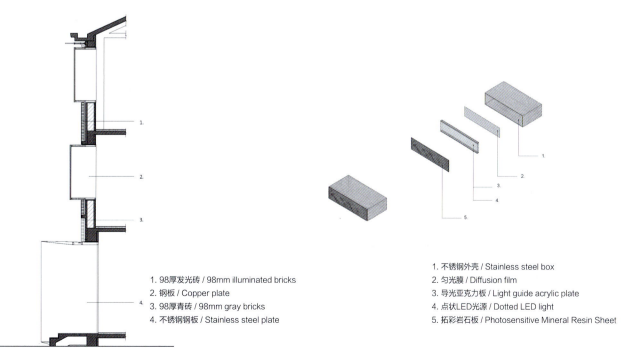

1. 98厚发光砖 / 98mm illuminated bricks
2. 钢板 / Copper plate
3. 98厚青砖 / 98mm gray bricks
4. 不锈钢钢板 / Stainless steel plate

1. 不锈钢外壳 / Stainless steel box
2. 匀光膜 / Diffusion film
3. 导光亚克力板 / Light guide acrylic plate
4. 点状LED光源 / Dotted LED light
5. 拓彩岩石板 / Photosensitive Mineral Resin Sheet

图10-4-62　衡山路890弄8号楼墙身大剖面详图（来源：庄慎 提供）　　　图10-4-63　衡山路890弄8号楼单块砖分解图（来源：庄慎 提供）

图10-4-64　衡山路890弄8号楼外观（来源：唐煜 摄）

图10-4-65　衡山路890弄8号楼窗户与发光砖肌理（来源：唐煜 摄）

图10-4-66　衡山路890弄8号楼白天和夜晚的发光砖对比（来源：唐煜 摄）

精准的设计和构造，但全部隐含在特意选择的传统深色系统里，通过沉稳谨严的形式传递纪念建筑应有的严肃氛围（图10-4-67~图10-4-71）。

经济和技术的持续发展常常被直接等同于社会的持续进步。总体而言，现代化的生活方式，工业化、标准化的材料和技术是生产力和城市化飞速发展，高度理性化，以经济效益至上为原则的必然结果，也是一种造成全球建成环境同质化的强大力量。不可否认和忽视是，后者直接导致了对地域特色不断削弱的忧虑。扬弃创新式的地域建筑传统的传承，正肩负着延续和发展地方文化认同的重任，以抵抗普世文明所造成的建成环境同质化。以传统传承为目的的材料和建构的选择，其重点并不在于传统与现代，低技与高技，手工定制与工业化生产，精致或简朴等的差异，而在于是否创造出了符合中国当下城乡生活方式的空间环境和场所精神。

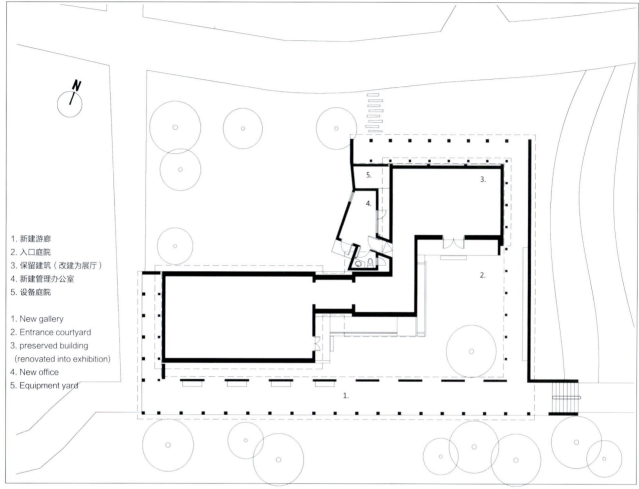

图10-4-67 陈化成纪念馆平面图（来源：庄慎 提供）

图10-4-68 陈化成纪念馆东南角（来源：唐煜 摄）

图10-4-69 陈化成纪念馆入口内院与东廊（来源：唐煜 摄）

图10-4-70 陈化成纪念馆入口梁柱节点（来源：唐煜 摄）

图10-4-71 陈化成纪念馆入口东廊
（来源：唐煜 摄）

# 第十一章 结语

中国传统文化的续接与传承之所以会成为一个问题,主要是因为近代以来强势的外来文化和现代文化冲击并打破了本土文化系统内在的稳定性与自主性。在中外文化、新旧文化碰撞、交织与更迭的过程中,本土文化系统不断经历反复的解构与重构,从而让身处这一文化系统中的人们失去了过去较为稳定的、赖以生存的(民族/地方)文化身份认同,导致其在精神上的茫然与焦虑。尽管对于传统文化而言,这是一个异常痛苦的过程,但这也是一个客观的历史进程,并不以任何人的意志为转移。我们只有面对这一现实,在坚持自身固有的优秀民族文化传统与地方文化传统的同时,积极主动地寻求新途径、新方法、新策略,才能建构起既符合当代需求又延续既有传承的"新传统"。

同时,我们还必须扩大自己的时空视野,认识到世界上的任何一种文明都不是孤立存在的,而是在与其他文明的持续接触、交往和碰撞中,在不断遭遇并吸收异质文化元素的基础上发展起来的,因此所有文明从根本上讲都是成分多元的混合文明。历史经验告诉我们,交流融合、取长补短是积极健康的人类交往方式,也是未来人类文明持续进步的基石,那些主动包容、擅于吸收外来文化的文化将在这个全球化的时代获得更多的发展机遇,而这恰恰是海纳百川、兼收并蓄的上海文化传统的最大优点。因此,保持、优化和发展这一传统基因,并进一步利用多元文化共存的优势来推陈出新,不断弘扬地方传统、塑造新的地方文化,这正是上海现当代建筑乃至上海现当代文化应对当下全球化时代境况的关键策略。

正是基于这样的一种认识,经过前文对上海传统建筑文化特征的总结以及对上海近代以来的现当代建筑传承脉络的系统考察,本章提炼出上海现当代建筑创作中传承传统建筑文化的四大策略:融合转化的策略、存续再生的策略、适宜得体的策略、扬弃创新的策略。其中,扬弃创新的策略作为一种"元策略"始终对前三种策略有着全面而深刻的影响。

　　这四种策略在其特定的内涵上具有很强的上海本土地域特征，是在上海传统建筑文化应对现代化挑战的过程中通过不断的学习和蜕变而逐步建立起来的。它们既有各自鲜明的特点，又相互渗透交融，共同推动上海传统建筑文化在上海现当代建筑创作的延续与发展，并必将在上海未来的城市与建筑发展中扮演重要的角色。

## 第一节　融合转化的策略

融合转化的传承策略主要是对传统建筑的文化理念与设计手法的传承。这里既包含较为表象的形式符号、文化隐喻、结构材质等，又包括更为深层的肌理形态、空间环境等。它所要解决的是在全球化和现代化的语境下，如何处理外来/现代建筑文化与本土固有的传统建筑要素之间的相互关系这一问题，即如何以一种恰当的方式不仅使两者实现有机融合，而且使传统实现向现代的深层转化。

### 一、形式符号

在所有的传承手法中，基于形式符号的传承最简单直观，因此数量较多，但由于这种方式本身所固有的先天缺陷——将作为历史产物的传统形式抽离其本源的历史文脉而移至新的时代语境，或许也是最容易给人以制造"假古董"嫌疑的一种手法，因而风险较大，不易成功。不过，得益于上海文化中追求精益求精、雅致内敛的精神特质，遍观上海近代以来的建筑创作，对传统形式符号的借鉴、汲取与运用总是不乏精细巧妙、令人击节之作。例如20世纪20年代的颍川小筑，院落中的通透木构架以中式传统装饰为主，而砖砌风火山墙实墙面的装饰形式则突出外来巴洛克风格，这种安排显然符合两种建筑形式原本的材料特点，可谓完美合璧。鸿德堂则通过重檐、双柱等特殊方式解决了在西式教堂特定形制和体量上运用中国传统建筑元素的问题，让人联想到16世纪意大利手法主义建筑的智慧。鲁迅纪念馆节制而内敛地使用了以白墙、灰瓦、马头墙等细部，赋予建筑以一种稳重而优雅的气质。

在现代大体量的建筑中融入具象的传统形式语言是一件颇有难度的任务，当代有很多失败的例子，上海建筑却总能巧妙地解决这个难题。比如上海20世纪二三十年代的一批装饰艺术派风格的建筑创作，包括亚洲文会大楼、中国银行虹口大楼、中华基督教女青年会大楼等，则将中国传统的装饰图案作为细部，与高度几何化的装饰艺术风格有机结合在一起。这些回纹、云纹、八卦图案在经过几何化处理后被应用在建筑的重点部位，如入口、檐口、门头、山花、窗下墙等部位，起到了画龙点睛的作用，形成层次丰富、格调统一的建筑语汇。而这类手法此后又可见于同济大学文远楼等重要的地方现代主义作品之中，并与通风口、雨棚等建筑构造细部相结合，以一种中国本土的方式体现了"形式追随功能"这个经典的现代建筑理念。

"大屋顶"是象征中华民族文化的经典符号，上海建筑结合地方特点也对此有所运用。早期圣约翰大学的怀施堂略微夸张翘起的中式屋顶与统一而富于变化的拱廊相结合，造就了优雅得体的环境氛围。董大酉在大上海计划中的实践借鉴了不同类型的中国古典建筑类型，灵活地将现代建筑技术与大屋顶等民族固有式理想结合在一起。八仙桥基督教青年会大楼则是为数不多在高层建筑上借鉴大屋顶的例子。通过三段式的体量划分以及顶部双重水平挑檐的处理让传统屋顶的形式与建筑整体相得益彰，与美国芝加哥学派的设计手法有异曲同工之妙。随着时代的发展，一方面"大屋顶"与现代建筑语言的融合越加轻松自如，例如上海大剧院真实反映内部功能的巨大上翘弧形屋顶；另一方面传统民间建筑形态自由、变化丰富的"小屋顶"也成为上海建筑创作中时常可见的设计语汇，并与实际的使用功能以及对地方气候的回应结合在一起，如同济教工俱乐部简单朴素却错落有致的双坡顶、方塔园的何陋轩与地方民居中庑殿顶用法神似的茅草顶、上海音乐学院的单坡顶等。

### 二、文化隐喻

另一种融合转化则围绕对传统文化隐喻的现代表达展开。与形式符号的直观具象相比，隐喻手法要更为含蓄，更富有象征的意味，因此也更加难把握建筑与意义之间的关联度。从20世纪80年代开始，随着后现代主义建筑思潮在中国本土的流行，以建筑为载体来隐喻地表达某种文化意义成为现代建筑传承传统的手段之一。其中运用较为普遍的有"天圆地方""九宫格""孤帆远影"，等等。这些中国传统的哲学或诗学意象由于具有强烈的图示性而常常被用于建筑设计。这类尝试在上海的建筑创作中也屡见不鲜。

"天圆地方"——"方象征四面八方，圆意味文化渊源之循环"——是上海博物馆的设计灵感和形式源泉。在一般情况下，由于功能和环境要求，很少有设计能够成功地驾驭这一高度哲学化的隐喻。而恰恰是由于博物馆的特定文化功能以及人民广场的特殊场所环境，使上海博物馆整方、整圆的完形体量不仅并不显得怪异突兀，而且与城市文脉以及文化主题相契合，成为城市核心公共空间主轴的重要"锚固点"。

被昵称为"东方明珠"的上海广播电视塔的设计概念源于唐朝诗人白居易的诗句。这是一个将传统文化的诗意、现代建筑结构的表现力以及广播电视塔独特的功能要求结合在一起的产物。尽管在建成之初有些许争议，但今天它已成为上海城市发展的象征和浦东天际线上最耀眼的明珠。通过这个例子，我们可以看到，文化隐喻赋予建筑一种别样的意味，如果应用得当、相得益彰，那么建筑形式与其被赋予的文化意义之间会耦合形成放大的文化效应。

金茂大厦是另一个较为成功的例子。它在解决超高层建筑复杂精密的技术问题的同时，在设计理念上也力求与中国传统文化相关联。将塔这一中国古代建筑中的"高层建筑"作为设计援引的形式意象是一个巧妙而合适的举措，并由此赋予建筑"节节高升"的寓意。通过从透视学出发对建筑形体比例的层层控制以及通过竖向金属构件对建筑尺度感的调节，金茂大厦的设计避免了对高塔形象的简单化处理，为建筑披上了一层典雅主义的气韵。

## 三、结构材质

结构和材料是建筑的物质本体，也是建筑创作得以实现的物质基础。近代以来，传统建筑的结构和材料做法开始逐渐被更符合现代工业化大生产要求的新结构和新材料所取代。但正如梁思成先生早在20世纪30年代就提出的那样，中国传统木构建筑的结构原理与现代框架建筑有异曲同工之妙，因而具有内在的"现代性"价值。近20年以来，随着批判地域主义、现象学和建构文化等当代建筑理论的传播和接受，本土传统建筑结构与材质（材料的质地和质感）特别是其独特的建构文化意蕴和诗意表达获得新的认知，成为现代建筑传承传统文化的重要视角。

当然，与表象的形式符号相比，由于现代建筑新的技术与功能要求，从传统结构造型和材质出发的传承要更加困难。近代时期仿古典宫殿形象的固有式建筑在外观上对木构柱枋和斗栱等结构形式有重点刻画和表现，但这些表现性的部件主要被用来再现古典形式，而很少起真正的结构作用，特别是在上海体育场的设计中，斗栱甚至退化为装饰纹样。此后上海20世纪90年代建成的上海商城底层立面醒目的红色巨柱与简化的斗栱形式较为成功地延续固有式的这种手法，成为城市景观的重要组成部分。

在结合传统结构形式方面颇具创造性的近代案例是鸿德堂，尽管外观的中国传统结构形式实质上也是混凝土，但中厅的设计展现了建筑师对传统木结构的创造性继承与发展。更大胆的实验来自松江方塔园，园中若干建筑小品成功地融入了本地乡土民居的结构理念和形制并将其进行现代转化。无论是东、北两座大门错位的坡顶构成以及轻钢结构与传统小青瓦的结合，抑或是何陋轩的以"粗野"手法获得漂浮感的竹构体系，都是一种通过创造性转化的策略对传统建构诗意的现代阐释。这种使用现代手法营造传统意向的做法还可参见建于新千年初的"九间堂"。另外，某些当代建筑创作则试图在更宏大的尺度上借鉴传统结构意象，以创造吸引人的空间与形象，例如2010年上海世博会主题馆采用"人"字形钢结构立柱序列，以一种几何化的简洁手法再现了传统中国木构建筑檐口悬挑深远的空间结构特点，同时为参观的人流提供了高大的空间。

建筑的材质，包括色彩，也是现代建筑创作中融合与转化传统所经常借助的方面，特别是粉墙、黛瓦、青砖经常被用于居住建筑以及致力于表达地域特点的现代主义建筑之中。20世纪中期以同济教工俱乐部为代表的一批本土现代建筑都是这些传统质料的拥趸。冯纪忠方塔园则赋予了这些传统材料与构成元素以新的生命。如同在香山饭店中所做的那样，贝聿铭事务所在中欧工商管理学院的设计实践中，再次转变了青砖粉墙惯常的组合方式，形成纪念性的效果。与这种仅聚焦于美学再现的传承方式不同，回收的石库门青砖被二次利用为具有调节建筑微气候功效的"呼吸墙"，重新被赋予了新的构造功能。同样，在青浦"尚都里"，通过一种全新的演绎，传统的材质和色彩中历史而凝重的一面被服务于新的时尚消费文化的轻盈简洁的形象所取代，表达了当代建筑对待传统文化的轻松心态。更具实验性和探索性的作品要数"五维茶室"、西岸fab-union space和工作室，以及"绸墙"等系列作品。这些作品以一种略显粗糙直接的方式处理传统材质及加工技艺与当代数字化技术和参数化形态之间的复杂关系，让建筑的材质表达既突破了过去的定式，又在原则上尊重了传统的精神。特别是"绸墙"，作为传统建筑基本"组织肌理"的墙，通过数字化的建构，以无比精确的几何形态实现了织物般的质感表达，这不啻是一种在新的技术条件下对传统手工艺的超越性继承。此外，上海玻璃博物馆和衡山路890弄8号楼等作品利用电子发光材料替代传统材料，却又呈现一种肌理或构成上延续感的手法，确实令人耳目一新。

## 四、格局肌理

中国传统建筑的意义和价值不仅在于其自身的美学表达，还在于其与更高层次的聚落系统之间的关系。正如格式塔心理学所提出的那样，"整体不等于并大于部分之和"。只有从总体格局与肌理形态的角度出发，我们才能最完整地认知传统建筑的地域特征和文化特征，比如离开了宏大的轴线格局而仅仅关注个别的殿堂空间是无法理解故宫和孔庙等建筑群体作为权力物化或仪式载体的特定文化意义的。

上海的石库门里弄建筑在总体格局与肌理组织上综合了江南水乡古镇依据地理环境和交通脉络自发形成的鱼骨状结构和欧洲联排式住宅的理性组织原则，构成了近代上海城市建成环境的基底。它不仅满足了高密度城市发展的空间要求，而且在大都市中延续了江南地区的民间日常生活形态。新中国成立后的某些新型居住区，如曹杨新村，在吸收欧美和苏联规划设计思想的同时，融入了水乡或里弄的基本组织原则。这一传统一直延续到当代，例如20世纪90年代的新福康里在保持延续了传统里弄的格局肌理的基础上，插入多层、高层建筑，并通过架空等新的手法植入了更多的公共服务设施与开放共享空间等现代社区的必备元素。2000年后更是有一批新的建筑作品在更"当代"的层面实现了对水乡肌理或里弄肌理的继承和创新，如尚都里项目、思南公馆、SOHO复兴广场等。这批新建筑在继承的手法上更为多样、自由，并且融入了一些当代艺术的表达手段，显得时尚新潮，成为城市中吸引大量年轻人关注的休闲消费场所。

此外，一些建筑单体因其所处基地的地域特点，也极为主动地关注设计与历史肌理之间的关联。譬如，通过庭院、天井、屋顶等元素的综合运用，位于青浦水乡脉络中的朱家角人文艺术馆将公共建筑的大体量化整为零，融入传统历史街区或水乡古镇的聚落肌理中。在面对历史与传统时，新建筑通过对格局肌理的回应和操作呈现出谦卑的姿态。同类的作品还包括青浦的朱家角行政中心等。

## 五、空间意境

"空间"是一个19世纪末从哲学和美学引入建筑学的概念。它不仅在现代建筑的发展过程中起到了决定性的作用，而且更为重要的是帮助我们从一个新的视角更深层次地阐释和发掘中国建筑传统文化的内在组织原则和当代传承价值。在空间话语的观照下，传统园林、地方民居甚至这些传统建筑的文化内涵都被赋予了"现代性"，并被融合转化为现当代建筑创作的核心手段。

早在近代，在姚有德住宅的设计中，建筑师就开始有意识地将习自现代建筑大师赖特的空间设计手法与传统园林要素相结合，由于两者都崇尚自由的流动空间，因而相辅相成，融为一体。在20世纪五六十年代的建筑实践中，出现了将现代主义空间理念与传统建筑文化相结合的一系列设计，像同济大学文远楼、工会俱乐部、鲁迅纪念馆等都是该时期的代表作品。改革开放初期以上海宾馆为代表的一批宾馆建筑通过"小中见大"的江南园林来"改良"尺度宏大的波特曼中庭，获得较好的效果，探索了高层建筑与园林传统相结合的可能性。在当代，类似的探索更加自由从容，也更注重与基地周边环境的对话，如衡山路12号酒店在历史文化风貌区内强调高效景观界面的整体性的几何化庭院手法，以及青浦练塘镇政府办公楼设计中基于功能与环境需求而形成的多层次叠合院落体系的创造性探索。

通过解析中国传统建筑文化，我们可以认识到，在中国文化传统中，空间绝非抽象的几何形式，而是承载了使用者活动的容器，因此除了客观的空间尺度、空间构成之外，主观的审美体验也是极为重要的传承和营造的内容。在这方面，松江方塔园的创作是典型的代表作品。其设计并不是对任何具体园林的空间原型和形式要素的借鉴与模仿，而是一种对中国传统文化及其内涵更深层次的理解。建筑师将传统文化看作一个有机整体，将园林空间与古典诗词视为同一文化构造的不同表达，以一种"移情"的方式在现代的物质空间中建构传统的美学意境。在当代青年建筑师的实践中，我们也越来越多地注意到类似的围绕传统园林空间意境的现代阐释而展开的思考，例如嘉定博物馆新馆、上海嘉定图书馆文化馆等。这些设计作品所需回应和承载的当代功能要求更为复杂多变，其实践能够在人文底蕴和意涵深度上保持如此高的完成度实属不易。

## 第二节  存续再生的策略

与比较"务虚"的融合转化策略相对应，"存续再生"策略所要解决的问题是如何通过先进的设计理念和方法使至今仍构成当下城市建成环境的历史建筑遗存在新的时代条件下和环境下获得新的生命力。这里有必要说明，存续再生策略在某种程度上扩大了关于传统建筑文化的定义范围，即不仅包括那些近代之前的古代建筑，而且也包含近代以来（主要为近代时期）较好地传承了本土建筑传统的建筑遗产，譬如石库门里弄、固有式风格的建筑、以江南民居或园林为主题的历史建筑等。

根据存续再生策略的具体手法与实施目标，我们可以将其分解"保存修复""置换更新"以及"修补缝合"等三种类型进行逐一阐述。

## 一、保存修复

第一种存续再生的策略以较为审慎的态度对待遗产的存续问题。它所涉及的历史建筑通常具有较高的保护价值和相对较好的保存状况，不允许任何形式的"大动作"，只可以通过保存修复的方法其进行深入细致的修缮和最低程度的改造，还其"本来面目"。这一策略一方面遵循可持续发展的理念，高度尊重历史建筑的原真性，其中有些作品不仅基本保留建筑的物质躯体，而且还尽量保存原有功能；另一方面，它还积极呼应城市空间环境，通过较为节制的设计手法和改造方案，使历史建筑与新的城市环境和谐共存，从而获得新的意义、新的价值和新的使命。其中较为典型的例子包括了一些重要的城市公共性的建筑或建筑群，如豫园修复项目和江湾体育场建筑群等。

豫园修复项目是一个比较特殊的例子，正如前文所述，它的难题是在修复上海老城厢的既有城市遗产——豫园、老城隍庙和豫园商场的基础上考虑附近区域整体的发展与更新问题。由于时代理念和技术手段的局限、为确保历史文化风貌的连续统一，豫园周围区域的城市改造采取了较为保守的方式。尽管如此，改造更新后的豫园建筑群还是较好地在功能上实现了商业、旅游和文化等功能的统一，以及传统场所感的营造。

江湾体育场建筑群是近代"大上海计划"的产物，是一个试图将中国固有式建筑风格与现代化的体育场功能设施相结合的探索。通过对历史上各种层叠印记的逐层透视和梳理，对建筑现存的使用状况、结构状况和空间状况的评估，建筑师借助先进的修复理念和技艺重现了建筑的历史风貌，结合创智天地的总体规划和开发，融入了新的商业、休闲和运动等多种功能元素。以恢复历史风貌的体育场为背景，带有巨大台阶的下沉式广场成为上海江湾五角场地区充满活力的重要城市公共空间。由此，历史传统与现代生活再次融汇在同一个时空之中。

除了公共建筑外，里弄建筑也有部分相关的优秀案例。比如卢湾区的步高里，在基本维持既有的历史街区肌理、内部的居住功能和建筑物质躯体的前提下，大幅改造了旧里的基础设施和公共服务条件，并修复了外观的历史风貌。

## 二、置换更新

这一存续再生策略主要针对城市尺度的历史建筑、历史街区的大规模改造开发和功能置换。它是后工业化和全球化语境下城市更新理念与方向转变的结果，并且与上海20世纪90年代浦东开发开放所导致的国际资本进入以及房改政策下的房地产市场化浪潮有着密不可分的关系。迈入21世纪，致力于打造国际一流大都市的上海城市发展愿景激发了新的城市总体建设目标，并由此启动了城市功能结构的转型与更新。上海新天地和田子坊等就是这一过程的代表性产物。

里弄是上海城市的"底色"，从20世纪80年代末起就成为旧改的重点。但除了某些品质相对较高的街区外，大量旧里不仅建筑状况低下、基础设施匮乏，其物质空间已无法承载现代居住生活的基本需求，而且其艺术品质和人文价值也不高，很难全部留存下来。因此，从20世纪90年代以来，对这类里弄的旧改方式几乎无一例外是推倒重建的"地毯式改造"。太平桥新天地项目的出现改变了这一情况。尽管历史建筑的功能从居住性的住宅转变为消费性的商业，但设计师和开发商保留原有里弄的空间肌理和屋顶、外墙等部分"躯壳"，通过新技术和新材料的介入，在新的消费文化语境中，赋予石库门里弄的形式以新的价值。虽然新天地项目的成功也引发了很多争议，包括对它仅保留"一层皮"的不满，对其"绅士化"内在本质的揭露以及对其颠倒了原有城市空间结构的批判，等等，但不可否认，新天地的理念在当时无疑是领先和超前的，它在"原汁原味"和"大拆大建"之间探索了第三条道路的可能性，并引领了全国范围内效仿新天地模式的风潮。

新天地之后再次成为焦点的另一个里弄更新项目（或者更准确地说是事件）是田子坊。由于其自发性、非正式性，田子坊作为一个正在发生和演化中的特例再次为我们提供了一种城市更新与发展的新途径。其原生态的多元功能业态格局一方面通过动态的调整和博弈不断激发与平息各种现实矛盾，反映出上海城市核心区转型期强烈的不确定性，但另一方面，它又通过这种自发渐进式的置换更新方式保持了历史街区的活力。

作为上海迈向世界级大都市的必经之路，制造业等产业的转移和转型成为城市更新中必不可少的一项内容。由此，中心城区工业遗产的功能置换与更新再利用成为上海在21世纪第一个10年间最重要的任务之一。苏州河和黄浦江两岸以及市中心成片的工业遗产，包括1933老场坊、8号桥、红坊、M50创意园、世博会最佳实践区、西岸文化艺术示范区等，利用工业建筑特有的大空间与开放空间，以及工业生产设施的美学特色，结合商业、时尚、艺术、文化等各类契合上海新一轮发展需求的产业类型，既成为上海城市空间活力的新生增长点，又成为诸多优秀当代建筑设计作品的实验场，由此诞生了龙美术馆、1933老场坊、韩天衡美术馆等颇具国际知名度的代表性建筑。

## 三、修补缝合

最后一类的存续再生策略在手法上非常灵活，各不相同，但在策略的具体实施上却有相似之处，即采取一种比较低调内敛的介入方式，实现新旧建筑之间、新旧肌理之间的弥合。

这些设计大多利用新的材料、空间和建构方式，设计手法受到国际当代建筑和当代艺术的影响，但更加精致而有节制。例如，如恩事务所对一栋田子坊里弄住宅的改建就是这类尝试：新空间与老建筑的"同构"不在于立面造型或细部装饰，而在于那种紧凑错层的空间关系；极简主义的空间构成与纯粹的材料组合造成了一种空虚退隐的效果，提示我们新生活与老建筑之间的和谐共生。与之相类似的有被称为"镶牙工程"的外滩公共服务中心（外滩15号），但与手法先锋的田子坊里弄建筑改造不同，这一设计在理念上更接近意大利理性主义建筑，通过层次丰富、抽象简洁的立面网格几何构成、与周边外滩建筑相关联的比例关系来取得修补缝合的效果。

同样采用修补策略的衡山路890弄8号楼立面改造则颇具戏剧性，展现了当代上海本土新一代建筑师的想象力和创造力。利用新老砖材在肌理上的有机拼贴，建筑师将可变的"发光砖"疏密相间地植入既有的青砖墙面，使老建筑在外观上呈现出一副白天与黑夜不同的面孔，从而使这栋功能被重新定义为商业活动的历史建筑焕发出迷人的魅力。

## 第三节　适宜得体的策略

理性务实是上海传统建筑的重要文化性格，而在现当代上海建筑创作中，传承并发展这种性格特征的正是本文所提出的"适宜得体"的策略。这一策略充分展现了现当代上海建筑创作的两大地域性特点，一是强调建筑的适宜性，在设计上体现为全面综合考虑各方面的现实条件，理性务实地规划建筑的功能组织、形态构成和空间布局，而不是一味追求建筑的宏大感和仪式性；二是在适宜的前提下兼顾审美上的得体表达，追求一种恰如其分、精致内敛的优雅气质。我们可以从"环境文脉特征""地域生活形态""现实物质条件"三方面来论述这一策略的具体呈现。

### 一、环境文脉特征

除去那些仅仅停留于纸上的乌托邦幻想，任何一个建筑作品都有其存在的特定空间环境和历史坐标（文脉）。评价一个作品优秀与否的核心标准之一就是这个建筑是否很好地回应并融入其所在的环境和文脉。从这一标准衡量，上海的建筑作品无疑是其中的佼佼者，甚至已经将这一特点转化为自身的传统。

从江南渔村到国际都市，从古代到近代，上海建筑所处的时代环境尽管变化很大，但一直都以异质多元为其基本特征。从早期的豫园湖心亭到此后诸多的中西合璧建筑都相当清晰地表现了这一特点。此后，随着上海城市化程度的提高和规划管理体系的建立，建筑单体与环境之间建构起了更为和谐统一的关系。今天，当我们漫步在上海街头，无论是外滩的高楼大厦，还是衡复风貌保护区内低矮亲切的近代住宅群，都无不呈现出一种高度的整体性特征：个体与个体之间虽有微妙差异，但这种差异通过建筑体量、尺度、材料、细部等不同层面的统一化处理而变得不仅不突兀，而且增加了城市景观的丰富性和趣味性。

新中国成立后，上海城市总体建设由于经济原因而有所放缓，大量的精力被投入到工业建筑，但正如本书第五章所论述的那样，我们还是可以观察到部分本土优秀的现代建筑实践是如何以一种更为深层的方式传承传统，并以一种自然谦逊的态度与周围环境相融合的。

改革开放后，伴随着国际前沿建筑理论的引进，对建筑与环境和文脉之间关系的讨论越加热烈，上海也出现了不少充分尊重与考虑所处环境文脉的创作。譬如首次提出"环人之境"这一概念，并由此成为学界焦点的龙柏饭店。该作品综合吸收了"有机建筑"思想和中国传统园林空间手法。无论是与草坪、树木等自然元素之间相辅相成的关系，还是通过形体、材料、细部等建筑语言与历史建筑保持协调，建筑设计都表现出对既有虹桥俱乐部历史人文意境和既有自然条件在整体性上的一种维护与尊重，新建筑致力于强化而非损害或削弱这一环境整体给人带来的感受。

身处繁华闹市的华东电力大楼高层虽面临迥异的环境，但在处理与环境之间关系的态度上与龙柏饭店有相似之处：建筑形体的旋转、入口部位的下沉是考虑到街道空间感受的结果；而在后现代建筑理论的影响下对多种历史记忆的攫取则是为了勾勒外滩的天际线，呼应更大尺度的城市景观。今天看来，这在当时有些奇怪的造型手段，恰与近代形成的上海城市文脉形成一种巧妙的对话，相比此后众多矗立于浦江两岸的新摩天楼要更有个性。

当然，必须看到，环境和文脉永远都在变化和发展中，尤其是在上海这样一个高速前进、力争世界一流的国际性大都市，因而上海的当代建筑创作就绝不可能仅仅满足于协调既有环境，而是必须要探求更为先进的理念、方法和技术去改造和提升既有环境，这也正是近来逐渐成为主流话语的"城市更新"的重要意义之所在。迈入新世纪，不论是世博会的建设，还是工业遗产的改造，上海的建筑创作正在利用一切新的机遇，采用适宜得体的策略，创建更美好的未来。

## 二、地域生活形态

老子曰："凿户牖以为室，当其无，有室之用。故有之以为利，无之以为用。"建筑是容器，它所容纳的是人的生活，因此有怎样的生活形态，就会产生怎样的建筑文化。或许最能代表上海人日常生活形态和生活态度的物质空间载体就要数里弄了。

总体结构上，里弄呈现"外铺内里"的基本格局，也就是说商业和服务功能被布置在街坊的外侧边缘，完全向外部城市空间开放，是城市活动开展的重要界面；而街坊内部则维持了相对的独立性和封闭性，具有明确的领域性特征，通过总弄——支弄的鱼骨状结构创造了从公共向私密过渡的井然有序的邻里层级。于是邻里生活与城市生活虽仅有一墙之隔，但却互不干扰。而在建筑构成上，里弄是上海本地传统民居空间与西方联排住宅组织方式相结合的产物，这种出于功利的房产开发目的而创造出来的建筑类型和街区组构竟然完美地解决了公共性与私密性、高密度与传统生活方式之间的矛盾，让人不得不对上海文化中的那种精明务实却不乏创新性的精神特质发出由衷赞叹。

到了 20 世纪 50 年代，由于意识形态和经济体制的巨大变迁，与全国很多地区一样，工人新村成为上海新的居住类型。上海的工人新村延续了里弄的一些基本原则，特别是对居住者日常生活需求的考虑。但与里弄不同的是，工人新村不追求房产作为商品利益的最大化，而是要通过规划设计来体现社会主义大家庭对工人阶级的关怀。例如在曹杨新村的规划设计中，基于邻里单位的理念，充分考虑了居民的活动半径，合理分布公共活动空间以及各类公共服务设施，并营造了良好的绿色生态环境，在预算有限的条件下成功地实现了一个在当时堪称典范的住宅区。同时期的番瓜弄小区、闵行一条街等都是类似的例子。20 世纪 80 年代后新建的曲阳小区基本延续了这些新村建设的经验，并有所改进，其规模更大、住宅类型更多。

随着当代城市建设的突飞猛进，以及房产市场的高度活跃，即便存在房价过高等客观问题，上海居民的人均住房面积和住房条件也已远远超过改革开放初期的水平，这意味着大众对生活品质的要求也正在不断发生变化。人们已不再仅仅满足于住房空间和房间数量，而且还对日常生活的便利性、丰富性和多样性有所追求。这也对住宅规划设计的理念和模式提出了进一步的要求。基于"功能混合"和"开放街区"等概念规划建设的创智坊正是对这一变化的回应。一方面它鼓励步行交通和混合交通，向城市开放，并设置了从城市街道到庭园空间的多层次公共空间与半公共空间，强化了社区的可达性；另一方面，通过将商业、办公、休闲娱乐和居住等不同功能混合叠加在一起，创造了一个极具吸引力和活力、24 小时不打烊的新型社区，继续以一种更加现代的方式传承了里弄街区的优点。

## 三、现实物质条件

上海文化理性务实、精明睿智，善于灵活变通，特别是对有限的资源做最大限度地优化利用。从本书前面章节的多个案例中我们可以清晰地看到这一地方文化特质在上海建筑创作中的反映。在这里，里弄仍是最合适的一个例子。通过综合灵活地吸收中西建筑传统，里弄以紧凑有序的布局、层次丰富的空间在一个地价高昂的城市里既实现了房地产资本的逐利欲求，又满足了使用者多元的生活需求，更是在社区与城市之间建构起一种和谐便捷的关系，实属空间规划与设计的典范与标杆。

此外，我们还可以看到，上海建筑能够充分学习、引进和应用先进技术和适宜技术来实现对现有物质条件的最大化利用。古代对江南各地建造技艺的引进与融汇自不赘述。在近代，上海是中国最早积极建造高层建筑，并引进国际先进的钢筋混凝土框架和钢框架结构以及相应的建筑材料、施工技术和机械设备的城市。对城市土地和空间的高效充分的利用无疑是这些技术得以出现和生存的土壤。

新中国成立后的困难时期，不乏在低成本的条件下利用自主创新技术来满足特殊空间需求的探索。比如同济大学电工馆对双曲砖拱结构的创造性探索与实践；又如同济大礼堂、上海体育馆等公共建筑以及一大批工业建筑，它们的共同特点是在手头资源不足的情况下，还能灵活创新地利用各种不同的先进技术理念和适宜技术手段来综合解决实际问题。技术在这里起到解决困难、节约成本的功能，决非炫技的手段。

如今伴随着信息化、网络化和生态化等技术手段的发展，建筑技术同样也日新月异。上海再次扮演了先行者的角色，不遗余力地研发与推广BIM等数字化技术以及绿色节能技术，潜移默化地改变上海建筑的面貌。例如，作为世博会最佳实践区上海案例馆的"沪上·生态家"将从传统本土民居中提炼的"低技"元素与最新的构造与节能技术和生态技术相结合，集中展示了上海当代适宜性地域建筑的设计理念。另有一些作品探索了在现有条件下数字化设计与低技手工施工之间的结合，并提供了一种独特的审美体验。

## 第四节 扬弃创新的"元策略"

传统文化是历史留给我们的宝贵遗产，是我们必须坚定不移地传承和发扬的事物，但要维持和延续传统文化的活力，使其不断适应新的变化和时代的要求就必须做出发展和改变，扬弃与创新正是确保这种发展与改变得以实现的前提。

扬弃是继承和发扬传统内部积极、合理的因素，抛弃和否定传统内部消极的、丧失必然性的因素，是发扬与抛弃的统一。在此基础上的创新将不仅延续传统积极、合理的因素，而且为其灌注入新的理念和元素，使之获得更高层次的升华。

本文前述的三种策略无不是在扬弃创新这一"元策略"的推动下形成和发展起来的。上海地域文化精神中求新求变的摩登精神正是扬弃创新策略的哲学基础。不过，经过百余年来的演化与淬炼，过去以追求时尚为主的求新已逐渐演变成为一种更强调人文关怀和深度内涵的自主创新意识。我们认为，上海现当代建筑文化中扬弃创新传承策略具体表现在"从形式模仿到深层转化"以及"从被动回应到主动变革"这两个层面。

### 一、从形式模仿到深层转化

纵观上海建筑的发展历程，我们可以发现，上海建筑创作对传统的传承走过了一条由"形"入"神"之路。

如本章开篇所言，正是外部强势文化的存在而导致本土的身份认同危机，使中国人开始意识到我们的"传统"这个问题，并开始有意识地去认识、理解、诠释和"传承"传统文化。然而，在这个"现代性"主导的时代，正如马克思所言："一切坚固的东西都烟消云散了"，如果说传统的人文环境、传统的生活形态、传统的建造技艺皆已发生了彻头彻尾的改变，那么我们究竟应该传承怎样的传统？换句话说，既然传统文化所赖以生存的那个历史情境如今都已不复存在了，那么它究竟还有什么价值，有哪些内容值得我们去继承和发扬？关于这个问题的探索和解答是艰难而曲折的，甚至直至今天，我们或许还是无法给出百分之百满意的回答。但回顾现当代上海建筑走过的道路，至少可以认为，上海建筑提供了一种切实可行的探索方式。

在近代时期，上海是全中国最早接触外来文化的城市之一，也是受到外来文化影响最大的城市之一。所谓的"中西合璧"在很大程度上是从对近代上海文化的总结中提炼出来的说法。不难发现，这种"合璧"在近代是比较肤浅的，一方面，人们"身在此山中"——在某种程度上他们仍部分生活在传统里，缺乏一个更大的参照系统去客观地分析和评价传统的价值，这也是为何我们经常可以在近代的思想论争中查阅到大量不成熟的相关观点；另一方面，人们对现代的认识也不够深入，大部分的讨论仅止于其器物和功效的层面。涉及建筑艺术同样如此，由于对本土建筑传统的理解尚不深入，对传统建筑文化的传承主要是建筑形式外观的直接模仿或者对形式元素的符号化挪用，尽管我们也会看到像石库门里弄那样的住宅类型对本土民居传统的吸收和继承。

随着中国建筑学学科的发展、建筑师对传统认知越加深入，越来越多的本土建筑师开始在创作中思考如何以一些更具内涵、非形式化的理念与手法传承建筑传统文化。由此我们一方面发现，在新的实践中具象的形式符号或装饰符号逐渐消失；另一方面看到了诸多围绕流动空间、园林意境、水乡肌理、建构法则等展开的探索。这些尝试开始超越形式符号的束缚，从不同的层面去接近和触及传统的本质内涵，进而在精神层面实现更高层次地对本土人文传统的传承与发扬。此外，近年来，随着生态化理念和数字化技术的发展，传统建筑文化的传承开始与最新的前沿建筑科学和技术展开对话与交流，由此相互激发，为营造新的本土建筑学视野打开了新的窗口。

## 二、从被动回应到主动变革

自黑格尔以来，源于启蒙的现代性观念存在一个根深蒂固的思维定式，那就是所谓的"进步观"或"进化论"，即历史是一个不断从低级走向高级，从落后走向文明的过程，而在这一过程中，新文化（现代）与旧文化（传统）展开斗争，前者战胜后者并取而代之。而在中国这样的后发现代化国家，这一观念又有了新的变体，中外的差异被等同于古今之别，即外来的西方文化被等同于先进的现代文化，而本土文化则被认为是落后的传统文化。因此在文明的价值链条上，本土传统被置于末端边缘，面临被时代淘汰的境地。因此，面对这一不可阻挡的历史进程，近代时期以"固有式"风格复兴为主线的中国传统建筑继承浪潮也就略显悲壮而无奈，似乎不过是一种被动的回应，甚至被视为是传统建筑文化最后的呐喊。

不过，随着改革开放 40 年来中国国力的强盛，民族自信心的提升，以及学术讨论的深化，对传承、延续和发扬传统建筑文化这一问题的思考更加深入而主动，这一时期的实践作品也逐步呈现出一种开放包容、丰富多元的态势。

首先，本土建筑师、尤其是新锐建筑师在其作品中越来越多地展现出他们作为当代中国建筑师对历史传统的广泛接纳与深刻解读。在新千年后一大批上海城郊的新建筑实践中，如青浦青少年活动中心、青浦练塘镇政府办公楼、嘉定博物馆新馆、夏雨幼儿园、上海嘉定图书馆文化馆等，江南民居的空间意象、尺度格局和材料意蕴通过先锋手法焕发出当代的活力，让我们不禁对上海建筑文化的未来发展前景充满期待。

其次，我们也可以看到，除了本土建筑师之外，有越来越多的境外建筑师表达出对中国建筑传统、上海本土建筑文化的尊重和欣赏，并试图从中汲取养分，融入其设计理念与设计手法，并不乏成功之作，如上海大剧院、金茂大厦、上海商城、中欧工商管理学院、九间堂、衡山路 12 号酒序等都是典型例子。这些事实证明，一味保守排外绝非保持本土文化生命力和竞争力的金玉良药，相反，问题的关键在于对"度"的把握，在于正确的价值观和文化观，在于是否能够做到既不闭关自守，又不崇洋媚外，以一种平常而开放的心态去接纳、评判和吸收外来的建筑元素，使其成为发展本土建筑文化的助力和动力。而在这一点上，上海的建筑创作可为楷模。

最后，上海作为近代以来中国最现代化的城市，宏观层面的制度创新在其发展的各阶段中都起到了决定性的作用，包括近代城市管理体系的引入、新中国成立后工业城市体系的建设、20 世纪 90 年代浦东大开发背景下东西联动的城市发展机制，以及当下将短期项目开发与长效精细化管理相结合的综合城市更新思路等。这些引领发展思潮的创新理念层出不穷，本文在此不一一赘述。而同样，在如何传承本土传统、建构当代"新传统"这一议题上，制度创新也对上海建筑文化的提升起到了极大的作用。正如本书前文中不断闪现的设计竞赛、引进境外建筑设计机构、试点住宅、历史建筑与历史街区更新模式（新天地、田子坊、1933 老场坊、红坊等）、实验性的城市设计与建筑实践（世博会最佳实践区）等所展现的那样，上海建筑文化的传承与发展之路一直都是在不断地大胆假设与小心求证中不断向前开拓的。上海基因中根深蒂固的创新品质是上海本土建筑文化生生不息、主动变革的精神源泉，也是本书期盼读者在阅罢掩卷后能够了然于心的一桩事情。

## 第五节 结语：上海传统建筑文化传承的未来展望

在上述四大传承策略的基础上，经过将近一个多世纪筚路蓝缕探索，一方面，我们可以说，上海当代建筑在如何传承本土传统文化这一问题上已积累了足够的经验，并产生了众多既符合传统基质，又满足当代发展的实践作品；但另一方面，我们也应当看到，作为一个国际性的"超大城市"，上海肩负着建设卓越的全球城市这一宏伟目标，所面临的问题将远比过去任何一个时期都要复杂。这既为传统建筑文化的传承提供了难得的机遇，又相应地对设计创作的品质提出了更高的要求。

在经历了将近30年的高速建设和扩张后，出于对可持续发展的思考和要求，上海作为中国最典型的特大城市，开始从过去的增量型发展进入新的存量型发展。这一城市发展模式的转变毋庸置疑不仅将影响土地的开发与使用模式，而且也将深刻地对未来的建筑设计实践产生结构性的改变——"大拆大建"不再是城市建设的主旋律，大尺度、大体量的建筑设计将会越来越少，取而代之的是在既有城区的"精耕细作"——小尺度、小体量的改造性设计、各种"微更新"的实践必然将会日趋增多，人们对城市空间和建筑空间的关注点将前所未有地聚焦于品质的提升，而非数量的增加。这一变化将为传统建筑文化的传承提供了前所未有的良机：在这样一个趋向存量发展的城市中，城市历史风貌、历史街区和历史建筑等既有遗产将变得极其重要，每一次设计行为都不再是一种建筑师追求个性表达、自说自话的"创造"，而是在尊重历史传统、遵从既有城市空间和建筑遗存前提下的"创新"。由此，新与旧之间的关系将变得极为敏感而密切，传统的传承将成为一件"自然而然"的事情，现代与传统之间的截然断裂将被修补和弥合，连续性将与变化同等重要。

在这一趋势和潮流下，前述的传承策略将迎来新的发挥空间和发展机遇。"存续再生"与"适宜得体"将成为新建筑或新的空间实践介入既有建成环境的前提条件；"融合转化"或许将成为一切建筑设计首先考虑的设计策略之一，以应对城市更新的连续性要求。

在建设"卓越全球城市"的目标下，全球化与本土化、国际化与多元化之间的和谐共存将成为上海文化发展过程中的"新常态"。上海在全球城市网络中的地位不仅取决于其物质空间现代化的程度以及经济发展的速度，而且更与其特定多元文化身份的建构有着不可分割的关系。毫无疑问，上海将以一种强大的自信而健康积极的态度来面对外来的、多元的建筑文化和建筑艺术，去芜存菁地吸收与消化这些新的文化资源。我们必须认识到，传统在新的时代、新的语境（包括外来文化）的影响下正在不断发生变化，对传统的认知视角和诠释方式也同样在不断发生改变：从"江南水乡"到"石库门"，再到"新村""近代工业"，新一代的上海建筑正在不断地挖掘自身的地域基因和地域遗产，这将推动"传统"的基因库不断扩大，也让"传统"自身获得了一种可持续的、新陈代谢的能力。

不过，不论时代如何发展、技术如何进步、观念如何转换，我们必须认识到这样一个事实，归根结底，我们要传承的是具有某种本源性的上海建筑文化传统基因。它既有物质性的外显形态，又有精神性的内隐规则。它既来自于江南地区的地形地貌和气候特征，又源于上海五方杂处、务实精明的社会逻辑和人文基调。因此，不管"工具"或"策略"如何变化、发展与进步，如果未来的上海建筑想要继续保持和获得传统的遗泽与馈赠，就必须"不忘初心"，持续返归上海文化与上海建筑的地域本源，从更多的层面、更丰富的视角出发，深度挖掘上海传统，不断接近上海建筑文化的本真内核。

# 参考文献

# Reference

[1] 创刊号之发刊词[J]. 中国建筑，1931，（11）.

[2] 蔡育天编. 回眸：上海优秀近代保护建筑[M]. 上海：上海人民出版社，2001.

[3] H.F.Wilkins. Is Shanghai Outgrowing Itself. The Far Eastern Review, 1927.

[4] 何重建. 上海近代营造业的形成与特征. 北京：中国建筑工业出版社，1991.

[5] 华霞虹. 邬达克在上海作品的评析. 同济大学硕士论文，2000.

[6] 赖德霖. 从上海公共租界看中国近代建筑制度的形成，中国近代建筑史研究，清华大学博士论文，1992.

[7] 峦峰. 李德华教授谈大上海都市计划[J]. 城市规划学刊，2007，（05）

[8] 李晓华. 百年沧桑话建筑. 上海：上海文化出版社，1991.

[9] 罗小未. 上海建筑风格与上海文化[J]. 建筑学报，1989.

[10] 伍江. 上海百年建筑史（1840-1949）[M] (第二版). 上海：同济大学出版社，2008.

[11] 郑龙清，薛永理. 解放前上海的高层建筑，旧上海的房地产经营[M]. 上海人民出版社，1990.

[12] 郑时龄. 上海近代建筑风格[M]. 上海：上海教育出版社，1999.

[13] 周进. 上海教堂建筑地图[M]. 上海：同济大学出版社，2014.

[14] 邹德侬，王明贤，张向炜. 中国建筑60年（1949-2009）：历史纵览[M]. 北京：中国建筑工业出版社，2009.

[15] 华东建筑设计研究总院，《时代建筑》杂志编辑部.悠远的回声：汉口路壹伍壹号[M]. 上海：同济大学出版社，2016.

[16] 同济大学建筑与城市规划学院. 吴景祥纪念文集[M]. 北京：中国建筑工业出版社，2012.

[17] 同济大学建筑与城市规划学院. 罗小未文集[M]. 上海：同济大学出版社，2015.

[18] 董鉴泓. 第一个五年计划中关于城市建设工作的若干问题[J]. 建筑学报，1955,（3）：1-12.

[19] 徐景猷，方润秋. 上海沪东住宅区规划设计的研讨[J]. 建筑学报，1958,（1）：1-9.

[20] 上海市民用建筑设计院第二设计室. 上海张庙路大街的设计[J]. 建筑学报,1960,(6)：1-4.

[21] 陈植，汪定曾. 上海虹口公园改建记——鲁迅纪念墓和陈列馆的设计[J]. 建筑学报，1956,（9）：1-10.

[22] 上海工业建筑设计院大隆机器厂现场设计小组. 依靠工人阶级搞好现场设计[J]. 建筑学报，1975 (2).

[23] 朱晓明，祝东海. 建国初期苏联建筑规范的转移——以同济大学原电工馆双曲砖拱建造为例[J]. 建筑遗产，2017,（1）：94-105.

[24] 朱晓明. 上海曹杨一村规划设计与历史[J]. 住宅科技，2011, 31 (11)：47-52.

[25] 茹雷. 本地的外延：刘宇扬的青浦环境监测站[J]. 时代建筑，2012(1)：104-109.

[26] 陈凌. 上海江湾体育场文物建筑保护与修缮工程[J]. 时代建筑，2006(02)：76-81.

[27] 邵晶. 新与旧的交融：上海福州路210号和外滩15号(甲)更新改造[J]. 建筑创作，2007(8)：86-92.

[28] 沈湘璐，吉锐，陈天. 上海M50创意园改造实践[J]. 建筑，2016(19)：65-66.

[29] 张姿，章明. 上海当代艺术博物馆的文化表述[J]. 时代建筑，2013(1)：120-127.

[30] 柳亦春，陈屹峰，王龙海. 龙美术馆西岸馆，上海，中国[J]. 世界建筑，2015(03)：146-149.

[31] 常青. 历史语境的现代表述——上海豫园方浜中路街廊建筑设计[J]. 建筑学报，2008(12)：34-37.

[32] 李瑶. 衡山路十二号 一个低调的上海故事[J]. 时代建筑，2013(02)：88-93.

[33] 刘家仁. 上海文化广场[J]. 时代建筑，2009(06)：96-99.

[34] 彭怒，谭奔. 中央音乐学院华东分院琴房研究：黄毓麟现代建筑探索的另一条路径[J]. 时代建筑，2014(06)：126-134.

[35] 陈植，汪定曾. 上海虹口公园改建记——鲁迅纪念墓和陈列馆的设计[J]. 建筑学报，1956，09：1-10.

[36] 邢同和，段斌. 平凡与伟大朴实与崇高——陈云故居暨青浦革命历史纪念馆设计谈. 建筑学报，2002(1)：25-28.

[37] 张乾源，张耀曾，凌本立. 龙柏饭店[J]. 建筑学报，1982(09)：14-20.

[38] 邢同和，张行健. 跨世纪的里程碑——88层金茂大厦建筑设计浅谈[J]. 建筑学报，1999(03)：34-36.

[39] 李建成. 以上海商城为例谈传统空间的当代继承[J]. 山西建筑，2011，37(8)：2-4.

[40] 1989年9月华东建筑设计研究院内部资料《[华东院之春]华东电管楼工程建筑设计介绍》（秦瓈）转引自: 刘嘉纬. 时代语境中的"形式"变迁——华东电力大楼的30年争论[D]. 上海：同济大学硕士学位论文，2017：10-12.

[41] DC国际建筑设计事务所，董屹. 江南续——上海朱家角证大西镇E1地块设计随感[J]. 城市建筑，2013(21)：68-77.

[42] 吴景祥先生的建筑作品介绍 同济大学南北楼，见：同济大学建筑与城市规划学院. 吴景祥纪念文集[M].北京：中国建筑工业出版社，2012: 142-145.

[43] 陈青，李明星. 上海"东方明珠"电视塔设计方案创作始末——总设计师江欢成院士访谈记[J]. 设计，2017(07)：139-141.

[44] 王吉螽，李德华. 同济大学教工俱乐部[J]. 同济大学学报，1958 (1)：12

[45] 王辉. 透明的姿态 原作设计的一个小品[J]. 时代建筑，2014 (4)：112-117.

[46] 戴春，嵌入——山水秀设计的上海青浦朱家角人文艺术馆[J]. 时代建筑，2011 (1)：95-103.

[47] 张斌，周蔚. 风物之间,内化的江南 上海青浦练塘镇政府办公楼设计策略分析[J]. 时代建筑，2010 (5)：108-115.

[48] 柳亦春等. 青浦青少年活动中心[J]. 城市环境设计，2012，91(9)：20-26.

[49] 刘东洋. 观游大舍嘉定螺旋艺廊的建筑之梦[J]. 时代建筑，2012 (1)：120-127.

[50] 周蔚，张斌. 上海国际汽车城东方瑞仕幼儿园[J]. 建筑学报，2014 (1)：56-65.

[51] 严迅奇. 九间堂——另类的别墅文化[J]. 时代建筑，2005 (6)：108-113.

[52] 童明. 荷园[J]. 时代建筑，2012，(1)：88-91.

[53] 祝晓峰. 取与舍:对夏雨幼儿园建筑构思的评论[J]. 世界建筑，2007 (2)：35-37.

[54] 易吉. 上海松江"方塔园"的诠释——超越现代主义与中国传统的新文化类型[J]. 时代建筑，1989，(03): 30-35.

[55] 庄慎，周建峰. 上海淞沪抗战纪念馆[J].建筑知识，2001，（01）.

[56] 水舍[J].建筑学报，2010，(12)：56-65.

[57] 大舍. 设计与完成——青浦私营企业协会办公楼设计[J].时代建筑，2006，(01)：98-101.

[58] 罗小未. 上海新天地广场:旧城改造的一种模式[J],时代建筑，2001，（04）：24-29

[59] 李戟. 浅议优秀历史保护建筑修复部分方法及工艺——上海卢湾区思南公馆保留保护改造项目的改建工程实践心得[J]. 城市建筑，2014，（08）：149-151.

[60] 刘培根. 旧工业建筑的更新与再利用——以上海四行创意仓

库为例[J]. 金田, 2012, (06): 386.

[61] 陈凌. 上海江湾体育场文物建筑保护与修缮工程[J].时代建筑, 2006, (03): 76-81.

[62] 李翔宁.螺蛳壳里的道场：解读五维茶室[J]. 时代建筑, 2012, (05): 99-105.

[63] 王骏阳. 从"Fab-Union Space"看数字化建筑与传统建筑学的融合[J]. 时代建筑, 2016, (05): 90-97.

[64] 袁烽, 绸墙. 柔软的建构实践[J].时代建筑, 2011, (02): 106-113.

[65] 柳亦春，陈屹峰，苏圣亮，夏至.龙美术馆(西岸馆)[J].城市环境设计, 2015, (04): 57-67.

[66] 张斌，周蔚. 风物之间,内化的江南——上海青浦练塘镇政府办公楼设计策略分析[J]. 时代建筑, 2010, (05): 108-115.

[67] 陈凌峰.浅析新中式公共空间景观营造：以松江广富林遗址公园、方塔园为例[J],城市建设, 2016, (10): 41-43.

[68] 山水秀建筑事务所，Scenic Architecture.上海华鑫中心[J]. 城市建筑, 2013(23).

[69] 庄慎，华霞虹. 平常的开始平常的结果——上海宝山陈化成纪念馆移建改造[J].建筑学报, 2015, (12): 48-53.

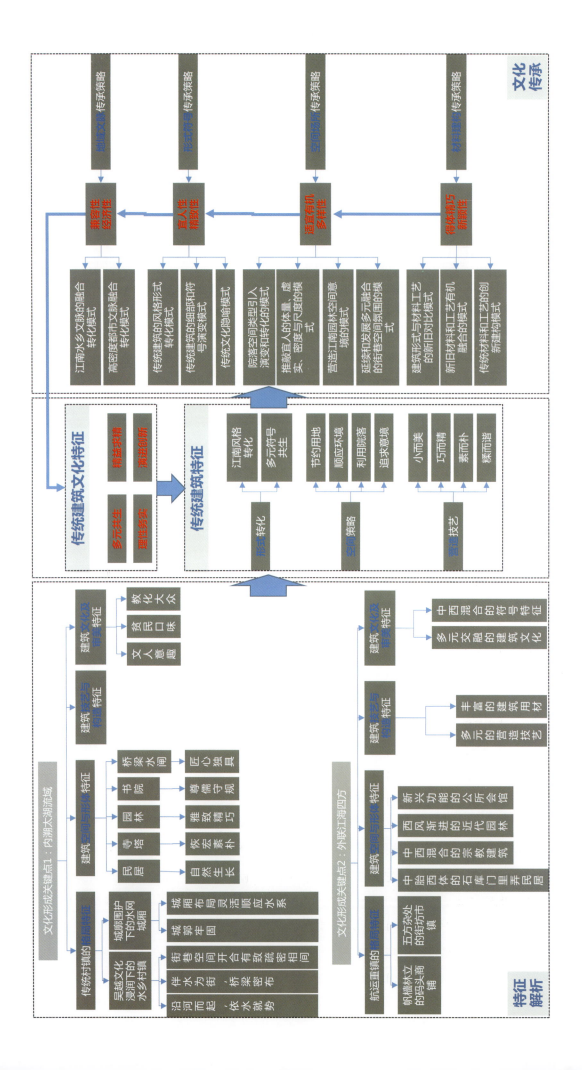

# 后　记

# Postscript

　　《中国传统建筑解析与传承　上海卷》通过对上海传统建筑文化特征的深入解析以及对上海近代和现当代建筑传承脉络的系统考察，提炼出本地区建筑实践中传承中国传统建筑智慧的策略和手法，从特定的角度，关注和研究上海建筑从古到今的持续发展。本篇后记将不再赘述研究成果，而将对本书在编撰过程中获得的广泛支持进行概括与总结。

　　第一，本书的编写团队组建得到管理部门、设计界和学术界的积极支持。

　　本书的编撰工作得到市领导的高度重视，上海市政府副秘书长兼市规划国土资源局局党委书记、局长孙继伟先生多次亲自关心指导编撰工作，上海市规划和国土资源管理局成立了由分管副局长王训国担任组长，局村镇处孙珊处长、马秀英副处长、风貌处侯斌超处长、林磊副处长和建管处魏珏欣副处长等处室负责人共同组成的推进工作小组，为本书编撰工作提供了强有力的组织保障。上海市建筑学会作为住房和城乡建设部村镇司课题的承接主体，搭建了由华东建筑设计研究总院牵头的联合编写团队，广泛甄选上海建筑界相关领域的研究专家和学者，组建起包括设计机构、同济大学、上海大学研究人员在内的编写总体控制团队，及以郑时龄院士为代表的指导专家团队，扎实推进编撰工作。

　　第二，本书的核心概念与书写体例得到领导和专家的悉心指导。

　　上海城市历史的鲜明个性和特点，为本书的核心概念与书写体例研究增加了一定难度，期间几易其稿，得到了住房和城乡建设部赵晖总经济师、部村镇司小城镇建设处以及各方领导和专家的悉心指导。编写总控团队在初期就此问题展开深入、细致的分析与研究，完成本书初步成果稿，在2016年7月15日规土局组织的专家评审会上，住房和城乡建设部、上海市规划和国土资源管理局领导和郑时龄、伍江、常青、吴建中、曹嘉明、张俊杰六位专家分别对本书的重点目标、核心概念、传承要点、书写体例等关键问题提出了指导性建议，为本书的顺利推进奠定了扎实的基础；10月20日，本书在北京的第4次成果汇报，得到与会领导和各省专家的高度关注，并对下一步工作提出了建设性意见，本书随后进行了系统性调整；2017年3月7日由上海市规划和国土资源管理局再次组织专家研讨会，住房和城乡建设部村镇司林岚岚处长、上海市规划和国土资源管理局领导和指导专家团队共同探讨，悉心指导本书的后期工作。领导和专家们的中肯建议，为本书的顺利推进指明了方向。

第三，本书的编写团队不遗余力倾情付出。

本书的编写团队由来自不同机构的研究和设计人员组成，为使编撰工作更高效，书稿大纲由总体控制团队讨论、研究后确定。在编写工作的前期，由华东建筑设计研究总院既有中心的寇志荣博士及历保院的宿新宝团队负责绪论、第三章（传统建筑特征）、结论的编纂；上海大学王海松、宾慧中老师完成第二章（上海古代建筑）；华霞虹老师团队完成第四章（上海近代建筑）、第五章（上海现代建筑）；上海大学吴爱民老师、同济大学刘刊老师、白文峰博士、周鸣浩老师编写第六章至第九章（上海现当代建筑）；彭怒老师则对现当代部分进行了统稿。在后期，上海大学王海松和宾慧中老师团队、同济大学华霞虹和周鸣浩老师团队分别承担了第一章至第四章（传统建筑解析）、第五章至第十一章（现当代建筑传承）的调整、统稿及审定工作。

所有参编人员为本书付出了极大的心血和努力，特别感谢同济大学华霞虹老师，她治学态度严谨、研究功底扎实，有条不紊的工作状态贯穿于编撰工作全过程，始终以饱满的热情推进着研究工作；上海大学美术学院的王海松老师，由郑时龄院士推荐加入编写团队，那时他刚推出新作《上海古建筑》，在本书出现重大调整时，王老师无私地将自己多年的研究成果分享给编写团队，使得本书的内容更为丰满和扎实。

第四，本书的调研和资料收集工作得到社会各界的鼎力相助。

为提升本书的生动性和可读性，编写团队自始至终十分重视案例的选择、调研工作。上海市城市建设档案馆提供了大量近现代建筑案例资料；现当代传承案例的收集遴选，先从专业机构的获奖作品入手，如中国各类重要的建筑奖项、中国建筑学会建筑创作大奖、上海市建筑学会建筑创作奖，等等；并广泛采集各设计机构作品，如上海现代建筑设计集团、华东建筑设计研究总院、上海建筑设计研究院有限公司、同济大学建筑设计研究院（集团）有限公司、中船第九设计研究院等大型设计单位，以及联创、三益、日清、UA 国际、明悦、天华、大舍、阿科米星、如恩、创盟、致正、TM Studio、刘宇扬事务所、DC 国际、原作、山水秀、Wutopia Lab、马达思班、波特曼事务所、SOM、罗昂、中船置业等各类型设计单位。本书还得到了《时代建筑》、《A+》、上海三亚文化传播展示有限公司等机构的鼎力相助。同时，华东总院杨明先生和上规院奚文沁女士对案例的遴选工作提供了专业指导，最终保证所选案例在时间、类型、地域分布上尽力做到全覆盖，努力确保案例的客观性、典型性，并紧密契合传承中国传统精神这一主题。

最后，本书还有幸得到建筑摄影师和爱好者的友情相助，其中包括庄哲、刘大龙、刘琦、金旖旎、刘文钧、徐丽婷、章佳骥、王萌、傅君倚、雷菁、余儒文、李建华、张威强、刘其华等众多关注并热爱上海建筑文化的专业人士和志愿者，以及协助编写团队的许佳伟、夏韫丽等默默无闻的工作人员，特别感谢他们为本书品质的不断提升而无私奉献。